普通高等教育“十一五”国家级规划教材

水污染控制工程实践教程

第三版

韩 芸 杨永哲 彭党聪 主编

化学工业出版社
·北 京·

内容简介

本书分为三篇，包括水污染控制工程实验、课程设计和毕业设计等实践环节的内容。实验部分包括数据误差与实验结果分析，水污染控制的化学及物理化学方法、生物化学方法及污水处理副产物（污泥）处理的相关实验的原理、方法、步骤及实验结果整理；课程设计部分主要介绍了生物化学法处理啤酒废水和离子交换法处理电镀含铬废水工艺设计；毕业设计部分主要介绍城镇污水处理厂设计和化学还原沉淀法处理电镀废水工艺设计。设计部分重点介绍了设计原理、工艺方法和构筑物设计及水力计算，同时附有工程设计实例，供教学和学习参考。

本书为高等院校环境科学与工程、环境工程、环境科学、给排水科学与工程等专业的实践教程，也可供其他相关专业的教学、科研工作者参考。

图书在版编目（CIP）数据

水污染控制工程实践教程 / 韩芸，杨永哲，彭党聪主编. -- 3版. -- 北京：化学工业出版社，2025. 12.（普通高等教育“十一五”国家级规划教材）. -- ISBN 978-7-122-49271-5

Ⅰ. X520. 6

中国国家版本馆 CIP 数据核字第 20255BE510 号

责任编辑：王文峡　周家羽　　　装帧设计：韩　飞
责任校对：边　涛

出版发行：化学工业出版社
（北京市东城区青年湖南街 13 号　邮政编码 100011）
印　　装：河北延风印务有限公司
787mm×1092mm　1/16　印张 15½　字数 384 千字
2026 年 3 月北京第 3 版第 1 次印刷

购书咨询：010-64518888　　　售后服务：010-64518899
网　　址：http://www.cip.com.cn
凡购买本书，如有缺损质量问题，本社销售中心负责调换。

定　　价：49.00 元　

第三版前言

随着国家生态文明建设对水污染控制技术提出的新导向，基于OBE教育理念的工程教育专业认证和新工科建设对实践教学的新要求，水污染控制工程实践教学对培养学生设计能力、创新能力和解决复杂工程问题的能力起到核心作用。通过实验、实习、课程设计和毕业设计等实践环节教学，学生能进一步巩固所学水污染控制理论，加深对各种处理工艺的理解，掌握各种水污染控制构筑物的细部构造，为毕业后尽快独立承担水污染控制工程的实验研究、设计、运行和管理打下良好的基础。基于此，第三版在总结前两版使用反馈及教学实践中发现的问题的基础上，对部分内容进行了修正完善；结合水污染控制工程实验变化，更新了部分实验名称和内容；结合近年来国家发布的新标准、新规范，以及新技术、新工艺的发展，依据多年的工程及教学实践经验，完善了相应的工艺和设计方法，更新了污水处理工程案例，新增了建设及运行成本计算；增加了信息化和智能化手段在污水处理中的应用等内容。同时，强化各实践环节及章节的衔接性，形成更系统的教学链条，供读者参考。

参加本书编写工作的有西安建筑科技大学彭党聪（第一章）、韩芸（第二章、第四章、第五章）、杨永哲、王磊（第三章、第六章、第七章）、王旭东（第八章、第九章）、郭新超（第十二章、第十三章）、卓杨（第十四章）和西安市政设计研究院有限公司王社平、尹博涵、刘新安（第十章、第十一章）。全书由韩芸、杨永哲、彭党聪担任主编并统稿。

由于编者的水平有限，书中不足之处在所难免，敬请读者批评指正。

编者

2025年7月

第一版前言

本书系教育部世行贷款21世纪初高等教育教改项目“环境类专业实践诸环节的研究与实践”（1282806021）项目成果之一环境类专业实践教学诸环节的研究与实践，涉及社会、高等教育和大学师生等众多方面，具有长期性和艰巨性特点。本次出版的《环境监测与分析实践教程》《大气污染控制实践教程》和《水污染控制实践教程》反映了我校环境类专业教师对实践环节教学改革的理解和探索，意在抛砖引玉，敬请同行、学者多多给予批评指正，以便就共同关注的问题展开讨论，为深化教学改革而共同努力。

实践教学环节是大学本科教学重要的教学环节之一。水污染控制工程作为环境工程专业的主干课程其实践教学环节在该课程的教学活动中占有十分重要的位置。水污染控制工程的实践教学包括实验、实习、课程设计和毕业设计四部分，本书主要介绍实验、课程设计和毕业设计。实验部分包括实验数据整理、化学及物理化学方法、生物化学方法及污水处理副产物（污泥）处理的相关实验原理、方法、步骤及试验结果整理；课程设计部分主要介绍离子交换法处理含铬废水和生物化学法处理啤酒废水；毕业设计部分主要介绍化学沉淀法处理电镀废水和城市污水处理。设计部分重点介绍设计原理和方法，同时附有设计实例，供教学和学习参考。

本书作者长期担任《水污染控制工程》的课堂教学和实践教学工作，结合作者参加的“教育部和联合国教科文组织（UNISCO）联合资助的环境类专业实践教学研究”课题，将多年来的实践教学心得和经验编写成册，供教学参考之用。其中：第一章由张承中和彭党聪编写，第二、三、四、五、六章由王磊编写，第七、九、十二、十四章由郭新超编写，第八、十、十三章部分内容及附录由杨永哲编写，第十一、十三、十五章由彭党聪和王怡编写。全书由彭党聪审核。西安建筑科技大学环境与市政工程学院王志盈教授在本书的构思及撰写过程中，提出了宝贵的建议。

由于编者的水平有限、书中不妥之处在所难免，敬请读者批评指正。

编者

2004年3月

第二版前言

实践教学是高等学校工程教育的重要内容。环境工程作为工程教育专业，水污染控制工程的实践教学是其重要组成部分。通过实验、实习、课程设计和毕业设计等实践环节教学使学生进一步巩固所学水污染控制理论，加深对各种处理工艺的理解，掌握各种水污染控制构筑物的细部构造，为毕业后尽快独立承担水污染控制工程的设计、运行和管理打下良好的基础。正是在以上理念指导下，本书在保留了第一版原有特色的基础上，结合近年来水污染控制工程技术和实践教学的发展，力求将工程教育中的各个实践环节有机地结合起来，形成较为完整和系统的实践教学体系，使水污染控制工程这门环境工程专业课程的实践教学做到有章可循。在第二版中，对原书不规范的描述进行了修正完善；针对 SBR、二沉池和蛋形消化池等的工艺设计目前尚无规范的设计方法，编者依据多年的工程及教学实践经验，提出了自己的设计方法，供读者参考。

参加本书编写工作的有西安建筑科技大学张承中（第一章）、王磊（第二、三、四、五、六章）、郭新超（第七、九、十二、十四章）、杨永哲（第八、十章）、彭党聪（第十一、十三章）和王怡（第十五章），由彭党聪任主编。

由于编者的水平有限，书中疏漏之处在所难免，敬请读者批评指正。

编者

2010 年 6 月

目录

第一章

绪　论

第一节　本书编写目的和要求

一、编写目的

《中华人民共和国高等教育法》第五条："高等教育的任务是培养具有社会责任感、创新精神和实践能力的高级专门人才，发展科学技术文化，促进社会主义现代化建设。"随着中国经济体制从计划经济向市场经济转变，社会对本科生的创新精神和解决实际问题的能力提出了更高要求。

1998年7月，教育部正式颁布《普通高等学校本科专业目录》，此版本以"科学、规范、拓宽"为原则，大幅压缩专业数量，将原504种本科专业调减至249种，减幅达50.6%。后又经过数次调整，环境类专业在此过程中得到系统性加强。

依据《普通高等学校本科专业目录（2025年）》，环境科学与工程类（工学）（简称"环境"类）包括7个专业，分别是环境科学与工程、环境工程、环境科学、环境生态工程、环保设备工程、资源环境科学、水质科学与技术。为了适应发展的需要，教育部高等学校环境科学与工程专业教学指导委员会依据"统一性和多样性相结合"的原则，制定了环境类专业的本科培养方案与教学基本要求，鼓励各高校根据市场需求和自身特色编制具体的培养方案，同时强调夯实基础课程、强化实践环节，以全面提升学生的创新能力和实践能力。

西安建筑科技大学承担的世行贷款21世纪初高等教育教学改革项目——"环境类专业实践教学诸环节的研究与实践"（1282B06021），通过对国内外高校环境类专业实践环节教学现状调查分析表明，实践环节教学改革引起了国内各高校的重视，并已得到不同程度的加强，实践性教学环节构成呈现多样性特点，各校实践教学改革正在向深度发展。调查分析结果还表明，与理论教学相比，实践环节教学相对比较薄弱，尚存在亟待研究解决的问题。比较突出的是缺乏实践教学环节教材和案例教材，实践环节教学方式较落后等问题，这是制约培养学生具有创新精神和实践能力的主要障碍。

为此，"环境类专业实践教学诸环节的研究与实践"课题组在总结创办环境类专业本科教学经验的基础上，注意认真吸取相关院校的办学经验，编写了环境类专业实践教程系列教材，包括《大气污染控制工程实践教程》《水污染控制工程实践教程》《环境监测与分析实践教程》和《固体废物处理与处置实践教程》四部。随着时代的发展，系列教材均得到完善的修订，供高等学校环境类专业本科学生使用，亦可供从事环境类专业实践教学和相关研究的高校教师作为本科教学参考书，对于从事环境类专业的科研人员也具有一定参考价值。

二、编写基本思路

高等工程教育的实践教学包括实验、实习、课程设计、毕业设计和社会实践等诸多环节。实践教学的各个环节对于实现培养具有创新精神和实践能力的高级专门人才的目标，具有不可替代的重要作用。

环境科学与工程是一门综合性很强的学科。其所包含的环境工程和环境科学之间存在很多交叉内容，且与其他学科在内容上也有很多交叉，自身知识体系又十分庞大，涉及应用领域极其广泛。以主干课程建设为基础构建环境类专业实践教学体系是教材编写的基本思路。

根据教育部高等学校环境科学与工程专业指导委员会所制定的本科培养方案中规定的主干课程，结合实际情况，确定以生态学、环境工程微生物学、环境监测、水污染控制工程、大气污染控制工程、固体废物处理处置六门主干课程作为本实践环节教学研究的基本范围。

教学改革的基本单位是课程。课程建设的核心是解决“教什么”和“如何教”这两个问题。首要是解决“教什么”，即教育教学观念转变和课程教学内容优化；其次是“如何教”，即实践教学体系结构、实践环节学时，以及实践教学方式等问题。

教育教学观念转变在实践环节教学改革中起到主导作用，要转变传统的“授受”模式，激发学生主体性，面向市场需求，实施探究式教学策略，实现理论学习和实践学习结合，基础性实验和综合性、设计性实验结合，实习和社会实践结合，课程设计、毕业设计与市场需求结合，提高学生综合素质，培养具有创新精神和实践能力的环境类专业人才。

课程教学内容优化以知识点为单位，根据环境科技领域的发展动态和知识前沿，立足市场需求，认真遴选主干课程知识点，以知识点之间的内在联系形成知识群。在此基础上，确定实践环节的能力培养目标和实践点，界定本科学习各阶段的实践环节构成，保证实践环节培养目标明确、层次有序，在知识结构上理工渗透、系统完整，在教学效果上促进学生专业知识和能力达到人才培养的要求。

环境类专业实践环节教学体系采用“基础训练平台＋专业训练平台＋综合训练平台”三个层次相结合的结构体系。基础训练平台的实践内容以公共基础课和专业基础课的实验为主，辅以社会调查、公益劳动等社会实践活动，着眼于培养本科生基本操作技能。专业训练平台着眼于本科生从事环境保护活动必需的工程技术、经济、法律和管理规划等方面的知识基础和能力基础，目的是为学生获取特定专业方向的知识、技能建立一个宽阔和坚实的能力培养平台。该平台实践环节丰富，包括专业实验（核心主干课程均设置有独立设课实验）、实习（认识实习、生产实习和毕业实习）、课程设计（水污染控制工程课程设计，大气污染控制工程课程设计，固体废物处理处置课程设计，环境影响评价大作业等）和社会实践（区域环境生态调查、校园网监测、环保绿色组织活动等）。综合训练平台着眼于加强实践环节教学与注册环境工程师制度的联系，使就业岗位所需知识技能在实践环节教学中体现出来，满足拓宽环境类专业从业领域和范围，提高人才国际竞争力的需求，具体内容包括毕业实习、毕业设计（论文）和 ISO 9000、ISO 140001 资质认证等社会实践活动。

“水污染控制工程”作为环境类专业的主干课程，是环境污染控制知识体系的重要组成和支撑，其对应的实践环节是该课程的重要内容和组成，属于典型的工程教育。因此，“水污染控制工程实践教程”教材的编写按照实验、课程设计、毕业设计的思路进行。

三、基本要求

对本教材的使用，拟从“教”与“学”两个层面出发，提出以下基本要求。

(1) 实践环节教学体系确定后，优秀的实践性教材就成为提高专业教学质量的关键。而现行的各种教材虽各有特色，但都有一定局限性。因此，教师应根据社会需求，结合各校特色来选择实践环节教学内容和组织教学，力求突出重点，合理衔接，精讲多练，注重能力培养。同时，加强人格培养，注重团队精神，也是实践环节教学的重要原则。

(2) 教学方法和教学手段的改进是提高实践环节教学效果的重要保证。利用多媒体、校园网、影像材料和典型案例，可以充实和拓展教学效果，调动学生的学习积极性。重要的是把握实践环节教学总体目标，强化课程各知识点之间的联系，强化实验、实习、课程设计、毕业设计等环节之间的联系，强化学校教育和社会需求的联系，努力促进学生形成专业基本知识体系，提高专业技能。

(3) 学生在实践环节学习过程中，要树立实事求是的科学态度和严谨的工作作风，忠于自己所观察到的实验现象和调查数据，养成严肃、认真、细致、整洁的工作习惯，努力使实践环节教学成为学生主动参与、内因驱动、在实践中提高的学习过程。

(4) 学生应独立完成实践教学诸环节的全过程，对各环节的工作重点、基本原理、操作程序、研究方法做到心中有数，在独立完成过程中，从环境科学和工程角度培养创新思维并主动提高在实际工作中对所学知识的创造性应用能力。

第二节 实验

实验教学的宗旨是培养学生理论与实际相结合的操作技能，实事求是、精益求精的科学态度，以及分析问题和解决问题的实践能力。水污染控制工程课程的实验部分可单独设课或与课程教学合在一门课程里，安排方式可以不同，但实验教学内容的更新、教学方式的改革、实验条件的改善、教学管理的加强却是必不可少的。

一、构筑水污染控制工程实验教材新体系

目前，在水污染控制工程实验环节教学中，主要存在实验教学内容陈旧，且多以基本操作和验证性实验为主，缺乏实验教材等问题。实验环节教学改革的指导思想是逐步改变过去以基本操作和验证性实验为主的现状，坚持以应用性和面向社会需求为主，以培养学生创新精神的实践能力为主，增加思考性、设计性和综合性实验，并注意将反映环境科学与工程学科新进展的内容转化为实验教学内容，重视多媒体和计算机技术在实验教学中的应用。

实验教学应加强基本技能训练，强化实际分析问题、解决问题能力和创新能力的培

养。本实践教程中关于实验教学指导书的编写注重四方面的改革：一是注重理论教学与实验教学的紧密联系，认真遴选主干课程知识点和有利于学科交叉融合的切入点作为实验教学内容；二是注重面向社会需要，使知识、技能结构合理，反映环境科学与工程学科发展趋势的新成果，并补充完善实验教学体系；三是注意从简单到复杂、循序渐进的培养原则来安排实验教学，如从天平使用操作学习到掌握排除常见故障的能力，从学习各种环境监测仪器的校准方法到掌握仪器误差分析技能等；四是注意验证型、综合型和设计型实验的合理结构比例，在本科实验教学阶段以验证型实验为基础，强化综合型和设计型实验，提升学生实验研究和创新能力。

水污染控制工程实践教程选编了水污染控制的化学及物理化学方法、生物化学方法及污泥处理方法三个类别，共 14 个实验项目。

二、加强实验环节教学管理

加强实验环节教学目标管理，重在对实验教学全过程的控制。坚持实验全过程控制的三段式管理制度，即实验前结合课堂教学，组织学生预习实验指导书，认识实验设备，写出实验预习报告的预习制度；实验过程中加强教师启发式指导和检查学生实验操作、验收实验数据相结合的过程管理制度；实验后实行学生提交实验报告，师生讲评实验结果的验收总结制度。

改革实验教学考试方式是实现全过程控制的重要保证。改变过去实验无单独考核成绩，或以批改学生提交的实验报告作为考核成绩等传统做法，坚持以调动学生实验积极性，正确处理好严格把关和减轻学生负担的关系为原则的考核方式。提出实验单设学分，单独考核，实验考核成绩由预习准备、实验操作和实验报告三个阶段成绩构成，促进实验教学全过程管理。

三、建设开放式环境类专业实验教学中心

实验室是本科生实验教学的重要基地，实验室建设是实践环节教学能力建设的重要内容。如西安建筑科技大学环境工程实验室是教育部和陕西省重点实验室，在原环境工程实验室的基础上组建了环境类专业实验教学中心（目前是国家级实验教学示范中心），从体制上保证了实验环节教学活动的组织；加强教师的参与，提高实验教学人员整体素质，从队伍结构上保证了实验环节教学质量；改进实验装置，提高本科生教学实验的规范性，从实验条件上保证了实验教学深化改革；施行开放性实验，调动学生积极性，加强师生交流，加强与国内外兄弟院校的交流，加强实验环节教改成果的示范辐射效果。

为适应专业拓宽后对实验课教学的要求，对原有各专业实验室进行了调整，组建了宽口径的环境类专业实验教学中心。该中心主要承担环境类专业本科生专业实验教学，并配备专职人员管理实验教学全过程，与教师一起承担专业实验教学任务，从体制上为实验教学改革措施的落实提供保障。

为加强实验环节教学队伍建设，要求理论课教师进实验室参加实验室建设和指导学生实验，并鼓励教授进实验室参与教学指导，这已成为一项制度并得到坚持。教师与实验人员的共同努力促进了实验教学内容更新，实验装备水平提高，并增设了综合型和设计型教学实验项目，重编了实验教材。

环境类专业实验教学中心一直坚持本科教学实验装置的自主设计和开发，随着实验内容的更新，不断完善水污染控制工程相关的实验装置和设备，有效提高了本科教学实验的规范性。在原有基础上，近年来实验中心新开发的实验装置包括混凝实验装置、脱氮除磷（A^2/O）实验装置、MBR反应器实验装置、电渗析处理高盐度废水实验装置、离子交换法处理含铬废水实验装置、化学法处理重金属废水实验装置等，这些可满足水污染控制工程课程的必修实验教学要求。

实验中心还设置有学生自拟拓展性实验，与水污染控制工程相关的实验包括：ASBR处理高浓度有机废水实验、人工湿地处理校园生活污水实验、A^2/O工艺脱氮除磷性能实验、硝化速率及反硝化速率测定实验、生物滤池处理景观水实验、超滤法废水处理及再生实验、厌氧氨氧化处理高氨废水实验等。随着信息化和虚拟仿真技术的发展，实验中心还建有水处理工艺虚拟仿真实验平台，并开设水污染控制相关虚拟仿真实验。

环境类专业实验教学中心在完善开放条件和建立各项规章制度的基础上，实现了全面开放。实验室常年接待全国高校的兄弟院校本科生参观和开展专业实验，还陆续接待了国外高校的本科生（研究生）到校参观。实验室对校内本科生也实现了开放，本科生参加教师所承担的科研课题，在实验室组织学生科研训练计划（student research training，SRT）和大学生创新创业竞赛等。

第三节 课程设计

课程设计是水污染控制工程课程教学的重要组成部分，是培养学生水污染控制工程设计能力和创新能力的实践教学重要环节。明确课程设计教学目标，由对课程教学的补充转向对学生素质与能力的培养，以工程设计能力和科学研究能力培养为主线，开展多样化课程设计是适应拓宽后的环境类专业教学改革的重要内容。

一、课程设计题目与内容选择

课程设计的题目与内容选择既要反映和涵盖课程的主要内容，又要具有一般工程设计的特征和工程设计训练的方法。根据目前水污染控制工程的发展特点，本教材选择了“啤酒废水处理工艺设计”和“离子交换法处理含铬废水工艺设计”两个课程设计。前者主要训练学生对废水生物处理的工程设计能力；后者主要训练学生对废水化学处理的工程设计能力。两个课程设计涵盖了目前水污染控制工程的主要方法和内容。各校可根据课程的特点，在此基础上进行相应的调整，满足各自课程的特点和需求。

二、课程设计的深度和广度

课程设计的主要目的是巩固和完善课程教学内容，同时培养学生利用理论教学的知识和内容解决实际工程问题的能力。注意课程设计与毕业设计的区别和不同在于设计的深度与广度。在设计深度方面，课程设计重视的是工艺流程的选择，而毕业设计则在满足工艺选择的同时，更加强调具体工程构筑物的细部设计；在设计广度方面，课程设计主要以单体构筑物为主，完成相应的设计和计算，而毕业设计则是强调整个工艺流程，以及工艺流程中各个构筑物以及相应的协调作用，共同完成工程设计的目标。

由于设计的深度和广度不同，课程设计和毕业设计在设计成果方面也大不相同。课程设计要求提交平面布置和工艺流程图；而毕业设计在提交平面布置与工艺流程图的同时，需提交完成工艺流程的各主要构筑物的设计详图。

三、改革课程设计考核方式，提高课程设计教学效果

课程设计内容丰富而时间较短，一般每个课程设计为 1～2 周。各类课程设计内容各具特点，如何提高实际教学效果是指导教师关注的问题。以“教师质询＋学生回答＋教师讲评”的方式替代传统的考核方式，组织学生讨论课程设计文件图纸，并由指导教师针对存在问题进行启发式讲评，开展生动活泼的考核，有利于促进教学效果的提高。

第四节　毕业设计（论文）

毕业设计（论文）教学过程是对本科生强化工程意识和创新意识、进行工程基本训练和提高科研实践能力培养的重要阶段，是把所学知识进行综合运用的具体实践，是对本科生进行综合素质教育，培养严肃认真的科学态度、优秀的思维品质和严谨的工作作风的重要途径。通过毕业设计教学，培养本科生勇于实践、勇于创新的精神，确定正确的设计思想和掌握现代设计研究方法，具备综合应用多学科理论、知识的能力和分析解决实际问题的能力。因此，毕业设计（论文）质量是评估高等学校教育质量的重要内容，也是本科生在进入社会前由宽口径专业进入具体工作岗位角色的一次模拟实践。毕业设计（论文）教学包括选题、指导和管理三个方面，下面分别论述。

一、毕业设计（论文）选题原则

1. 选题的一般原则

（1）选题应满足专业培养目标。选题内容应有适当的深度和广度，应符合拓宽后环境类专业的培养目标和教学基本要求，体现本专业的基本训练内容，使学生受到比较全面的锻炼。

（2）选题应面向社会需求。选题应保证教学与生产实践的结合，在保证学生综合训练的基础上，提倡真题真做，“真刀真枪”地完成毕业设计，增强学生的责任感、紧迫感、市场观念和经济观念。

（3）选题应有益于学生创新能力的培养。选题应有益于学生综合运用多学科的理论知识和技能，有益于理工渗透融合，有益于教师与学生充分发挥自身优势，有益于激发学生独立工作能力。

（4）选题应体现专业特色。工科类环境工程专业应以工程设计型题目为主，理科类环境科学专业应以研究论文型题目为主。题目类型多种多样，便于学生根据各自兴趣和需要来选择。

2. 毕业设计题目来源

(1) 从指导教师承担课题中选出适合教学要求的内容作为选题，真题真做。

(2) 指导教师根据教学需要，将生产实践和社会需求中收集的资料经剪裁组合的选题，真题假做。

(3) 学生在社会实践基础上，结合实际需要或接受委托自立的选题。

3. 毕业设计题目安排

选题分配原则是一人一题，独立完成，突出个性化培养，有利于激发学生创新精神。选题分配实行双向选择，亦可根据学生预分配和就业情况进行定向选择，使学生在毕业设计阶段接触工作性质和内容接近的选题，有利于学生走上工作岗位后迅速适应社会需求。

水污染控制工程课程毕业设计可供选择的行业较多，不同行业排出的废水水质各具特点，对应的污染控制方法也千变万化。本教材以城镇污水和表面处理工业废水为代表，设计了相应的毕业设计题目和设计指导书，供教师和学生参考。

二、毕业设计指导的基本要求

(1) 本科毕业设计（论文）指导应注重对设计、绘图、实验、文献资料检索、专业外文翻译、国内外动态分析、说明书和论文撰写以及计算机应用等环节的基本训练，力求规范。

(2) 水污染控制工程涉及多学科交叉渗透，设计研究应把握设计思想的科学性和设计过程的综合性，其综合性体现在工程技术特征和非工程技术特征的综合，体现工程技术、管理技术、技术经济分析和人文科学等多学科知识的综合。

(3) 注重设计内容的新颖性，加强对学生创新能力的指导。鼓励应用智力激励法、提问追溯法、联想创造法、反向探求法、组合创新法等实用创新技术指导毕业设计（论文）。

三、教学管理的主要措施

1. “四阶段”教学管理

毕业设计（论文）教学管理可大致分为四个阶段 15 个步骤。“四阶段”教学管理强调阶段性检查，及时发现和改进存在的问题，实现全过程控制，详见表 1-1 所示。

表 1-1 毕业设计环节教学管理程序和内容

阶段和要求	时间	步骤和内容	设计文件	检查
①**调查实践阶段**：通过资料查阅，文献翻译，现场实习和调研，了解市场需求和技术背景，确定设计研究目标和任务	2～3 周	①由指导老师和学生共同确定设计题目，指导老师下达设计任务书和指导书 ②毕业实习、查阅文献、收集资料、现场调研 ③开题报告审查	外文资料翻译 实习报告 开题报告	开题报告审查（开题汇报）
②**设计阶段**：分析设计任务的性质特点，寻求解决问题的各种途径和方法，提出各种设计方案，优化选择，使设计满足设计任务的基本要求	7～8 周	①方案选择设计 ②设计计算或试验搭建 ③主要图纸绘制或试验运行 ④中期报告审查	方案设计说明，主要设计图纸	方案设计审查（中期答辩）

续表

阶段和要求	时间	步骤和内容	设计文件	检查
③**检查阶段**：将设计方案变成可实施的工程图纸，设计计算书和设计说明书的编写，基本完成全部任务	3～4 周	①绘制全套图纸或试验数据整理分析 ②编写设计说明书和设计计算书或研究论文报告等 ③毕业设计成果进行预答辩展示	初稿：含设计说明书，设计计算书，全套图纸，工程概算或经济分析	设计成果预审查（预答辩）
④**总结阶段**：修改设计计算书和设计说明书，完善图纸，准备答辩 PPT，完成全部任务，提交最终成果	1 周	①根据预答辩反馈意见，完善全套图纸或试验数据整理分析 ②完善设计说明书和设计计算书或研究论文报告等 ③指导教师和评阅教师评阅 ④参加毕业设计答辩 ⑤提交最终成果	终稿：含设计说明书，设计计算书，全套图纸，工程概算或经济分析	最终成果审查（毕业答辩）

2. 检查措施

针对“四阶段”管理制度，在重视开题报告审查的基础上，经过“中期答辩”的过程控制，对已完成的设计方案开展重点检查，并指导下一步任务完成。在正式答辩前 7～10 天，可统一安排“预答辩”，要求学生基本完成设计成果。“预答辩”中，对特别优秀的拟定“优秀”的学生推荐参加毕业设计典型答辩；对进度特别慢或者是成果数量和质量明显不足的学生，督促其加快进度、修改完善设计成果。在毕业设计答辩中，要从严把关毕业设计质量。

3. 评阅与答辩

指导教师和评阅教师应根据学生毕业设计（论文）完成质量、专业能力、逻辑构建、论文撰写等，客观公正评定成绩、撰写评语，并给出是否同意学生答辩等结论性意见。应成立答辩委员会，答辩环节积极邀请校外行业、企业专家等参与答辩，组织学生观摩学习，为学生搭建相互学习交流提升的平台。

学生毕业设计（论文）最终成绩由指导教师成绩（50%）、评阅教师成绩（20%）及答辩成绩（30%）三部分组成，可根据情况进行比例的调整。同时要强化过程考核，细化考核指标，可将开题、中期等环节考核成绩有机融入毕业设计（论文）最终成绩。

毕业设计（论文）工作结束后，应将学生毕业论文或设计说明书、图纸等毕业成果、任务书、开题报告、成绩评定表、答辩记录等归类整理存档。

第一篇

水污染控制工程实验

第二章

数据误差与实验结果分析

第一节　数据误差分析

实验需要经过一系列的测定来取得大量的数据。这些数据受实验环境、实验水平、实验设备、实验方法等多种因素的影响，测定结果与实际真值总有差异。这就要求实验人员一方面通过分析研究，从实验的数据中获得各因素和指标间的内在联系和规律，进行误差分析、去伪存真，确定测定结果的可靠程度，对取得的数据给予合理的解释，采用必要的方式完善数据并进行运用。另一方面，应将所得数据整理归纳，用一定的方式表示出各数据之间的相互关系。实验误差分析和数据处理的目的在于：按实验目的合理地选择实验装置和仪器、实验条件和方法，以便在一定条件下尽可能得到接近真实值的最佳结果；合理确定实验结果误差，避免误差选取不当造成对实验结果的错误判断，造成人力、物力的浪费，通过正确的整理归纳（如绘成实验曲线或得出经验公式），得出正确的实验结论，并为验证理论分析提供条件。

一、误差的基本概念

实验数据的误差分析是以实验数据的误差及其在运行中产生的影响为对象，评定实验的准确度。实验测定的准确度取决于总的研究方案和具体的研究条件，包括仪器及测试方法的先进性和实验方法的科学性，操作人员的经验及熟练程度等。通过对误差来源的研究，可以事先分析可能导致实验误差的最主要因素，以便指导实验的开展。任何一个物理量都是在一定条件下客观存在的一定数值。这个客观存在的数值是物理量的真实值（真值），在通常情况下，无法测得真值。所以实验时常用平均值代替真值，如果对同一考察项目进行无限多次的测定，然后根据误差分布定律中正负误差出现的概率相等的概念，求得各测试值的平均值。由于测试的次数总是有限的，用有限测试次数求得的平均值，在无系统误差的情况下，只能是接近真值的近似值。

常用的平均值有下列几种：算术平均值；均方根平均值；加权平均值；中位值（或中位数）；几何平均值。计算平均值方法的选择，主要取决于观测值的分布类型。下面分别进行介绍。

(1) 算术平均值　算术平均值是最常用的一种平均值。设 x_1，x_2，…，x_n 为各次的观测值，n 代表观测次数，则算术平均值见式(2-1)：

$$\bar{x}=\frac{x_1+x_2+\cdots+x_n}{n}=\frac{1}{n}\sum_{i=1}^{n}x_i \tag{2-1}$$

(2) 均方根平均值　均方根平均值应用较少，其表达式见式(2-2)：

$$\bar{x}=\sqrt{\frac{x_1^2+x_2^2+\cdots+x_n^2}{n}}=\sqrt{\frac{\sum_i^n x_i^2}{n}} \tag{2-2}$$

式中符号意义同式(2-1)。

(3) 加权平均值　若对同一事物用不同方法去测定，或者由不同的人去测定，计算平均值时，常用加权平均值。计算公式见式(2-3)：

$$\bar{x}=\frac{w_1x_1+w_2x_2+\cdots+w_nx_n}{w_1+w_2+\cdots+w_n}=\frac{\sum_{i=1}^n w_ix_i}{\sum_{i=1}^n w_i} \tag{2-3}$$

式中，w_1，w_2，…，w_n 分别代表与各观测值相应的权数，其他符号同前。各观测值的权数 w，可以是观测值的重复次数、观测者在总数中所占的比例或者根据经验确定。

【例 2-1】 某印染厂各类污水的 BOD_5 浓度和流量测定结果如下表，试计算该厂污水平均浓度。

污水类型	BOD_5 /(mg/L)	污水流量 /(m^3/d)	污水类型	BOD_5 /(mg/L)	污水流量 /(m^3/d)
退浆污水	4000	15	印染污水	400	1500
煮布污水	10000	8	漂白污水	70	900

解：

$$\bar{x}=\frac{4000\times15+10000\times8+400\times1500+70\times900}{15+8+1500+900}=331.4(\text{mg/L})$$

(4) 中位值　中位值是指一组观测值按大小次序排列的中间值。若观测次数是偶数，则中位值为正中两个值的平均值。中位值的最大优点是求法简单。只有当观测值的分布呈正态分布时，中位值才代表一组观测值的中心趋向，近似于真值。

(5) 几何平均值　几何平均值是一组 n 个观测值连乘，并开 n 次方所求得的值，计算公式见式(2-4)：

$$\bar{x}=\sqrt[n]{x_1\cdot x_2\cdots x_n} \tag{2-4}$$

也可用对数表示，见式(2-5)：

$$\lg\bar{x}=\frac{1}{n}\sum_{i=1}^n \lg x_i \tag{2-5}$$

【例 2-2】 某工厂测得污水的 BOD_5 数据分别为 100mg/L、110mg/L、130mg/L、120mg/L、115mg/L、190mg/L、170mg/L，求其平均浓度。

解： 该厂所测数据大部分在 100～130mg/L 之间，少数数据的数值较大，此时采用几何平均值，可以较好地代表这组数据的中心趋向。其平均浓度为：

$$\bar{x}=\sqrt[7]{100\times110\times130\times120\times115\times190\times170}=130.3(\text{mg/L})$$

二、误差与误差的分类

1. 几种误差的概念

（1）绝对误差　对某一指标进行测试后，观测值与其真值之间的差值称为绝对误差，即

$$绝对误差=观测值-真值$$

用绝对误差反映观测值偏离真值的大小，其单位与观测值相同。由于真值不易测得，实际应用中常用观测值与平均值之差表示绝对误差。严格地说，观测值与平均值之差应称为偏差，在工程实践中将此偏差多称为误差。

在分析工作中，常把标准试样中某成分的含量作为该组分的真值，以此为标准估计误差的大小。

（2）相对误差　在不同情况下，相等的绝对误差会有不同的准确度，绝对误差很难说明测定的准确程度。如称量两物体质量，绝对误差都是 1g，相对质量大的准确度高，相对质量小的准确度低，所以判断测定的准确度常用相对误差的概念。绝对误差与平均值的比值称为相对误差，即

$$相对误差=\frac{绝对误差}{平均值}$$

相对误差用于不同观测结果可靠性的比较，常用百分数（%）表示。

2. 误差的分类

根据误差的性质和产生的原因，将误差分为以下三种：系统误差、随机误差和过失误差。

（1）系统误差(恒定误差)　指在测定中由未发现或未确认的因素所引起的误差。这些因素使测定结果永远朝某一个方向发生偏差，其大小及符号在同一实验室中完全相同。系统误差不能用多次测量求平均值的方法来消除。产生系统误差的原因可能是：①仪器不良，如刻度不准、砝码未校正等；②环境的改变，如外界温度、压力和湿度的变化等；③个人的习惯及偏向，如读数偏高或偏低等。这类误差可以根据仪器的性能、环境条件或个人偏差等加以校正克服使之降低。

（2）随机误差　这种误差无法控制，但它服从统计规律。单次测试时，观测值总是有些变化且变化不定，其误差时大、时小、时正、时负，多次测定后，其平均值趋于零，具有这种性质的误差称为随机误差。实验数据的精确度主要取决于随机误差。随机误差是由研究方案及研究条件总体所固有的一切因素引起的。这些因素包括实验者的熟练程度、观察感官的缺陷、外界条件的变化以及测量仪器的完好程度等。

（3）过失误差　是由于操作人员粗枝大叶、操作不正确等因素引起的，其数据与事实明显不符。这种误差是可以避免的。

3. 准确度和精密度

（1）准确度　指测定值与真值偏差的程度。它反映系统误差的大小，一般用相对误差表示，相对误差越小，说明测定值越接近真值，准确度越高。

（2）精密度（又称精确度）　指在控制条件下用一个均匀试样反复测量，所得数值之间重复的程度。它反映随机误差的大小，是测定值与算术平均值的偏差程度。随机误差越小，数据的精确度越高。

评定观测数据的好坏，首先要考察精密度，然后考察准确度。一般情况下，无系统误差时，精密度越高，观测结果越准确。但若有系统误差存在，则精密度高，准确度不一定高。假如消除了系统误差，可使测定值既精确又准确。实验分析时，常在试样中加入已知量的标准物质以考察测试方法的准确度和精密度。

第二节　实验结果误差分析

实验结果的测量值根据测量方式或数据获取的途径，可分为直接测量值和间接测量值。直接从仪器、仪表和设备读取的数值叫直接测量值，把直接测量值代入公式，经过计算得到的测量数值，则称为间接测量值。

一、直接测量值的误差分析

1. 单项测量值的误差分析

影响水质的因素很多，在污染控制试验中测试量大，许多试验过程受条件限制，难以做到精确的重复，对某些物理量的测量往往只有一次，所得测量值的误差应根据具体情况进行修正。对于随机误差较小的测量值，可按仪器上注明的误差范围分析计算；当无法计算时，可按仪器上最小刻度的二分之一作为单项测量的最大绝对误差。如仪器的最小刻度为 0.1，则其最大绝对误差为 0.05。若某测量数值为 3.24，则其相对误差为 0.05/3.24＝0.0154。

2. 多次重复测量值的误差分析

为了获得准确可靠的测量值，只要条件许可，应尽可能对某一测量值进行多次重复测量，用这些测量值的算术平均值来近似地代替测量值的真值，各测量值与算术平均值的差叫作**偏差** dx_i。该误差值的大小用算术平均误差 Δx 表示。

设某实验的各测量值为 $x_i(i=1,2,3,\cdots,n)$，其算术平均值 $\overline{x}$ 如式(2-6)：

$$\overline{x}=\frac{1}{n}\sum_{i=1}^{n}x_i \tag{2-6}$$

各测量值的偏差 dx_i 如式(2-7)：

$$dx_i=x_i-\overline{x} \tag{2-7}$$

算术平均误差 Δx 如式(2-8)：

$$\Delta x=\frac{1}{n}\sum_{i=1}^{n}|dx_i| \tag{2-8}$$

其测量值的真值 a 可表示如式(2-9)：

$$a=\overline{x}\pm\Delta x \tag{2-9}$$

另外，在工程上多用均方根偏差 σ 表示误差的大小。均方根偏差是指各测量值与算术平均值之差的平方和的平均值的平方根，称**均方根偏差**。其计算式如式(2-10)：

$$\sigma=\sqrt{\frac{1}{n}\sum_{i=1}^{n}(x_i-\overline{x})^2}=\sqrt{\frac{1}{n}\sum_{i=1}^{n}(dx_i)^2} \tag{2-10}$$

在有限次的测量中，采用**标准偏差**来衡量实验数据的离散程度，工程上常用

（式 2-11）计算标准偏差：

$$\sigma_{n-1}=\sqrt{\frac{1}{n-1}\sum_{i=1}^{n}(x_i-\overline{x})^2} \tag{2-11}$$

当测量值越接近平均值时，标准偏差越小；当测量值和平均值相差越大时，标准偏差越大。所以它可以较好地表示精密度，是表明数据分散程度的特征参数。

工程中的均方根偏差也称为均方根误差，简称均方差，其真值 a 的表示如式(2-12)：

$$a=\overline{x}\pm\sigma \tag{2-12}$$

【例 2-3】 某原水浊度经 10 次测量分别为 0.482、0.480、0.481、0.479、0.480、0.478、0.479、0.481、0.480 和 0.481。求算术平均值 $\overline{x}$、均方差 σ 及测量值的真值 a。

解： 算术平均数为：

$$\overline{x}=\frac{1}{n}\sum_{i=1}^{n}x_i=\frac{1}{10}(0.482+0.480+0.481+0.479+0.480+0.478+0.479+0.481+0.480+0.481)=0.4801$$

均方差 σ 为：

$$\sigma=\sqrt{\frac{1}{10}\sum_{i=1}^{10}(x_i-\overline{x})^2}=0.001136\text{，取 }0.0011$$

则真值为：

$$a=\overline{x}\pm\sigma=0.4801\pm0.0011$$

因此，测量值的真值在 0.4790 和 0.4812 之间。

二、间接测量值的误差分析

间接测量值是将直接测量值代入公式计算出来的。直接测量值存在误差，间接测量值也必然存在误差。间接测量值误差的大小不仅取决于直接测量误差，还取决于公式的形式，即直接测量值与间接测量值之间的函数关系。

1. 间接测量值算术平均误差计算

按算术平均误差计算的间接测量值的误差，是在考虑各项误差同时出现的最不利情况时，各绝对误差相加而得的。

如果间接测量值和直接测量值之间的函数关系只含加减运算时，设 $y=A+B$ 或 $y=A-B$，计算式如式(2-13)：

$$\Delta y=\Delta A+\Delta B \tag{2-13}$$

即只含和、差运算的间接测量值的绝对误差等于各项直接测量值的绝对误差之和。

如果直接测量值和间接测量值之间函数关系含乘、除、乘方、开方时，设 $y=A\cdot B$ 或 $y=\frac{A}{B}$，则有如式(2-14）所示：

$$\frac{\Delta y}{y}=\frac{\Delta A}{A}+\frac{\Delta B}{B} \tag{2-14}$$

即乘除运算的相对误差等于各直接测量值相对误差之和。

综上所述，当间接测量值计算公式只含加减运算时，应先计算绝对误差，再计算相对误差为宜；当间接测量值计算公式含有乘、除、乘方、开方时，应先计算相对误差，后计算绝对误差。

2. 间接测量值标准误差计算

在工程上，各项误差同时出现的可能性很小，采取各项绝对误差相加，是对间接误差的夸大。因此，实际中多采用标准误差、均方差来分析计算间接测量的误差。

如果间接测量值是一个直接测量值 x 的函数，x 的均方差为 σ_x，则间接测量值 y 的绝对误差 σ_y 如式(2-15)：

$$\sigma_y = |f'(x)|\sigma_x \tag{2-15}$$

如果间接测量 y 是 n 个直接测量值 $x_i(i=1,2,\cdots,n)$ 的函数，则间接测量值 y 的绝对误差 σ_y 如式(2-16)：

$$\sigma_y = \sqrt{\sum_{i=1}^{n}\left(\frac{\partial f}{\partial x_i}\sigma_i\right)^2} \tag{2-16}$$

式中，σ_i 为第 i 个直接测量值 x_i 的标准误差（均方差）。

上述两种情况的相对误差可用 $E=\dfrac{\sigma_y}{y}$ 表示。

实际实验中，并非对所有测量值都进行多次测量，这些计算所得的间接测量值误差相对各直接测量值的误差，均比标准误差算得的误差要大。

第三节　有效数字运算及异常数据取舍

一、有效数字

每一个实验都要记录大量的实验数据，还要利用原始数据进行各种必要的运算。为得到准确的实验结果，不仅需要进行准确的测量，还需要进行正确的记录和运算，这就要求正确地处理测量值和计算值的有效数字。

有效数字是指准确测量的数字加上最后一位估读数字（又称可疑数字）所得的数字。实验报告的每一位数字，除最后一位数可能有疑问外，其余各位都希望不带误差。可疑数若是两位以上，则其他一位或几位就应剔除。在剔除没有意义的位数时，应遵循四舍五入法的基本规则进行取舍。

实验中观测值的有效数字与仪器仪表的刻度有关，一般可根据实际可能估计到最小刻度的1/10、1/5或1/2。例如滴定管的最小刻度是0.1mL，百分位上是估计值，故在读数时，可读到百分位，即其有效数字到百分位为止，如10.12mL。

二、有效数字运算

在整理数据时，常要运算一些精密度不相同的数值，此时要按一定规则计算，常用的运算规则如下：

① 第一位准确数字前的“0”不能作为有效数字，最后一位准确数字后的“0”是可疑数字，有效数字后有无“0”，表示有效数字位数不同（如数字 4.23 和 4.230，前者有效数字是三位，“3”是可疑数字，后者有效数字是四位，“0”是可疑数字，又如 0.0038 和 0.00380，前者有效数字是 2 位，“8”是可疑数字，后者有效数字是三位，“0”是可疑数字）；

② 记录观测值时，只保留一位可疑数，其余数一律弃去；

③ 在加减运算中，运算后得到的数所保留的小数点后的位数，应与所给各数中小数点后位数最少的相同，多余的位数应四舍五入（如 3.83、0.1081、45.8435、0.004 四个数字相加，则结果等于 49.79）；

④ 在乘除运算中，运算后所得的商或积的有效数字与参加运算各有效数字中位数最少的相同；

⑤ 计算平均值时，若有四个数或超过四个数，则平均值的有效数字位数可增加一位；

⑥ 乘方或开方结果的有效数字与其底的有效数字相同（如对数计算中，首数不是有效数字，如 lg300＝2.477 中，有效数字有三位，“2”不是有效数字）。

水污染控制工程中一些公式的系数和参数不是用实验测得的，在计算中不应考虑其位数。

三、异常数据的取舍

在一组实验数据中，常会出现个别数据与其他数据偏差大的情况，如果保留这样的数据，可能会降低实验的准确度。如果舍去，可能得到精密度较高的结果，但理由不明确。因此，在整理数据时，必须有一个标准来决定异常数据的取舍。

异常数据取舍问题实质上是辨别异常数据究竟是由偶然误差还是系统误差造成的问题。如果是人为因素的偶然误差就应当舍去，如无足够理由证实是偶然过失造成的时候，应用下述办法决定取舍。

对一组观测值中离群数据的检验方法有格拉布斯检验法、肖维涅准则、狄克逊检验法等。下面介绍其中的两种方法。

1. 格拉布斯检验法

若实验测定值按从大到小排列为 x_1，x_2，x_3，…，x_n，被怀疑最大值（x_1）或最小值（x_n）是异常数据，采用下列步骤进行判断：

① 选定信度 γ，γ 值是否定假设的概率，亦即判定错误的概率，一般取 5%、2.5%、1%；

② 计算观测值的算术平均值 $\overline{x}$ 和标准误差 σ；

③ 计算 T 值，如果最大值 x_1 是可疑的，则 $T=\dfrac{x_1-\overline{x}}{\sigma}$，如果最小值 x_n 是可疑的，则 $T=\dfrac{\overline{x}-x_n}{\sigma}$；

④ 查 $T(n,\gamma)$ 值（见表 2-1），如果 $T\geqslant T(n,\gamma)$，所怀疑数据在信度为 γ 时是异常的，应舍去，如果 $T<T(n,\gamma)$，则所怀疑数据在信度为 γ 时是正常的，不能舍去。

⑤ 舍去异常数据后，对剩下的数据重复上述过程。

由表 2-1 可以看出，当实验次数 n 一定时，γ 值越小，$T(n,\gamma)$ 值越大。如果信度 γ

值取得过小，将不是异常数据的值错判为异常数据的概率减小了，但同时也意味着将异常数据判为非异常数据的概率增大了，从而也增大了犯错误的概率。所以信度 γ 的值不宜取得过小。

表 2-1　$T(n,\gamma)$ 值表

n	γ			n	γ		
	5%	2.5%	1%		5%	2.5%	1%
3	1.15	1.15	1.15	16	2.44	2.59	2.75
4	1.46	1.48	1.49	17	2.47	2.62	2.79
5	1.67	1.71	1.75	18	2.50	2.65	2.82
6	1.82	1.89	1.94	19	2.53	2.68	2.85
7	1.94	2.02	2.10	20	2.56	2.71	2.88
8	2.03	2.13	2.22	21	2.58	2.73	2.91
9	2.11	2.21	2.32	22	2.60	2.76	2.94
10	2.18	2.29	2.41	23	2.62	2.78	2.96
11	2.23	2.36	2.48	24	2.64	2.80	2.99
12	2.29	2.41	2.55	25	2.66	2.82	3.01
13	2.33	2.46	2.61	30	2.75	2.91	—
14	2.37	2.51	2.66	35	2.82	2.98	—
15	2.41	2.55	2.71	40	2.87	2.04	—

【例 2-4】 有 16 个实测值按大小排列为 9.52，9.14，8.99，8.9，8.71，8.69，8.61，8.57，8.51，8.46，8.38，8.29，8.27，8.21，8.07，7.09。试用格拉布斯检验法分析其中有无异常数据。

解： 首先怀疑最大值 9.52 和最小值 7.09 是异常数据。

（1）选定信度 $\gamma=5\%$。

（2）计算 $\overline{x}$、σ 及 T 值

$$\overline{x}=\frac{1}{16}\sum_{i=1}^{16}x_i=8.53$$

$$\sigma=\sqrt{\frac{1}{15}\sum_{i=1}^{16}(x_i-\overline{x})^2}=0.536$$

$$T_1=\frac{x_1-\overline{x}}{\sigma}=\frac{9.52-8.53}{0.536}=1.85$$

$$T_2=\frac{\overline{x}-x_{16}}{\sigma}=\frac{8.53-7.09}{0.536}=2.69$$

（3）判断　由计算值首先怀疑 $x_{16}=7.09$ 是异常数据，查表 2-1，当 $n=16$，$\gamma=5\%$ 时，$T(16,5\%)=2.44$，因 $T=2.69>2.44$，所以 7.09 为异常数据，应舍去。

（4）舍掉 7.09 后，还剩下 15 个测定值，再按 $n=15$ 计算 T 值。

$$\overline{x}=\frac{1}{15}\sum_{i=1}^{15}x_i=8.62$$

$$\sigma=\sqrt{\frac{1}{14}\sum_{i=1}^{15}(x_i-\overline{x})^2}=0.388$$

$$T=\frac{x_1-\overline{x}}{\sigma}=\frac{9.52-8.62}{0.388}=2.32$$

查表 2-1，当 $n=15$，$\gamma=5\%$ 时，$T(15,5\%)=2.41$，因为 $T=2.32<2.41$，所以，9.52 不是异常数据，应保留。

2. 肖维涅准则

本方法借助于肖维涅数据取舍标准表来决定可疑值的取舍。方法如下：

① 求出实测数据的算术平均值 $\overline{x}$ 及标准误差 σ；

② 由表 2-2 查出测定次数为 n 时对应的极限误差值 k；

③ 计算出可疑数据的 $\frac{|x_i-\overline{x}|}{\sigma}$，将 $\frac{|x_i-\overline{x}|}{\sigma}$ 与 k 比较，当 $k>\frac{|x_i-\overline{x}|}{\sigma}$ 时，保留，反之则舍去；

④ 舍去异常数据，对剩下的数据重新分析。

表 2-2　n 与 k 值对应表

n	k	n	k	n	k
4	1.53	11	1.99	19	2.25
5	1.65	12	2.04	20	2.28
6	1.73	13	2.06	25	2.32
7	1.80	14	2.11	30	2.39
8	1.87	15	2.12	40	2.50
9	1.91	16	2.16	50	2.57
10	1.97	18	2.21		

【例 2-5】 已知条件同【例 2-4】，用肖维涅准则来决定异常数据 7.09 的取舍。

解：(1) 计算 $\overline{x}$、σ 值

$$\overline{x}=\frac{1}{16}\sum_{i=1}^{16}x_i=8.53$$

$$\sigma=\sqrt{\frac{1}{15}\sum_{i=1}^{16}(x_i-\overline{x})^2}=0.536$$

(2) 判断

$$\left|\frac{\overline{x}-7.09}{\sigma}\right|=\frac{1.44}{0.536}=2.69$$

查表 2-2，当 $n=16$ 时，$k=2.16<2.69$，所以数据 7.09 应舍去。

第四节　实验数据的表示与分析

处理实验数据的目的是充分利用实验所得信息，利用数据统计知识，分析各个因素对实验结果的影响及影响的主次，寻找各变量间相互影响的规律。

整理实验数据最常用的方法是制表法和图形法，也就是将实验所得结果制成各种表格，或将数据绘在坐标图上，以直观地表现实验结果各个因素之间的关系。

一、列表表示法

将实验记录表中的原始记录数据，经过分析、整理、归纳和计算，表示成各变量之间关系的表格，即为列表表示法。

实验记录表应根据实验时考虑因素的多少制成不同类型的空格表，并注明时间、记录人、变量的单位、固定因素的量（如温度、pH 值、时间、浓度等）、环境条件等，并装订成册，供实验时用。

制定各种表格时应注意：①标题应简单、清楚；②单位写在表格名称栏内，若数字过大或过小，应将数字写成 $N\times10^n$ 的形式，并写于表头或名称栏内；③表内记录数字应注意有效数字相同；④表中数字要清晰、准确、不能随意涂改。

实验所测量的数据一般都是离散、不连续的，有时需要的数据可能在其中查不到，这时需用内插法或外延法求得所需数据。常用的内插法或外延法有线性插值法和拉格朗日多项式插值法，需要时可参考有关资料。

二、作图表示法

在作出各变量之间的关系表格后，为了使实验结果更直观、清楚，还需要作出各变量之间的依从关系曲线图。由实验数据作曲线图必须遵守一些原则，才能得到与实验点位置偏差最小且光滑贴切的曲线。

在用作图法表示实验结果时应注意：坐标轴要准确、完整，能清楚地表示变量间的变化规律；图形标题尽可能完全，并说明实验条件；坐标轴上注明标度尺寸的单位，标尺上注明的数据应与测量值的精确度对应。

常用的作图方法步骤如下：

① 选择合适的坐标，坐标有直角坐标、对数坐标等，根据研究变量间的关系及要表达的图线形式进行选择；

② 一般横轴为自变量，纵轴为因变量；

③ 坐标刻度划分得当，和测量的有效数字对应；

④ 为使绘图线在坐标图居中位置，纵横轴两个变量的变化范围在长度上应相差不大；

⑤ 将自变量与因变量一一对应的数据点在坐标图内，不同关系的图线应有不同的符号，并注明符号定义；

⑥ 根据实验点的分布，连成直线或光滑曲线，连线一定要使实验点均匀分布于图线

两侧。

三、实验数据的回归分析

列表法具有简单易做、使用方便的优点，但对客观规律表示不明确，不便于理论分析；作图法具有简明直观、便于比较、变化规律易显示等优点，但也不便于理论分析和计算。为了理论分析和计算的方便，经常也对变量之间的关系进行数学回归分析，用数学表达式反映变量之间的关系。

1. 一元线性回归

一元线性回归处理的是两个变量之间的关系，若变量 x 与 y 之间线性相关，那么就可以通过一组观测数据 $(x_i, y_i)(i=1,2,\cdots,n)$，用最小二乘法算出参数 a 和 b，建立回归直线方程，如式(2-17)：

$$y=a+bx \tag{2-17}$$

2. 二元线性回归

如果影响因素不止一个，这类问题的回归就是多元线性回归，多元线性回归的原理与一元线性回归分析相同，只是计算比较复杂。在多元线性回归中，常用的二元线性回归表达式如式(2-18)：

$$y=a+b_1x_1+b_2x_2 \tag{2-18}$$

式中，y 为因变量；x_1、x_2 是两个自变量；b_1、b_2 为回归系数；a 为常数。

实验数据的分析处理是从大量实验数据中用数学的方法求得其中规律的方法，所以一个实验完成后，都要经过实验误差分析、数据整理、处理与分析等过程，特别是实验数据的分析处理常用到一些数学原理与方法，需要时注意参考其他文献。

第三章

水污染控制的化学及物理化学方法实验

第一节 沉降曲线实验

一、实验目的

（1）设计实验方案（自主确定沉淀时间和沉淀高度），完成离散颗粒沉降曲线的实验测定，掌握残留颗粒-沉速（粒径）分布曲线的绘制。

（2）通过实验进一步了解和掌握离散颗粒自由沉降效率的计算，绘制去除效率（E 和 E_T）-时间曲线、去除效率（E 和 E_T）-最小沉速曲线。

（3）当采用普通沉淀池（平流式或辐流式）处理含有该种颗粒的废水时，在理想条件下，掌握设计沉淀池所需沉淀时间和水力表面负荷的确定方法。

二、实验原理

自由沉淀是离散颗粒在沉淀构筑物中沉降的一种类型，其特征是颗粒在沉淀过程中不发生碰撞，颗粒保持大小形状以及沉速不变，各自独立完成沉淀过程。自由沉淀的颗粒沉速在层流区符合斯托克斯公式。一方面，由于水中颗粒的复杂性，颗粒粒径、颗粒密度都很难或无法准确测定，因而沉淀效果、特性无法通过公式求得，必须通过实验测定。另一方面，通过自由沉淀实验可以反推出不规则形状颗粒的等效粒径。

进行实验时，可在一般沉降柱内进行，但其直径不小于 100mm，以避免颗粒沉淀特征受边壁效应的影响。

将搅拌均匀的混合水样送入沉降柱中，水面至底部取样口的距离为 h（即水面高度为 h，该高度称为沉淀高度）；实验开始时（$t=0$），水中的悬浮颗粒在整个水深中均匀分布，取样测定悬浮物浓度，记为 c_0。随后，按设定的时间 t_1，t_2，t_3，…，t_i，从设置于沉降柱底部（或中间位置）的取样口取出一定体积的水样（每次取样量小于 1%水样总体积），且每次取等量水样（亦可取适量水样），测定悬浮物浓度 c_1，c_2，c_3，…，c_i；由此导致的水面下降量为 Δh（亦可取适量水样，不必每次取等体积的水样，但需记录取样前水面的高度）。当沉淀时间分别为 t_1，t_2，t_3，…，t_i 时，水面高度（以每次取等量水样为例）分别为 h，$h-\Delta h$，$h-2\Delta h$，$h-3\Delta h$，…，$h-(i-1)\Delta h$；相应地，不同沉淀时间的沉淀速度分别是 $u_1=\dfrac{h}{t_1}$，$u_2=\dfrac{(h-\Delta h)}{t_2}$，$u_3=\dfrac{(h-2\Delta h)}{t_3}$，…，$u_i=\dfrac{[h-(i-1)\Delta h]}{t_i}$的颗粒，这些颗粒中，在时间 t 时位于水面处且可以 100%去除的颗粒所具有的沉淀速度称为最小颗粒沉速，即最小沉速（或临界沉速）。

以 $t_1,t_2,t_3,\cdots,t_i$ 时悬浮颗粒的去除率 E［即名义去除率，%，即 $E_1=\left(1-\dfrac{c_1}{c_0}\right)\times 100\%$，$E_2=\left(1-\dfrac{c_2}{c_0}\right)\times 100\%$，$E_3=\left(1-\dfrac{c_3}{c_0}\right)\times 100\%$，…，$E_i=\left(1-\dfrac{c_i}{c_0}\right)\times 100\%$］为纵坐标、$u$ 及 t 为横坐标，分别绘制 E-u 及 E-t 曲线。

以 t_1，t_2，t_3，…，t_i 时残留颗粒所占分率 P（%，即 $P_1=\dfrac{c_1}{c_0}\times 100\%$，$P_2=\dfrac{c_2}{c_0}\times 100\%$，$P_3=\dfrac{c_3}{c_0}\times 100\%$，…，$P_i=\dfrac{c_i}{c_0}\times 100\%$）为纵坐标、$u$ 为横坐标绘制 P-u 曲线，采用 Camp 图解积分法可求出最小沉速为 u_0 时，颗粒的总去除效率 E_T，分别绘制 E_T-u 及 E_T-t 曲线。

三、实验装置及材料

1. 实验装置

（1）沉降曲线测定实验装置　如图 3-1 所示，其中图 3-1(a) 为采用高位水箱配水的自由沉降装置；图 3-1(b) 为采用水泵直接配水的自由沉降装置（共 2 套，14 根沉降柱）。

（2）恒温烘箱。

（3）浊度计。

（4）电子分析天平（量程：0.1mg）。

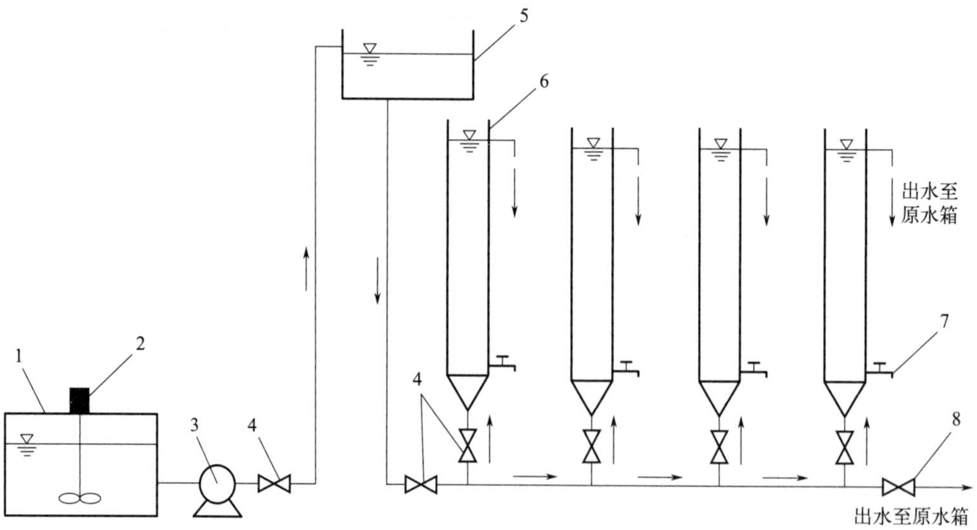

(a) 采用高位水箱配水的自由沉降装置

(实验沉降柱编号：A、B、C、D、E、F)

1—原水箱；2—搅拌电机；3—水泵；4—进水阀；5—高位水箱；6—沉降柱；7—取样阀门；8—排水阀

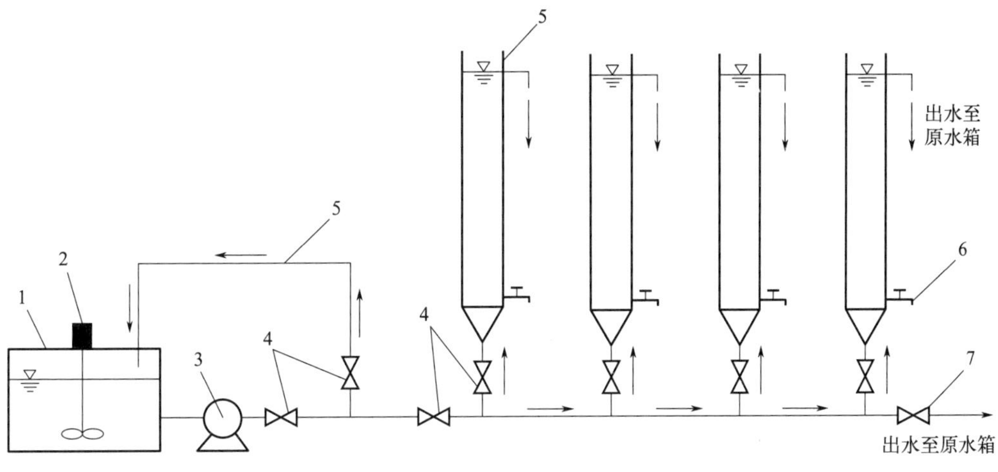

（b）采用水泵直接配水的自由沉降装置

（实验沉降柱编号：G、H、I、J、K、L、M、N）

1—原水箱；2—搅拌电机；3—水泵；4—进水阀；5—沉降柱；6—取样阀门；7—排水阀

图 3-1　沉降曲线测定实验装置

2. 实验材料

（1）中性定量滤纸。

（2）干燥器及不锈钢镊子等。

（3）白瓷托盘。

（4）漏斗。

（5）量筒（100mL）。

（6）称量瓶。

四、实验步骤

1. 实验前期准备工作

预先将中性定量滤纸折叠好，放入已知质量的称量瓶中（称量瓶应编号，并记录在纸上），打开瓶盖，在烘箱中于 103～105℃烘干 0.5h 后取出，盖好称量瓶瓶盖，放入干燥器中冷却至室温后称量。反复烘干、冷却、称量，直至两次称量的质量差不大于 0.4mg，此时质量记为 m_0。

2. 沉降曲线测定实验操作步骤

（1）开启沉降曲线测定实验装置的配水箱搅拌器，将水样搅拌均匀后，打开沉降柱进水阀门，启动水泵，将水样注入沉降柱中，达到溢流口后关闭进水阀门和水泵。从沉降柱内连续取 2 份体积为 50～80mL 水样（用于测定平行样，不超过 100mL），采用重量法测定悬浮物浓度，将此悬浮物浓度计为 ρ_0。

（2）重量法操作步骤

① 将两份水样分别经滤纸过滤，过滤时溶液最多加到滤纸边缘下 5～6mm 处，如果液面过高，沉淀会因毛细作用而越过滤纸边缘。

② 量筒壁用蒸馏水冲净（每次取蒸馏水 10mL 左右，反复冲洗 2～3 次，必须清洗干净），冲洗水一起过滤。

③ 小心取下滤纸，放入原称量瓶内（注意核对称量瓶身和瓶盖的编号一致），在 103～105℃烘箱中，打开瓶盖烘干 2h，取出后盖好瓶盖，放入干燥器，冷却后至室温称重。

④ 反复烘干、冷却、称量，直至两次称量的质量差不大于 0.4mg，此时质量记为 m_u。

（3）开始计时后，在 $t_1, t_2, t_3, \cdots, t_i$ 时，分别从取样口取出 2 份约 50～100mL 水样（准确记录采样体积），采用重量法测定悬浮物浓度，记为 $\rho_1, \rho_2, \rho_3, \cdots, \rho_i$，并在每次取样前测定并记录沉降柱内水面至取样口的高度 h，记为 $h_1, h_2, h_3, \cdots, h_i$。

五、实验数据及结果整理

1. 实验数据记录

实验原始数据记录表见表 3-1。

在原始实验数据的基础上，计算出 $t_1, t_2, t_3, \cdots, t_i$ 时的 SS 浓度及沉降速度，汇总至表 3-2。

2. 实验数据计算及汇总

（1）未被去除悬浮物所占分率 P_i 如式(3-1) 所示：

$$P_i = \frac{\rho_i}{\rho_0} \times 100\% \tag{3-1}$$

颗粒的名义去除效率 E_i 如式(3-2) 所示：

$$E_i = \left(1 - \frac{\rho_i}{\rho_0}\right) \times 100\% \tag{3-2}$$

式中 ρ_0——原水悬浮物浓度，mg/L；

ρ_i——不同沉淀时间时残留于水中的悬浮物浓度，mg/L；

（2）相应颗粒沉速 u(m/h) 如式(3-3) 所示：

$$u = \frac{h_i}{t_i} \tag{3-3}$$

式中 h_i——在 t_i 时间沉降柱内水面至取样口的高度，m；

t_i——沉降时间，h。

（3）计算不同时刻各个取样口断面处悬浮物的残留率（$P = \frac{\rho}{\rho_0} \times 100\%$）及相应时刻所对应的沉降速度（$u = \frac{h_i}{t_i}$），将数据填入残留颗粒浓度、沉淀效率及沉降速度表，见表 3-3。

（4）以 E 为纵坐标，以 u 及 t 为横坐标绘制 E-u 及 E-t 曲线。以 P 为纵坐标，以 u 为横坐标绘制 P-u 曲线；自主设计并确定 u_0 取值，并进一步计算获得 E_T-u 及 E_T-t。

表 3-1　实验原始数据记录表

<table>
<tr><td>沉降柱编号</td><td></td><td>学号</td><td></td><td>姓名</td><td></td><td>日期</td><td>年　月　日</td></tr>
<tr><td>原水特征</td><td colspan="5">表观描述：</td><td colspan="2">水温：　℃</td></tr>
</table>

<table>
<tr><td colspan="2">沉淀时间
/h</td><td>称量瓶编号</td><td>过滤前称量
瓶质量/g</td><td>过滤后称量
瓶质量/g</td><td>取样体积
/mL</td><td>取样前取样口
至水面的高度
h/cm</td></tr>
<tr><td rowspan="2">t_0</td><td rowspan="2"></td><td>瓶号-t_0-1</td><td></td><td></td><td></td><td rowspan="2"></td></tr>
<tr><td>瓶号-t_0-2</td><td></td><td></td><td></td></tr>
<tr><td rowspan="2">t_1</td><td rowspan="2"></td><td>瓶号-t_1-1</td><td></td><td></td><td></td><td rowspan="2"></td></tr>
<tr><td>瓶号-t_1-2</td><td></td><td></td><td></td></tr>
<tr><td rowspan="2">t_2</td><td rowspan="2"></td><td>瓶号-t_2-1</td><td></td><td></td><td></td><td rowspan="2"></td></tr>
<tr><td>瓶号-t_2-2</td><td></td><td></td><td></td></tr>
<tr><td rowspan="2">t_3</td><td rowspan="2"></td><td>瓶号-t_3-1</td><td></td><td></td><td></td><td rowspan="2"></td></tr>
<tr><td>瓶号-t_3-2</td><td></td><td></td><td></td></tr>
<tr><td rowspan="2">t_4</td><td rowspan="2"></td><td>瓶号-t_4-1</td><td></td><td></td><td></td><td rowspan="2"></td></tr>
<tr><td>瓶号-t_4-2</td><td></td><td></td><td></td></tr>
<tr><td rowspan="2">t_5</td><td rowspan="2"></td><td>瓶号-t_5-1</td><td></td><td></td><td></td><td rowspan="2"></td></tr>
<tr><td>瓶号-t_5-2</td><td></td><td></td><td></td></tr>
<tr><td rowspan="2">t_6</td><td rowspan="2"></td><td>瓶号-t_6-1</td><td></td><td></td><td></td><td rowspan="2"></td></tr>
<tr><td>瓶号-t_6-2</td><td></td><td></td><td></td></tr>
</table>

表 3-2　实验数据整理表

<table>
<tr><td colspan="3">沉降柱编号</td><td></td><td>水样名称</td><td colspan="3"></td></tr>
<tr><td colspan="2" rowspan="2">沉淀时间
/h</td><td rowspan="2">称量瓶
编号</td><td rowspan="2">过滤前后称量瓶
质量差/mg</td><td rowspan="2">SS
/(mg/L)</td><td colspan="2">SS 平均值及标准偏差</td><td rowspan="2">沉淀速度
/(m/h)</td></tr>
<tr><td>平均浓度
/(mg/L)</td><td>标准偏差</td></tr>
<tr><td rowspan="2">t_0</td><td rowspan="2"></td><td>瓶号-t_0-1</td><td></td><td></td><td rowspan="2"></td><td rowspan="2"></td><td rowspan="2"></td></tr>
<tr><td>瓶号-t_0-2</td><td></td><td></td></tr>
<tr><td rowspan="2">t_1</td><td rowspan="2"></td><td>瓶号-t_1-1</td><td></td><td></td><td rowspan="2"></td><td rowspan="2"></td><td rowspan="2"></td></tr>
<tr><td>瓶号-t_1-2</td><td></td><td></td></tr>
<tr><td rowspan="2">t_2</td><td rowspan="2"></td><td>瓶号-t_2-1</td><td></td><td></td><td rowspan="2"></td><td rowspan="2"></td><td rowspan="2"></td></tr>
<tr><td>瓶号-t_2-2</td><td></td><td></td></tr>
<tr><td rowspan="2">t_3</td><td rowspan="2"></td><td>瓶号-t_3-1</td><td></td><td></td><td rowspan="2"></td><td rowspan="2"></td><td rowspan="2"></td></tr>
<tr><td>瓶号-t_3-2</td><td></td><td></td></tr>
<tr><td rowspan="2">t_4</td><td rowspan="2"></td><td>瓶号-t_4-1</td><td></td><td></td><td rowspan="2"></td><td rowspan="2"></td><td rowspan="2"></td></tr>
<tr><td>瓶号-t_4-2</td><td></td><td></td></tr>
<tr><td rowspan="2">t_5</td><td rowspan="2"></td><td>瓶号-t_5-1</td><td></td><td></td><td rowspan="2"></td><td rowspan="2"></td><td rowspan="2"></td></tr>
<tr><td>瓶号-t_5-2</td><td></td><td></td></tr>
<tr><td rowspan="2">t_6</td><td rowspan="2"></td><td>瓶号-t_6-1</td><td></td><td></td><td rowspan="2"></td><td rowspan="2"></td><td rowspan="2"></td></tr>
<tr><td>瓶号-t_6-2</td><td></td><td></td></tr>
</table>

表 3-3 残留颗粒浓度、沉淀效率及沉降速度表

沉降柱编号			水样名称				
沉淀时间 t /h		SS 平均值及标准偏差		残留颗粒所占分率 P /%	去除效率/%		沉淀速度 u /(m/h)
		平均浓度 ρ /(mg/L)	标准偏差		E	E_T	
t_0							
t_1							
t_2							
t_3							
t_4							
t_5							
t_6							

注：自主设计并确定 u_0 取值，并进一步计算获得 E_T-u 及 E_T-t。

六、注意事项

（1）在沉降柱进水时，应确保进水速度适中，既要快速完成进水，防止进水过程中一些较重颗粒沉降，又要防止速度过快造成水体紊动，影响沉淀效果。

（2）取样时要先排出取水口管内积水后再取样，减少误差。

七、思考题

（1）当自主设计实验方案时，对于同一种废水，不同同学可能采用了不同沉淀（取样）时间和初始沉淀高度。请思考，在这种情况下，对于同一种原水，当不考虑测定 SS 的误差时，不同同学所绘制的颗粒粒径分布曲线（P-u 曲线）是否相同？

（2）当要求沉淀池对 SS 的总去除率 E_T 为 40%时，根据试验结果，确定所需沉淀时间（h）、最小沉速（m/h），并进一步计算该沉淀池的有效沉淀深度及水力表面负荷（$m^3/m^2 \cdot h$）。

第二节 混凝-气浮实验

一、实验目的

（1）设计混凝-沉淀实验条件，选取不同混凝剂投加量或混凝剂-絮凝剂组合方式，根据固液分离效果，确定混凝的最佳工艺条件，并进一步理解所选择的工艺条件对混凝效果

的影响。

（2）设计混凝-气浮实验条件，不同溶气水/原水的比例（其数值可以换算为气/固），根据溶气水投加量与目标污染物去除特征的关系，确定压力溶气气浮的最佳溶气水/原水的比例，并进一步理解混凝对压力溶气气浮工艺分离效果的影响。

（3）根据实验结果，确定适用于实验用水的混凝-气浮固液分离工艺的流程及相应的工艺条件。

二、实验原理

水中含有一些粒径为1nm至2～3μm的颗粒，其在重力或浮力作用下难以实现固液分离或难以在工程可接受的时间内实现固液分离。其原因在于：粒径为1～100nm的颗粒（即胶体），由于其表面带有电荷而长期处于分散而稳定的状态；粒径为100nm至2～3μm的颗粒，依靠其自身的沉淀或上浮速度，需要很长时间才能实现固液分离。当向水中投加一些无机化学药剂或有机高分子药剂，可改变其胶体表面的电荷特征，破坏其稳定性，使胶体颗粒脱稳、聚集并变大。上述过程称为混凝，投加的化学药品称为混凝剂。根据混凝剂作用机理的不同，可将混凝剂分为混凝剂和絮凝剂。除原水水质外，混凝效果取决于混凝剂种类、混凝剂投加量或混凝剂-絮凝剂组合方式等工艺条件。

脱稳颗粒或聚集后粒径增大的颗粒，可根据其与水的密度差异，采用重力沉淀或浮力浮上工艺，实现固液分离。

对于密度小于水但上浮速度过小（或一些密度略大于水、沉淀速度过小）的颗粒，可进一步采用压力溶气气浮工艺，在工程可接受的时间内实现固液分离。根据空气在水中的溶解度与压力成正比的原理，将空气加压通入水中并停留一定时间，形成溶气水；当减压后，溶解在水中的空气以微气泡的形式释放出来。将这种富含微小气泡的溶气水与污水中悬浮颗粒混合，形成水-气-颗粒三相混合体系，微气泡附聚在颗粒表面，使颗粒的上浮速度增加，在一定时间内上浮至水面，形成浮渣层，从而实现从废水中分离悬浮固体的目的。

三、实验装置及材料

1. 实验装置

（1）混凝和压力溶气气浮均采用共聚混凝-气浮实验台，实验装置示意图见图3-2。

（2）光电式浊度仪。

（3）激光粒度分析仪。

（4）pH计。

（5）混凝反应杯。

2. 实验材料

（1）量筒（1000mL）及常用玻璃仪器。

（2）混凝剂。

（3）絮凝剂。

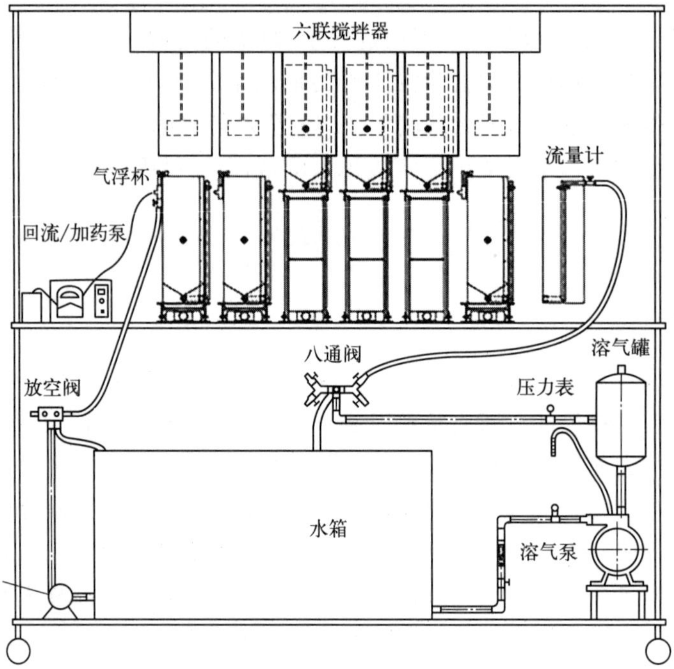

图 3-2 混凝-气浮实验装置示意图

（混凝-气浮实验台气浮杯编号：1、2、3、4、5、6，共 6 只）

四、实验步骤

1. 实验前期准备工作

（1）确定拟采用的混凝剂种类　本实验准备了氯化铁（ferric chloride，FC，分子式为 $FeCl_3$，含水率 5%）、硫酸铝（aluminum sulfate，AS，分子式为 $Al_2(SO_4)_3 \cdot 18H_2O$）、聚合氯化铁（polymerization ferric chloride PFC，铁含量为 14%）、阳离子型 PAM（PAM^+）及阴离子型 PAM（PAM^-），请自主选择混凝剂和絮凝剂的种类和投药量。

（2）配制混凝剂溶液　无机混凝剂配制浓度为 500mg/L（质量浓度，以铁或铝计），有机高分子絮凝剂配制浓度为 0.2‰（质量分数，以 PAM 的质量计）。

（3）熟悉并掌握实验设备的使用　熟悉六联混凝实验台的使用，掌握加药方法、时间及转速的设定方法，平均速度梯度与转速的关系；掌握混凝-气浮实验台的操作，包括开机、设置程序、进水、进气、释放溶气水等操作。

（4）熟悉并掌握实验仪器的使用　掌握浊度计、pH 计的标定和使用方法；掌握激光粒度分析仪的基本操作及粒径测定方法。

2. 混凝-气浮实验操作步骤

（1）在六联搅拌机的混凝反应杯内加入原水（800～1000mL）；根据混合、反应所需平均速度梯度和时间条件，自主设定搅拌器的转速和时间。

（2）根据自主选定的混凝剂和絮凝剂种类、投加量及组合方式，在加药器内分别注入相应种类和投加量的药剂。

（3）开机运行，在设定的时间和转速条件下，向原水中分别加入不同质量的混凝剂和絮凝剂。

（4）固液分离工艺之一：混凝-沉淀 自主设计最小速度，其数值等于沉淀池的表面水力负荷，建议值为0.10～0.45$m^3/(m^2 \cdot h)$。固液分离时间，其数值等于沉淀时间，建议值为0.25～1.0h，测定沉淀出水的浊度，判断混凝效果。根据混凝效果决定最佳混凝工艺条件（混凝剂种类、数量及加药量）；水力计算使用的水深参数均从1000mL采样量筒及混凝反应杯上的标尺直接读取（方杯的截面积为100cm^2）。

（5）固液分离工艺之二：混凝-气浮 在（4）所确定的某一个混凝条件下先进行混凝。混凝后的脱稳颗粒立即采用压力溶气气浮工艺进行固液分离。自主设计上浮速度，其数值等于气浮池的表面水力负荷，建议值为0.1～0.5$m^3/(m^2 \cdot h)$。固液分离时间，其数值等于上浮时间，建议值为0.05～0.5h。自主选取溶气水/原水的比例，其数值可以转化为气/固，将一定量的溶气水与混凝后的污水混合后，进行上浮分离。测定气浮出水的浊度并进行折算，判断气浮效果。通过气浮时间曲线与参比混凝去除率曲线交点确定压力溶气气浮的最佳水力停留时间HRT。

（6）根据（4）及（5）的实验结果，确定适用于该种污水的混凝工艺条件、固液分离工艺及相应的工艺条件。

五、实验数据及结果整理

1. 实验数据记录

混凝-沉淀和混凝-气浮实验原始数据和计算结果分别汇总至表3-4、表3-5。

表3-4 混凝-沉淀实验数据记录和分析表

<table>
<tr><td colspan="2">学号</td><td colspan="2"></td><td>姓名</td><td colspan="2"></td><td>日期</td><td colspan="2">年 月 日</td></tr>
<tr><td colspan="2">原水特征</td><td colspan="8">水样名称：(模拟造纸废水) pH： 水温：</td></tr>
<tr><td colspan="10">混凝阶段设计方案</td></tr>
<tr><td>1</td><td colspan="2">搅拌速度</td><td>r/min</td><td colspan="2">平均速度梯度</td><td>s^{-1}</td><td colspan="2">搅拌时间</td><td>min</td></tr>
<tr><td>2</td><td colspan="2">搅拌速度</td><td>r/min</td><td colspan="2">平均速度梯度</td><td>s^{-1}</td><td colspan="2">搅拌时间</td><td>min</td></tr>
<tr><td>3</td><td colspan="2">搅拌速度</td><td>r/min</td><td colspan="2">平均速度梯度</td><td>s^{-1}</td><td colspan="2">搅拌时间</td><td>min</td></tr>
<tr><td>4</td><td colspan="2">搅拌速度</td><td>r/min</td><td colspan="2">平均速度梯度</td><td>s^{-1}</td><td colspan="2">搅拌时间</td><td>min</td></tr>
<tr><td colspan="10">混凝沉淀参数</td></tr>
<tr><td colspan="3">有效水深1</td><td>m</td><td colspan="2">水力停留时间HRT</td><td>h</td><td colspan="2">最小沉速</td><td>m/h</td></tr>
<tr><td colspan="10">投药量曲线测定设计方案</td></tr>
<tr><td colspan="4">凝聚剂名称</td><td colspan="2"></td><td colspan="2">絮凝剂名称</td><td colspan="2"></td></tr>
<tr><td colspan="4">浓度/(mg/L)</td><td colspan="2"></td><td colspan="2">浓度/‰</td><td colspan="2"></td></tr>
<tr><td>杯号</td><td colspan="3">混凝剂加药量/mL</td><td colspan="2">絮凝剂加药量/mL</td><td colspan="2">浊度 T /NTU</td><td colspan="2">去除率 E /%</td></tr>
<tr><td>原水</td><td colspan="3">0</td><td colspan="2">0</td><td colspan="2"></td><td colspan="2">0</td></tr>
<tr><td>1</td><td colspan="3"></td><td colspan="2"></td><td colspan="2"></td><td colspan="2"></td></tr>
<tr><td>2</td><td colspan="3"></td><td colspan="2"></td><td colspan="2"></td><td colspan="2"></td></tr>
</table>

续表

杯号	混凝剂加药量/mL	絮凝剂加药量/mL	浊度 T /NTU	去除率 E /%
3				
4				
5				
6				

表 3-5　混凝-气浮实验数据记录和分析表

学号		姓名		日期	年　月　日
原水特征	水样名称：		pH：	水温：	
溶气压力	MPa	原水体积	mL	气泡直径	μm
有效水深 2	m	有效气浮时间	s	上浮速率	m/s
混凝-气浮阶段选取方案					
1　搅拌速度	r/min	平均速度梯度	s^{-1}	搅拌时间	min
2　搅拌速度	r/min	平均速度梯度	s^{-1}	搅拌时间	min
3　搅拌速度	r/min	平均速度梯度	s^{-1}	搅拌时间	min
4　搅拌速度	r/min	平均速度梯度	s^{-1}	搅拌时间	min
混凝-气浮时间曲线测定方案					
混凝剂名称：		浓度/(mg/L)		加药量/mL	
絮凝剂名称：		浓度/‰		加药量/mL	
投加比/%		参比气浮去除率/%		参比混凝去除率/%	

样品号	采样时间/min	实测浊度 T /NTU	折算后浊度 T /NTU	实际去除率 E /%
原水	—		实测×(1+投加比)	0
参比气浮	—		实测×(1+投加比)	按折算后计算
1			实测×(1+投加比)	按折算后计算
2			实测×(1+投加比)	按折算后计算
3			实测×(1+投加比)	按折算后计算
4			实测×(1+投加比)	按折算后计算
5			实测×(1+投加比)	按折算后计算

(1) 有效水深 1　从液面到采样口的水深。

(2) 水力停留时间　混凝程序的运行时间总和。

(3) 最小沉速　有效水深/水力停留时间 HRT。

(4) 溶气压力　混凝气浮仪的压力表读数。

(5) 气泡直径　本组实验数据计算的结果。

(6) 有效水深 2　测试量筒标尺水深。

(7) 有效气浮时间　测试量筒中气泡完全上浮的秒表计时。

(8) 上浮速度　有效水深/有效气浮时间。

（9）参比气浮去除率　单做气浮的对照样品。

（10）参比混凝去除率　表4中实际选择做混凝＋气浮的样品（效率最低）。

（11）参比气浮　原水不加药，只做气浮。加气时间与其他5杯同步。

（12）样品1～5按照预习方案　从搅拌停止开始计时，到程序结束为止，连续记录5个采样时间。

2. 实验数据计算及汇总

（1）$\overline{G}t$ 计算、混凝条件设计及合理性判断　按搅拌控制器提供的速度-梯度换算数据，计算各阶段平均速度梯度与时间的乘积 $\overline{G}t$。当 $\overline{G}t$ 乘积在 10^4～10^5 之间时，即可认为混凝条件符合要求。

（2）胶体及细小悬浮固体去除率 E_i 的计算　见式(3-4)：

$$E_i=\left(1-\frac{\rho_i}{\rho_0}\right)\times100\% \tag{3-4}$$

式中　ρ_0——原水悬浮固体浓度，mg/L；

ρ_i——不同混凝-气浮条件下残留于水中的悬浮固体浓度，mg/L。

注：本次实验用废水的浊度与悬浮固体浓度呈线性相关，可直接采用浊度值及其去除率计算悬浮固体的去除率。SS与浊度 T 的换算关系见式(3-5)：

$$\text{SS(mg/L)}=1.5T \tag{3-5}$$

（3）溶气水气泡尺寸估算　气泡粒径对气浮效果具有关键影响作用。由于常温下气泡在静水中的上升速度与其尺寸密切相关，因此实验采用“气泡稳定时间法”间接测量微气泡粒径。

检测步骤：气浮系统稳定运行后，将溶气水通入量筒内，量筒立即呈现乳白色，记录乳白色气泡界面上升至量筒上部刻度线所用的时间 t，测出量筒内水体高度 H，气泡上升速度由 $u_t=\dfrac{H}{t}$ 计算。由于微气泡绝大多数直径小于 100μm，其在水中上浮时雷诺数 Re 远远小于1，气泡直径 d 可以利用斯托克斯公式计算，如式(3-6)：

$$d=\sqrt{\frac{u_t\times18\mu}{g(\rho_{水}-\rho_{气})}} \tag{3-6}$$

式中　d——气泡直径，μm；

u_t——气泡上浮速度，m/s；

μ——动力黏滞系数，取值 1.002×10^{-3} Pa·s；

$\rho_{水}$，$\rho_{气}$——分别为水、气泡密度，取值 998.2kg/m^3 和 1.204kg/m^3；

g——重力加速度，取值 9.8m/s^2。

（4）溶气水/原水投加比计算　如式(3-7)：

$$投加比=\frac{溶气水体积}{原水体积}\times100\% \tag{3-7}$$

注：投加不同溶气水后，水样的实际浊度值应根据投加比进行折算。

六、注意事项

（1）从混凝杯或气浮杯取水样时，尽量避免扰动已沉降（或上浮）的絮凝体（弃去前面 10mL 避免絮体污染)；测定时，需将样品管或比色管中的水样颠倒摇匀（禁止剧烈摇动，避免破坏样品)，以避免在等待样品测定过程中发生固液分离而产生的测定误差。

（2）在搅拌混合、反应、静止沉降（上浮）的过程中，注意观察絮凝体的形成过程、粒径及沉淀（上浮）速度的变化。

（3）注意读取气浮杯内的水样体积及加入设定的溶气水后的实际体积，换算为实际浊度值；实验后的废水必须倒入指定的收集容器内。

（4）压力溶气气浮实验的溶气罐属于压力容器，外排水阀门必须始终处于开启状态，以免水泵负荷过大受到损坏。注意观察外排阀门出水情况，一旦无水排出，应该立即关闭电源，向水箱中加满水后再开启。

（5）所有电源开关及线路切勿与水接触，以防触电。

七、思考题

（1）为何天然水中胶体颗粒能稳定存在？

（2）根据实验结果及实验过程中观察到的现象，简述影响混凝效果的几个主要因素。

（3）为什么投加药量最大时，混凝效果不一定好？

第三节　过滤与反冲洗实验

一、实验目的

（1）了解过滤设备的组成与构造。

（2）掌握过滤过程中滤料层不同深度损失与出水浊度随时间变化的规律。

（3）观察过滤及反冲洗现象，了解过滤及反冲洗原理。

（4）加深理解反冲洗现象，观察反冲洗时水里筛分现象，了解滤料膨胀与反冲洗强度关系。

二、实验原理

（1）水过滤原理　过滤一般是指以石英砂等颗粒状滤料层截留水中悬浮杂质，从而使水达到澄清的工艺过程。过滤是水中悬浮颗粒与滤料颗粒间黏附作用的结果。黏附作用主要取决于滤料和水中颗粒的表面物理化学性质，当水中颗粒迁移到滤料表面上时，在范德华力和静电力以及某些化学键和特殊的化学吸附力作用下，它们黏附到滤料颗粒的表面上。此外，某些絮凝颗粒的架桥作用也同时存在。经研究表明，过滤主要还是悬浮颗粒与滤料颗粒经过迁移和黏附完成去除水中杂质的过程。

（2）影响过滤的因素　在过滤过程中，随着过滤时间的增加，滤层中悬浮颗粒的含量也会随之不断增加，这就必然会导致过滤过程中水力条件的改变。当滤料粒径、形状、滤层级配和厚度及水位一定时，如果孔隙率减小，则在水头损失不变的情况下，必然引起滤速减小。反之，在滤速保持不变时，必然引起水头损失的增加。就整个滤料层而言，上层滤料截污量多，下层滤料截污量小，因此水头损失的增值也由上而下逐渐减小。此外，影响过滤的因素还有水质、水温，以及悬浮物的表面性质、尺寸和强度等。

（3）滤料层的反冲洗　过滤时，随着滤层中杂质截留量的增加，当水头损失增至一定程度时，滤池产水量锐减，或由于滤后水质不符合要求时，滤池必须停止过滤，进行反冲洗。反冲洗的目的是清除滤层中的污物，使滤池恢复过滤能力。反冲洗时，滤料层膨胀起来，截留滤层中的污物，在滤层孔隙中的水流剪切力以及滤料颗粒相互碰撞摩擦的作用下，从滤料表面脱落下来，然后被冲洗水流带出滤池。反冲洗效果主要取决于滤层孔隙水流剪切力。该剪切力既与冲洗流速有关，又与滤层膨胀率有关。冲洗流速小，水流剪切力小；而冲洗流速较大时，滤层膨胀率大，滤层孔隙中水流剪切力又会降低，因此，冲洗流速应控制在适当的范围。高速水流反冲洗是最常用的一种形式，反冲洗效果通常由滤床膨胀率 e 来控制，如式(3-8)：

$$e=\frac{L-L_0}{L_0}\times 100\% \tag{3-8}$$

式中　L——砂层膨胀后的厚度，cm；

L_0——砂层膨胀前的厚度，cm。

通过长期实验研究，e 为 25%时反冲洗效果即为最佳。对于均匀石英砂滤料，当膨胀率 e 为 45%～50%时反冲洗效果最佳。

三、实验装置及材料

1. 实验装置

（1）过滤与反冲洗实验装置示意图见图 3-3。

（2）酸度计。

（3）浊度仪。

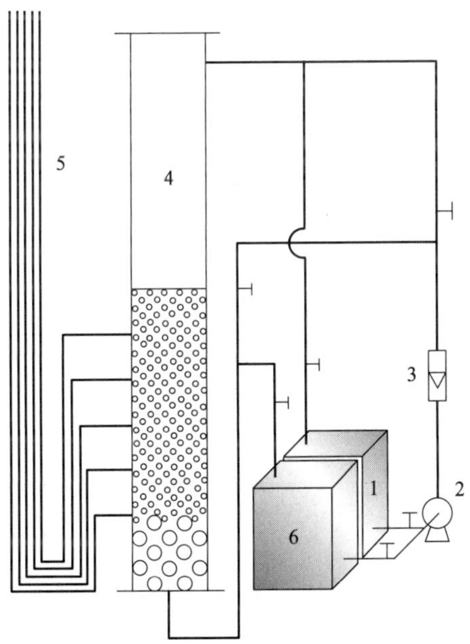

图 3-3　过滤与反冲洗实验装置

1—进水箱；2—泵；3—流量计；4—过滤柱；5—测压箱；6—出水箱

2. 实验材料

（1）烧杯（200mL）。

（2）硫酸铝（质量分数 1%）。

（3）聚丙烯酰胺（质量分数 0.1%）。

（4）三氧化铁（质量分数 1%）。

四、实验步骤

1. 实验前期准备工作

对照工艺图，了解实验装置及构造。

2. 绒粒（微絮凝体）进入滤料层的深度及绒粒在滤料层中的分布情况实验步骤

（1）测量并记录原始数据，填入表 3-6 中。

（2）配制原水，使其浊度大致在 20～40 NTU 范围内，以最佳投药量将混凝剂 $Al_2(SO_4)_3$ 或者 $FeCl_3$ 投入原水箱中，经过搅拌，开启水泵进行过滤实验。

（3）每隔半小时测定或校对一次运行参数，数据填入表 3-7 中。

（4）观察杂质绒粒进入滤层深度情况。

（5）不同滤管采用不同滤速进行平行实验，滤速分别为：$1^{\#}$，5m/h；$2^{\#}$，8m/h；$3^{\#}$，12m/h；$4^{\#}$，16m/h。

3. 反冲洗实验步骤

（1）了解实验装置。

（2）列表测量并记录各参数，填入表 3-8 中。

（3）进行膨胀率（e 为 20%、40%、80%）与反冲洗强度（q）关系探究实验。

（4）打开反冲洗水泵，调整膨胀率 e，测出反冲洗强度值。

（5）测量每个反冲洗强度时，应连续测 3 次，并取平均值计算。

五、实验数据及结果整理

1. 实验数据记录

原始数据、过滤实验数据和反冲洗实验数据分别汇总至表 3-6、表 3-7 和表 3-8 中。

表 3-6　原始数据记录表

<table>
<tr><th>滤管编号</th><th>滤管直径/mm</th><th>滤管面积/m²</th><th>滤管高度/m</th><th>滤料名称</th><th>滤料厚度/m</th></tr>
<tr><td rowspan="2">1#</td><td rowspan="2"></td><td rowspan="2"></td><td rowspan="2"></td><td></td><td></td></tr>
<tr><td></td><td></td></tr>
<tr><td rowspan="2">2#</td><td rowspan="2"></td><td rowspan="2"></td><td rowspan="2"></td><td></td><td></td></tr>
<tr><td></td><td></td></tr>
<tr><td rowspan="2">3#</td><td rowspan="2"></td><td rowspan="2"></td><td rowspan="2"></td><td></td><td></td></tr>
<tr><td></td><td></td></tr>
<tr><td rowspan="2">4#</td><td rowspan="2"></td><td rowspan="2"></td><td rowspan="2"></td><td></td><td></td></tr>
<tr><td></td><td></td></tr>
</table>

表 3-7 过滤实验数据记录表

测定次数							备注
原水浊度/NTU							
原水投药量/(mg/L)							
流量/(L/min)							
流速/(m/s)							
水头损失/cm							
工作水深/m							
绒粒穿入深度/cm							
滤后水浊度/NTU							

表 3-8 滤池反冲洗实验数据记录表

原始条件滤管编号	滤管直径/mm	滤层面积 F/m^2	不同滤料粒径/mm		滤料厚度 h/m
			石英砂		
			无烟煤		

项目 实验次数	Q/(L/s)	L/cm	ΔL/cm	$e=\frac{\Delta L}{L}\times 100\%$	$q=\frac{Q}{F}$/[L/(s·m^2)]	水温/℃	e(平均)	q(平均)
1								
2								
3								
4								
…								

2. 实验数据计算及汇总

(1) 根据过滤实验结果，归纳出 4 根滤管的水头损失、水质、绒粒分布随过滤时间变化的情况，在图 3-4 的坐标内绘制出水剩余浊度与时间的关系曲线图。

(2) 在图 3-5 内绘出滤速 v 与水头损失 h (h-v) 的变化曲线，总结四根滤管不同流速与水头损失的变化规律，理解 h 与 v 之间的关系。

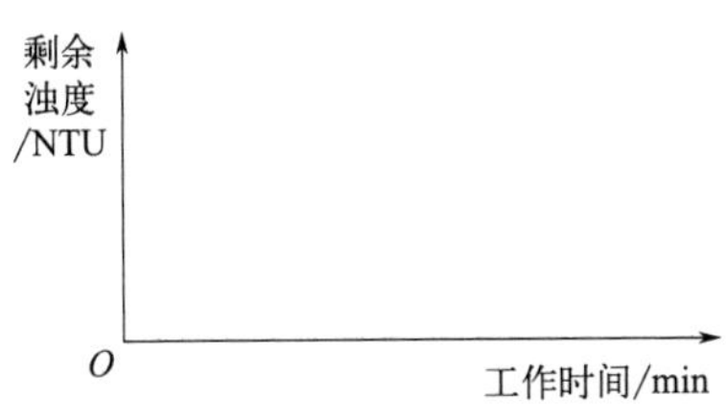

图 3-4 出水剩余浊度与时间的关系

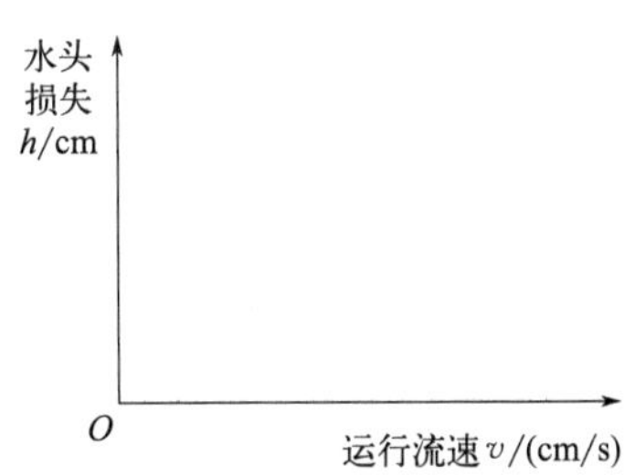

图 3-5 滤速与水头损失的关系曲线

(3) 根据反冲洗试验记录结果，在图 3-6 的坐标系内绘制一定温度下的反冲洗强度与膨胀率的关系曲线，并比较不同反冲洗强度下膨胀率的变化。

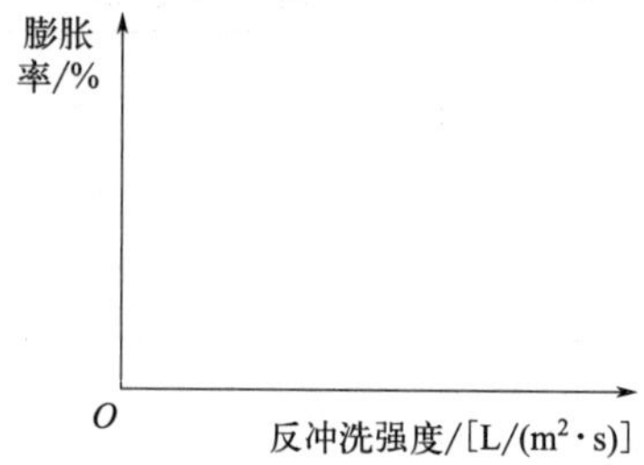

图 3-6　反冲洗强度与膨胀率的关系

六、注意事项

（1）在过滤实验前，滤层中应保持一定水位，以免过滤实验时测压管中积有空气。

（2）反冲洗过滤时，应缓慢开启进水阀，以防滤料冲出柱外。

（3）反冲洗时，为了准确地量出砂层厚度，一定要在砂面稳定后再测量，并在每一个反冲洗流量下连续测量 3 次。

七、思考题

（1）滤池过滤周期、出水水质、滤料层水头损失与哪些因素有关？

（2）静态时测压管为什么水位相同？动态时测压管水位有无差异？为什么？

第四节　活性炭吸附实验

一、实验目的

（1）了解活性炭的吸附工艺及性能。

（2）掌握用实验方法（间歇法、连续流法）确定活性炭吸附处理污水设计参数的方法。

（3）加深理解吸附的基本原理。

二、实验原理

固体表面的分子或原子因受力不均衡而具有剩余的表面能，当某些物质碰撞固体表面时，因受到这些不平衡力的吸引而停留在固体表面上，这就是吸附。这里的固体称为吸附剂，被固体吸附的物质称为吸附质。吸附的结果是吸附质在吸附剂上聚集，吸附剂的表面能降低。吸附可分为三种基本类型：物理吸附、化学吸附、交换吸附。

活性炭具有良好的吸附性能和稳定的化学性质，是目前国内外应用比较多的一种非极性吸附剂。与其他吸附剂相比，活性炭具有微孔发达、比表面积大的特点。通常比表面积可以达到 500～1700m^2/g，这是其吸附能力强、吸附容量大的主要原因。

活性炭吸附主要为物理吸附。吸附机理是活性炭表面的分子受到不平衡的力，而使其他分子吸附于其表面上。当活性炭在溶液中的吸附处于动态平衡状态时称为吸附平衡，达到平衡时单位活性炭所吸附物质的质量称为平衡吸附量。在一定的吸附体系中，平衡吸附量是吸附质浓度和温度的函数。为了确定活性炭对某种物质的吸附能力，需进行吸附实验。当被吸附物质在溶液中的浓度和在活性炭表面的浓度均不再变化时，此时被吸附物质在溶液中的浓度称为平衡浓度。活性炭的吸附能力以吸附量 q 表示，如式(3-9)：

$$q=\frac{V(\mathrm{COD_0}-\mathrm{COD})}{m} \tag{3-9}$$

式中 q——活性炭吸附量，即单位质量的吸附剂所吸附的物质质量，mg/g；

V——污水体积，L；

$\mathrm{COD_0}$，COD——分别为吸附前原水及吸附平衡时污水的 COD 浓度，mg/L；

m——活性炭投加量，g。

在温度一定的条件下，活性炭的吸附量 q 与吸附平衡时的浓度 COD 之间的关系曲线称为吸附等温线。在水处理工艺中，通常用的等温线有 Langmuir 和 Freundlich 等。其中 Freundlich 等温线的数学表达式如式(3-10)：

$$q=k\mathrm{COD}^{\frac{1}{n}} \tag{3-10}$$

式中 k——与吸附剂比表面积、温度和吸附质等有关的系数；

n——与温度、pH 值、吸附剂及被吸附物质的性质有关的常数；

q，COD 同前。

k 和 n 可通过间歇式活性炭吸附实验测得。将上式取对数后变换为式(3-11)：

$$\lg q=\lg k+\frac{1}{n}\lg\mathrm{COD} \tag{3-11}$$

将 q 和 COD 对应值绘在双对数坐标上，所得直线斜率为 $1/n$，截距为 k。

由于间歇式静态吸附法处理能力较低，设备繁多，故在工程中多采用连续吸附操作。连续流活性炭吸附性能可用博哈特（Bohart）和亚当斯（Adams）关系式表达，如式(3-12)：

$$\ln\left(\frac{\mathrm{COD_0}}{\mathrm{COD_B}}-1\right)=\ln\left[e^{\left(\frac{KN_0H}{v}\right)}-1\right]-k\mathrm{COD_0}t \tag{3-12}$$

因 $e^{\left(\frac{KN_0H}{v}\right)}\gg1$，所以上式等号右边括号内的 1 可忽略不计，则工作时间 t 如式(3-13)：

$$t=\frac{N_0}{\mathrm{COD_0}v}\left[H-\frac{v}{KN_0}\ln\left(\frac{\mathrm{COD_0}}{\mathrm{COD_B}}-1\right)\right] \tag{3-13}$$

式中 t——工作时间，h；

H——活性炭层高度，m；

v——流速，即空塔速度，m/h；

K——速度常数，L/(mg/h)；

N_0——吸附容量，即达到饱和时被吸附物质的吸附量，mg/L；

$\mathrm{COD_0}$——入水 COD 浓度，mg/L；

$\mathrm{COD_B}$——允许流出 COD 浓度，mg/L。

在工作时间为零的时候，能保持出流溶质浓度不超过 $\mathrm{COD_B}$ 的炭层理论高度称为活性炭层的临界高度 H_0。其值可根据上述方程当 $t=0$ 时进行计算，如式(3-14)：

$$H_0=\frac{v}{KN_0}\ln\left(\frac{COD_0}{COD_B}-1\right) \tag{3-14}$$

在实验时，如果取工作时间为 t，原水样溶质浓度为 COD_{01}，用三个活性炭柱串联，第一个柱子出水为 COD_{B1}，即第二个活性炭柱的进水为 COD_{02}，第二个活性炭柱的出水为 COD_{B2}，即第三个活性炭柱的进水为 COD_{03}，由各柱不同的进出水浓度可求出流速常数 K 值及吸附容量。

三、实验装置及材料

1. 实验装置

（1）间歇式活性炭吸附装置　间歇式吸附采用锥形瓶，在烧杯内放入活性炭和水样进行振荡。

（2）连续式活性炭吸附装置，装置具体结构如图 3-7 所示。

（3）振荡器。

（4）有机玻璃柱（3 根 $D=25\text{mm}\times1000\text{mm}$）。

（5）COD 测定装置。

（6）配水及投配系统。

（7）酸度计。

（8）温度计。

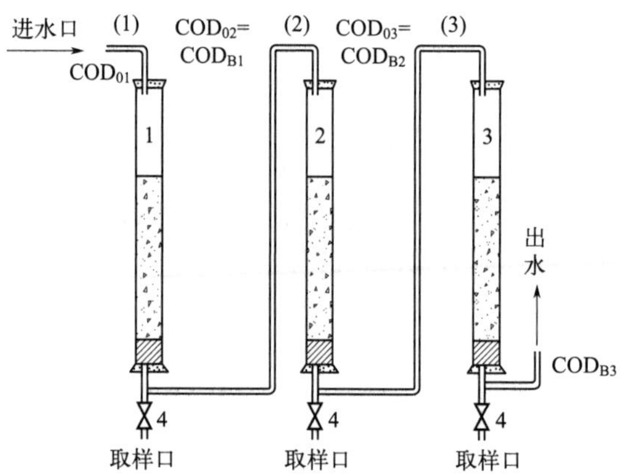

图 3-7　活性炭柱串联工作图

1—活性炭柱 1；2—活性炭柱 2；3—活性炭柱 3；4—取样口阀门

2. 实验材料

（1）活性炭。

（2）锥形瓶（2 个，500mL）。

（3）漏斗（6 个）。

（4）定量滤纸。

四、实验步骤

1. 实验前期准备工作

了解实验装置及构造。

2. 间歇式吸附实验步骤

（1）将活性炭放在蒸馏水中浸泡24h，然后在105℃烘箱内烘24h，再将烘干的活性炭研碎成能通过270目筛子（0.053mm孔眼）的粉状活性炭。

（2）测定预先配制的废水水温、pH值和COD。

（3）在5个锥形瓶中分别加入100mg、200mg、300mg、400mg、500mg粉状活性炭。

（4）在每个烧瓶中分别加入同体积的废水进行搅拌。一般规定，烧瓶中废水COD（mg/L）与活性炭浓度（mg/L）比值为0.5～5.0。

（5）将上述5个锥形瓶放在振荡器上振荡，当达到吸附平衡时即可停止振荡（振荡时间一般为30min以上）。

（6）过滤各锥形瓶中废水，并测定COD值。

3. 连续流吸附实验步骤

（1）配制水样或实采废水样，使废水样中COD含量约100mg/L，测COD、pH值、水温等数值。

（2）打开进水阀门，使原水进入活性炭柱，分次运行，每次控制一个特定的滤速（建议滤速分别为5m/h，10m/h，15m/h）。

（3）运行稳定5min后测定各活性炭出水COD值。

（4）连续运行2～3h，每隔30min取样测定各活性炭柱出水COD值一次。

五、实验数据及结果整理

1. 实验数据记录

间歇式吸附实验和连续流吸附实验的原始资料和测定结果分别记入表3-9和表3-10。

表3-9 间歇式吸附实验记录表

编号	原水性状				出水性状		活性炭投加量/(m/g)	吸附量 $\frac{COD_0-COD_B}{m}$
	水样体积/mL	COD浓度 COD_0/(mg/L)	水温/℃	pH值	出水COD浓度 COD_B/(mg/L)	pH值		
1								
2								
3								
4								
5								

表3-10 连续流吸附实验记录表

工作时间/(t/min)	1#柱			2#柱			3#柱			出水 COD_B/(mg/L)
	COD_{01}/(mg/L)	H_1/m	v_1/(m/h)	COD_{02}/(mg/L)	H_2/m	v_2/(m/h)	COD_{03}/(mg/L)	H_3/m	v_3/(m/h)	

续表

工作时间/(t/min)	1#柱			2#柱			3#柱			出水COD_B/(mg/L)
	COD_{01}/(mg/L)	H_1/m	v_1/(m/h)	COD_{02}/(mg/L)	H_2/m	v_2/(m/h)	COD_{03}/(mg/L)	H_3/m	v_3/(m/h)	

2. 实验数据计算及汇总

（1）间歇式吸附实验　根据表 3-9 记录的数据，以 $\lg\dfrac{COD_0-COD_B}{m}$ 为纵坐标、$\lg COD_B$ 为横坐标［即将式(3-14) 线性化］绘图，所得直线的截距为 $\lg K$，斜率为 $\dfrac{1}{n}$。通过求出的 K、n 值，代入 Freundlich 吸附等温线。q 的计算如式(3-15) 所示：

$$q=\frac{COD_0-COD_B}{m}=K\,COD^{\frac{1}{n}} \tag{3-15}$$

式中，q、COD_0、COD_B、K、COD、n 同前。

（2）连续流吸附实验　根据实验结果填写原水 COD 浓度 COD_0（mg/L），水温（℃），pH 值，活性炭吸附容量 q（mg/mg-活性炭）。再由表 3-10 中所得 t-H 的数据绘图，所得直线的斜率为式（3-14）中 $\dfrac{N_0}{COD_0 v}$，截距为式（3-14）中的 $\dfrac{1}{K\,COD_0}\times\ln\left(\dfrac{COD_0}{COD_B}-1\right)$。根据 COD_0、v 及斜率，计算出 N_0；根据 COD_0、$COD_B=10$mg/L（以穿透浓度为 10mg/L 为例）及截距，计算出 K。

六、注意事项

（1）间歇吸附实验中所求得的 q 如出现负值，则说明活性炭吸附了溶剂，此时应调换活性炭或原水样。

（2）连续流吸附实验中，如果第一个活性炭柱出水中 COD 值很小（小于 20mg/L），则可增大流量或停止后继吸附柱进水。反之，如果第一个吸附柱出水 COD 与进水浓度相差甚小，可减少进水量。

七、思考题

（1）吸附等温线有什么实际意义，做吸附等温线时为什么要用粉状活性炭？

（2）间歇式吸附与连续式吸附相比，吸附容量 q 是否一样？为什么？

（3）Freundlich 吸附等温线和 Bohart-Adams 关系式各有何实际意义？

第五节　电渗析法处理废水实验

一、实验目的

（1）掌握电渗析法处理废水的特性与规律。

（2）了解与熟悉工艺流程及操作方法。

二、实验原理

电渗析器的离子交换膜具有选择透过性。阳离子交换膜（简称阳膜）的固定交换基团带负电荷，允许水中的阳离子通过，并阻挡阴离子；相反地，阴离子交换膜（简称阴膜）允许水中阴离子通过而阻挡阳离子。电渗析就是利用离子交换膜的这种选择透过性，在外加直流电场的作用下，使废水中的离子得到分离与浓缩，从而达到废水净化的目的。电渗析原理图见图 3-8。

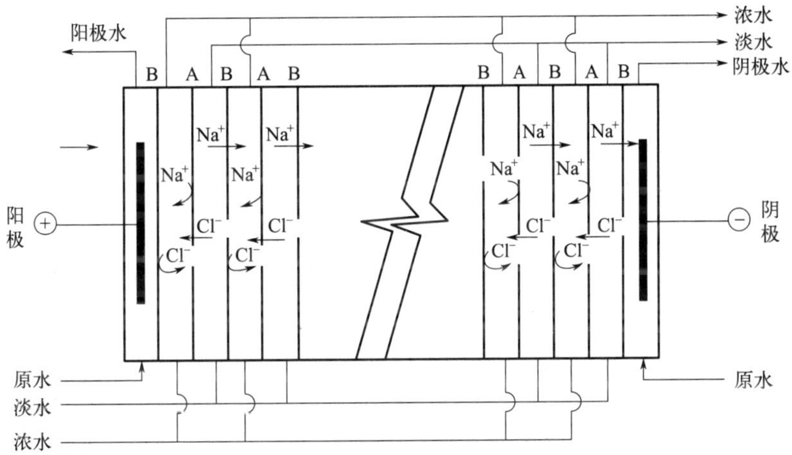

图 3-8　电渗析原理图

A—阴膜；C—阳膜

三、实验装置及材料

1. 实验装置

电渗析法处理含镍废水实验装置如图 3-9 所示。

2. 实验材料

可采用镀镍生产车间排出的清洗废水做实验，也可用化学试剂与自来水配制测试水样。人工配制时，水质应符合以下要求。

（1）浊度　不大于 1NTU。

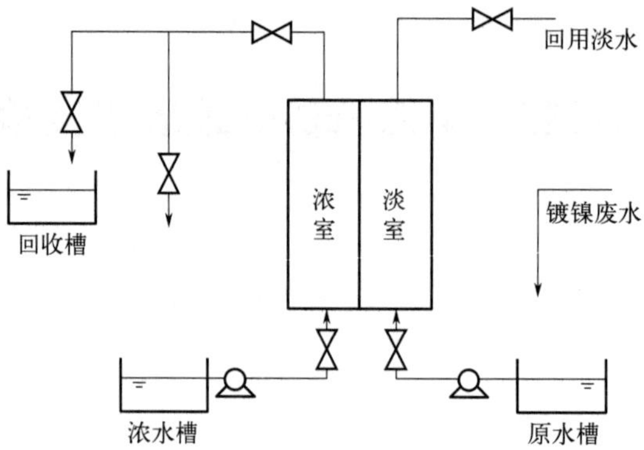

图 3-9　电渗析法处理含镍废水实验装置图

（2）Ni^{2+}　50～150mg/L。

（3）高锰酸盐指数　小于 2mg/L。

（4）铁总含量　小于 0.3mg/L。

（5）锰总含量　小于 0.1mg/L。

（6）色度　小于 20°。

（7）水温　5～40℃。

四、实验步骤

1. 实验前期准备工作

了解实验装置及构造。

2. 电渗析法处理含镍废水实验步骤

（1）旋启废水槽出水阀门。

（2）启动水泵　先打开电渗析器出水阀门，再慢慢打开流量计进水阀门，调整极室水量为 20L/h，浓室、淡室水量分别为 50L/h。

（3）通电后，转动整流器电压旋钮约 2min，慢慢升高电压，使电压升至 50V。再依次调电压至 80V、110V、140V、170V。每调一次电压均需稳定运行 10min 后再分别取浓室、淡室出水两个水样，分别测定电导率、pH 值及 Ni^{2+} 浓度。取样的同时记录电压、电流。

（4）结束实验。注意必须逐步降低电压，约用 5min 将电压降至零，切断电源。最后，关闭水泵及进、出水阀门等。

五、实验数据及结果整理

1. 实验数据记录

将实验数据记录至表 3-11。

2. 实验数据计算及汇总

（1）计算并绘出淡水电导率、废水中 Ni^{2+} 的去除率与电流密度的关系曲线。

（2）分析废水的去除率与电流强度的关系。

表 3-11　实验数据与结果记录表

<table>
<tr><td colspan="3">隔板尺寸
/cm
(长×宽×厚)</td><td colspan="2">隔板流程长度
/cm</td><td colspan="2">膜对数</td><td colspan="2">组装形式</td><td colspan="2">废水含镍浓度
/(mg/L)</td><td>废水 pH 值</td></tr>
<tr><td colspan="3"></td><td colspan="2"></td><td colspan="2"></td><td colspan="2"></td><td colspan="2"></td><td></td></tr>
<tr><td colspan="3">废水电导率</td><td colspan="2">浓室流量
/(L/h)</td><td colspan="2">极室流量
/(L/h)</td><td colspan="2">淡室流量
/(L/h)</td><td colspan="2">极限电压
/V</td><td>极限电流
/A</td></tr>
<tr><td colspan="3"></td><td colspan="2"></td><td colspan="2"></td><td colspan="2"></td><td colspan="2"></td><td></td></tr>
<tr><td rowspan="2">序号</td><td rowspan="2">电压
/V</td><td rowspan="2">电流
/A</td><td colspan="2">出水电导率</td><td colspan="2">出水 pH 值</td><td colspan="2">出水含镍浓度/(mg/L)</td><td rowspan="2">去除率
/%</td><td rowspan="2">电流密度
/(mA/cm²)</td><td rowspan="2">膜对电压
/mV</td></tr>
<tr><td>浓室</td><td>淡室</td><td>浓室</td><td>淡室</td><td>浓室</td><td>淡室</td></tr>
<tr><td></td><td></td><td></td><td></td><td></td><td></td><td></td><td></td><td></td><td></td><td></td><td></td></tr>
<tr><td></td><td></td><td></td><td></td><td></td><td></td><td></td><td></td><td></td><td></td><td></td><td></td></tr>
<tr><td></td><td></td><td></td><td></td><td></td><td></td><td></td><td></td><td></td><td></td><td></td><td></td></tr>
<tr><td></td><td></td><td></td><td></td><td></td><td></td><td></td><td></td><td></td><td></td><td></td><td></td></tr>
</table>

六、注意事项

（1）一定要先进水，调整好水量后再通电。

（2）实验过程中出水带电，需注意安全。

（3）注意电渗析器内部构造、水流通道及连接管路。

七、思考题

（1）根据废水的去除率与电流强度的关系及电渗析工作原理，分析电流强度影响去除率的原因。

（2）思考并给出一种浓水的处理方法或浓水的资源化利用方法。

第六节　超滤法处理废水实验

一、实验目的

（1）了解废水中污染物的存在形态及特征。

（2）熟悉超滤工艺流程及操作方法，了解和掌握超滤对水中污染物截留效率的计算，理解反冲洗操作的必要性和作用。

（3）掌握超滤法分离废水中污染物的特性与规律，理解超滤与其他膜分离技术（如微滤、反渗透等）的异同点。

二、实验原理

超滤（UF）通常的切割分子质量范围一般为1000～300000Da（道尔顿），能对大分子有机物（如蛋白质、细菌）、胶体、悬浮固体等进行分离，广泛应用于料液的澄清、大分子有机物的分离纯化等。超滤膜的最高运行温度为45℃，操作压力为0.05～0.2MPa，pH为1.5～13.0。受到污染或结垢时，可采用双氧水或次氯酸钠溶液清洗。

一般认为超滤是一种筛分过程，其原理如图3-10所示。超滤膜对溶质的分离过程主要有：膜表面的孔内吸附（一次吸附）；在孔中停留而被去除（阻塞）；在膜表面的机械截留（筛分）。

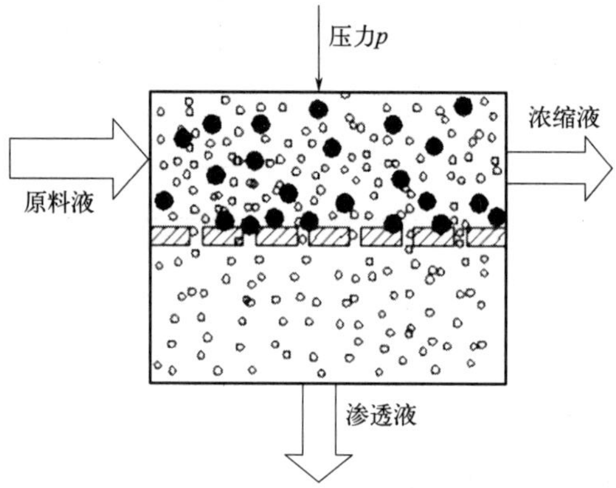

图3-10　超滤原理图

三、实验装置及材料

1. 实验装置

(1) 膜过滤分离实验装置及流程示意图见图3-11。

(2) 浊度仪。

(3) 电导仪。

(4) 分光光度计。

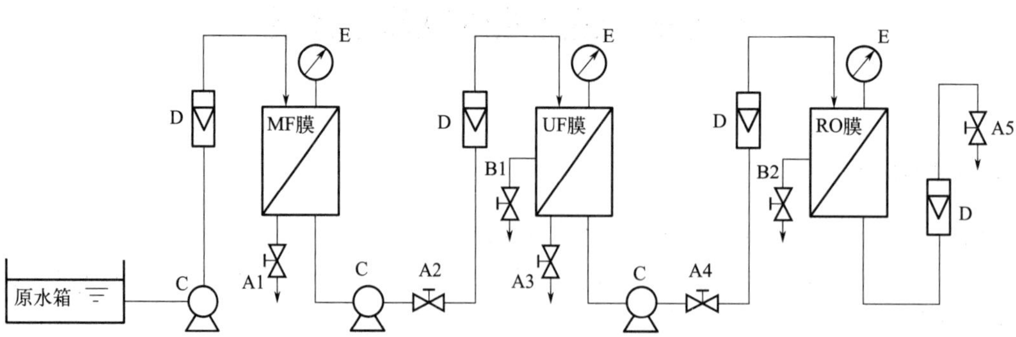

图3-11　膜过滤分离实验装置及流程示意图

A1—MF膜出水阀；A2—UF膜进水阀；A3—UF膜出水阀；A4—RO膜进水阀；A5—RO膜进水阀；B1—UF清洗排放阀；B2—RO浓水阀；C—隔膜泵；D—流量计；E—压力表

（5）混凝反应杯。

（6）自吸式隔膜泵。

2. 实验材料

（1）量筒（250mL）。

（2）称量瓶。

（3）水桶（10L）。

（4）高岭土。

（5）碳素墨水。

（6）红墨水（或蓝墨水）。

四、实验步骤

1. 实验前期准备工作

参照流程图 3-11，将自吸式隔膜泵与 MF 膜、UF 膜及 RO 膜组件，流量计，膜的进、出水管路及各开关连接。以自来水为原水，试运行 5min，检查各部件、接头工作正常。

【注意】 启动电源后，RO 膜的出水开关应处于开启状态，以保证系统的工作压力。

2. MF 膜与 UF 膜对浊度物质的分离效果比较

（1）配水　以自来水配制高岭土浊度饱和液（浊度约为 10NTU）为 $1^{\#}$ 样品试液。

（2）$1^{\#}$ 样品实验　向水桶中加入 10L 水，按照膜过滤分离实验装置的流程，将进水置于 $1^{\#}$ 样品中，运行 3～5min。分别测定流路中 MF 膜的进水（即配制的原水水质）和出水，以及 UF 膜进水（同 MF 膜出水）和出水（此时关闭 UF 膜的冲洗阀开关，开启 UF 膜出水开关）中相应的浊度和电导率值。将实验数据填入表 3-12。根据膜的孔径分离原理，说明 MF 膜、UF 膜对高岭土浊度液的分离效果。

（3）MF 膜、UF 膜冲洗维护　在（2）实验结束后，打开 UF 膜的冲洗开关（关闭 UF 膜的出水）。运行系统，接取并观察比较 UF 膜冲洗水的颜色。关闭电源，以自来水为进水系统运行，直到冲洗水完全清澈。了解中空纤维超滤膜的阻滤结构和膜丝表面的再清洗作用。

3. MF 膜与 UF 膜对颜料物质的分离效果比较

（1）配水　在 1 个盛有自来水的 10L 水桶中加入数滴碳素墨水，混匀配制成 $2^{\#}$ 样品水样。碳素墨水属于极细的颜料，粒径大于 0.01μm（分子质量大于 1000Da）。

（2）$2^{\#}$ 样品实验　按照装置流程使自吸式隔膜泵的进水管置于 $2^{\#}$ 样品中，关闭 UF 膜的冲洗阀开关，分别开启 MF 膜和 UF 膜出水开关，通电运行 3～5min。观察比较处理前后溶液的颜色，并取水测试 MF 膜和 UF 膜前后的出水浊度、电导率值。实验完毕，关闭电源开关。记录实验数据于表 3-12。

（3）MF 膜、UF 膜冲洗维护　同前。

4. UF 膜与 RO 膜对染料试液分离效果的比较

（1）配水　在 10L 自来水中，加入数滴红墨水混匀制成 $3^{\#}$ 样品水样。红墨水属于溶解性染料，分子质量小于 1000Da。

（2）$3^{\#}$ 样品实验　调整实验装置，关闭 UF 膜的冲洗开关，打开 UF 的出水，将泵的进水管放入 3# 染料样品中，并启动运行 3～5min。因溶解态的染料试液分子质量小于1000Da，将会直接透过 MF/UF 膜滤孔流出，在中空纤维 UF 膜上不被截止。目视观察说明，并记录于表 3-13。

继续操作，观察 3# 样品在 RO 膜（MW～100Da）上的截留效果。记录实验数据于表 3-14。

（3）MF 膜、UF 膜、RO 膜冲洗维护　同前。

五、实验数据及结果整理

表 3-12　MF 膜、UF 膜和 RO 膜对浊度物质的分离实验数据

样品	指标	原水	MF 膜		UF 膜		RO 膜	
			出水	截留率/%	出水	截留率/%	出水	截留率/%
1#	浊度/NTU						—	—
	电导率/(μs/cm)							
2#	浊度/NTU						—	—
	电导率/(μs/cm)							

表 3-13　UF 膜对染料与颜料试液的分离效果

样品	描述			切割分子质量为 1000Da	与孔径 0.01μm、超滤膜比较
	进水	出水	去除效果		
碳素颜料（2# 样品）				□好　□差　□接近	□好　□差　□接近
染料墨水（3# 样品）				□好　□差　□接近	□好　□差　□接近

表 3-14　RO 膜对染料试液的分离

样品	描述			切割分子质量为 100Da	与孔径 0.01μm 超滤膜比较
	进水	出水	去除效果		
染料墨水（3# 样品）				□好　□差　□接近	□好　□差　□接近

六、注意事项

随时观察压力表及流量数值，当发生压力或流量显著增大（或减小）时，应及时排查原因，必要时停止实验。

七、思考题

（1）说明 MF 膜、UF 膜、RO 膜分离的物质种类、分子量范围及滤膜的工作压力。

（2）设计一套家用饮用水机的工艺流程，并说明 UF 膜出水及 RO 膜出水中溶解性固体及主要矿物质离子（K^+、Na^+、Ca^{2+}、Mg^{2+}、Cl^-、SO_4^{2-} 等）的存在特点。

（3）对于含有腐殖酸（HA）的废水，因 HA 分子量小于 UF 膜、大于 RO 膜的截留分子量，试分析如何利用膜分离技术处理该种废水并同步富集 HA。

第七节 光催化氧化脱色实验

一、实验目的

（1）了解光催化氧化的基本原理。

（2）熟悉光催化氧化工艺过程及操作方法。

（3）掌握光催化氧化脱色实验特性及影响因素。

二、实验原理

光催化是利用半导体材料在紫外-可见光照射下，将光能转化为化学能，并促进有机物的合成与分解的过程。光催化氧化的深度水处理，无须添加化学试剂，是目前绿色和环境友好型新技术之一。

光催化剂包括二氧化钛（TiO_2）、氧化锌（ZnO）、氧化锡（SnO_2）、二氧化锆（ZrO_2）和硫化镉（CdS）等。其中 TiO_2 的反应条件温和，光解迅速，包括烃、醇、醛、酮、氨等 3000 多种有机物都能被降解清除，产物为 CO_2 和 H_2O 或其他元素的高价态矿化产物，成为目前所知的最有应用价值的光催化材料。实验发现，在低光强下有机物降解速率与光强成线性关系，而强光下会加强载流子的复合以及自由基的其他内耗淬灭。在常规水处理温度范围内，光催化对温度的影响不敏感。溶液的透光性对光催化有直接影响。另有报道指出，光强较小时，高 pH 值会大大增加反应速率。目前，人们试图采用元素掺杂、复合半导体以及光敏化等手段拓展其光催化活性至可见光响应范围，以提高太阳能利用率。并通过在其表面沉积纳米贵金属颗粒来提高电子-空穴对的分离效率，以提高量子转换效率。但目前，仍不足以指导光催化技术的大规模工业化应用。

当光能等于或超过半导体材料的禁带能量时，电子从价带（VB）激发到导带（CB）形成光生载流子（电子 e^--空穴 h^+ 对）。分散在材料表面的空穴 h^+ 可与表面吸附的 OH^- 和 H_2O 等生成具有很高活性的羟基自由基·OH（氧化电位 2.80V）、超氧基（$\cdot O_2^-$）或其他活性氧物质（·O、H_2O_2）等，进而发生氧化降解作用。价带空穴是强氧化剂，而导带电子是强还原剂，其中的一部分会复合以热的形式耗散。而纳米级光催化材料因具有较高的表面能，其尺寸的量子化增加了电荷的迁移速率，大大降低了载流子的复合概率。光催化反应机理见图 3-12。

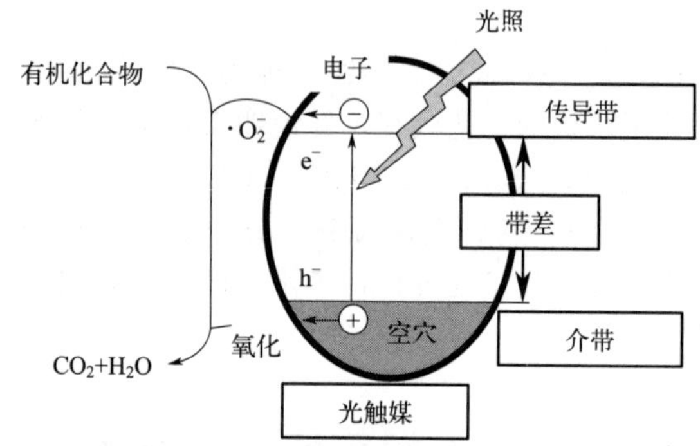

图 3-12 光催化反应机理示意图

TiO_2 作为一种半导体氧化物，其化学稳定性好（耐酸、碱和光化学腐蚀），无毒，廉价，来源丰富。锐钛型 TiO_2 的禁带宽度为 3.2eV，对应于 387.5nm 的波长。与表面的水反应产生的羟基自由基（·OH）具有 120kJ/mol 的反应能，高于有机物中的各类化学键能，如：C—C（83kJ/mol），C—H（99kJ/mol），C—N（73kJ/mol），C—O（84kJ/mol），H—O(111kJ/mol)，N—H(93kJ/mol)，因而理论上可以氧化分解水或气体中的有机物，实现污染物的降解。

三、实验装置及材料

1. 实验装置

（1）M-4 型光催化氧化实验装置见图 3-13。

（2）分光光度计。

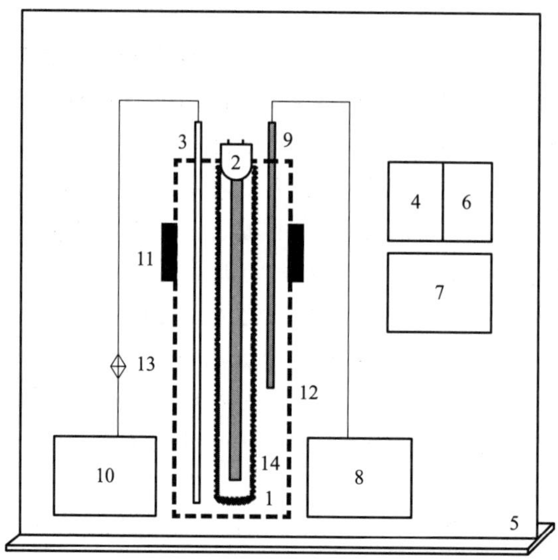

图 3-13 多参数光催化实验装置结构图

1—反应器；2—光源；3—气路插针；4—控制器；5—T 型板面；6—开关；7—电源；8—磁力排液泵；9—吸管；10—隔膜空气泵；11—固定夹；12—反应池；13—转子流量计；14—玻璃或石英套管

（3）分析天平。

2. 实验材料

（1）容量瓶。

（2）比色管。

（3）水系针头过滤器（0.22μm）。

（4）纳米 TiO_2（锐钛型混晶）。

（5）甲基橙。

（6）苯酚。

（7）邻苯二甲酸氢钾。

（8）二甲基乙酰胺。

四、实验步骤

1. 实验前期准备工作

在 M-4 型光催化氧化实验装置的 4 个反应器（500mL 玻璃量筒）中分别装入 500mL 指定量的化合物，如甲基橙浓度约 10mg/L。插入装有光源灯管的石英套管以及用于搅拌的气针。光源选择 UV-A（365nm）或 UV-C（254nm）；功率为 10W。

2. 光催化发生条件的确定

选择 1# 反应器，点亮 10W 光源（UV-A 或 UV-C），不加催化剂，判断光化学（光解反应）作用。2# 反应器为暗反应，没有光照，仅加入催化剂（TiO_2：2.0g/L），判断吸附作用（气动混合流量：1L/min）。加入染料试液样品，调节吸光度 A_0 为 0.5～1.0。启动实验后，每隔 15min 取样 1 次，经针头滤器过滤后，读取相应的吸光值（测定后的试液返回反应器），计算累计去除率，列于表 3-15。并在同一坐标系绘制光化学反应和暗反应的反应时间曲线，比较下面的光催化作用。

3. 光催化反应及其条件优化

选择 3#、4# 光催化反应器，在同样功率的紫外光源下加入相同初始浓度的染料试液。分别加入 TiO_2 催化剂，使其浓度为 1.0g/L 和 2.0g/L。以时间控制器启动气搅拌和光源，进行光催化反应。每间隔 15min（或根据实验条件定）取样 1 次，用针头滤器过滤后，测定反应液的 A 值（测定后的试液返回反应器）。将数据记录于表 3-16。当 A 小于 0.01 时，通常认为已反应完全。半衰期 t（min）为 $A=1/2A_0$ 时的用时。

4. 不同波长（UV-A、UV-C）光源的光催化性能比较

在台套间选择不同光源，将相同实验参数的光催化反应数据填入表 3-17。根据实验数据作回归溶液的吸光值与光照时间的关系曲线（A-t 图）图。比较不同波长光源的处理效果。

五、实验数据及结果整理

1. 实验数据记录

将实验数据测量值填入表 3-15、表 3-16 及表 3-17 中。

表 3-15　光催化发生条件实验结果

反应类型	1# 反应器(光解反应)						2# 反应器(气动混合吸附)					
光催化时间/min	0	15	30	45	60	90	0	15	30	45	60	90
溶液的吸光度 A	A_0						A_0					
去除率/% $[(A_0-A)/A_0]$												

注：化合物的最大吸收波长 λ_{MAX}，可选刚果红（498nm）、甲基橙（460nm）、亚甲基蓝（664nm）、邻苯二甲酸氢钾（230nm）等。

表 3-16　光催化反应的条件实验优化　　　光源：10W/(　)nm

	3# 反应器						4# 反应器					
TiO_2 浓度(g/L)	1.0						2.0					
光催化时间/min	0	15	30	45	60	90	0	15	30	45	60	90
溶液的吸光度 A	A_0						A_0					
去除率/% $[(A_0-A)/A_0]$												

表 3-17　不同波长（UV-A、UV-C）光源的光催化性能比较　　光源：10W

光源	TiO_2 催化剂浓度/(g/L)	气动反应时间/min	溶液的吸光度 A	累积去除率/% $[(A_0-A)/A_0]$
UV-A	2.0	0		
		15		
		30		
		45		
UV-C	2.0	0		
		15		
		30		
		45		

2. 实验结果整理

由上述实验，绘制样品的光催化降解曲线（A-t 图）于同一张图中，说明催化剂用量对反应的影响。计算降解反应的半衰期 t（$A_{1/2}$）。

六、注意事项

（1）为避免取样后悬浮催化剂对测定产生影响，取样前，可静止 2min，将上清液通过 0.22μm 针头滤器过滤后直接比色测定。

（2）若是无色化合物的光催化氧化，需以紫外-可见分光光度计扫描后，确定适宜的波长。

七、思考题

（1）小功率、敞开式光催化氧化装置实施的特点是什么？

（2）如何降低光催化作用中空穴、电子的自复合作用。

（3）实验说明 UV-A 和 UV-C 所对应的最佳催化剂用量是否一样？为什么？

第四章

水污染控制的生物化学方法实验

第一节　废水好氧可生物降解性实验

一、实验目的

（1）熟悉瓦氏呼吸仪的基本构造及操作方法。

（2）理解内源呼吸线及生化呼吸线的基本含义。

（3）分析不同浓度含酚废水的生物降解性及生物毒性。

二、实验原理

微生物处于内源呼吸阶段时，耗氧的速率恒定不变。微生物与有机物接触后，其呼吸耗氧的特性反映了有机物被氧化分解的规律。耗氧量大、耗氧速率高，即说明该有机物易被微生物降解，反之亦然。

测定不同时间的内源呼吸耗氧量及与有机物接触后的生化呼吸耗氧量，可获得内源呼吸线及生化呼吸线，通过比较即可判定废水的可生化性。当生化呼吸线位于内源呼吸线上时，废水中有机物可被微生物氧化分解；当生化呼吸线与内源呼吸线重合时，有机物可能是不能被微生物降解的，但它对微生物的生命活动尚无抑制作用；当生化呼吸线位于内源呼吸线下时，则说明有机物对微生物的生命活动产生了明显的抑制作用。

瓦氏呼吸仪的工作原理是：在恒温及不断搅拌的条件下，使一定量的菌种与废水在定容的反应瓶中接触反应，微生物耗氧将使反应瓶中氧的分压降低（释放的二氧化碳用氢氧化钾溶液吸收）。测定分压的变化，即可推算消耗的氧量。

三、实验装置及材料

1. 实验装置

（1）瓦氏呼吸仪一台（图 4-1）。

（2）离心机一台。

（3）活性污泥培养及驯化装置一套。

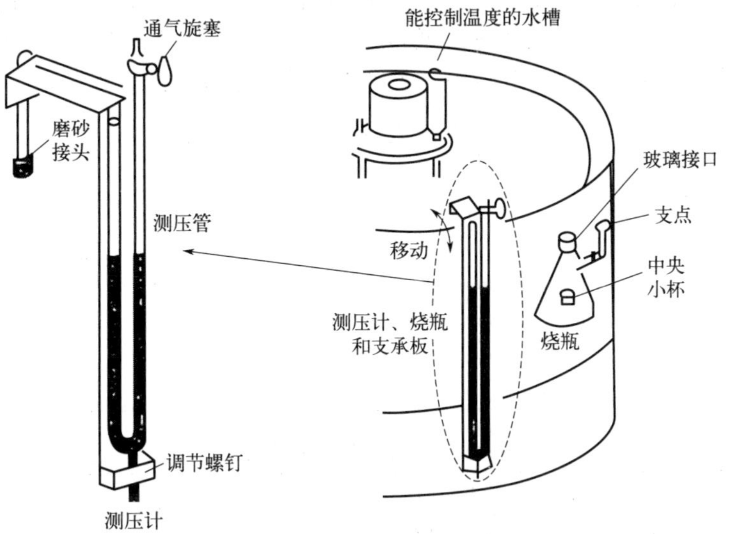

图 4-1　瓦氏呼吸仪

（4）测酚装置一套。

2. 实验材料

（1）苯酚。

（2）硫酸铵。

（3）磷酸氢二钾。

（4）碳酸氢钠。

（5）氯化铁。

（6）布罗迪（Brodie）溶液。

四、实验步骤

1. 活性污泥的培养、驯化及预处理

（1）以正常运行污水厂活性污泥或带菌土壤为菌种，以含酚（实际废水或人工配水）废水为营养在间歇式培养瓶中进行曝气，以培养活性污泥。

（2）每天停止曝气 1h，沉淀后去除上清液，加入新鲜含酚废水，并逐步提高含酚浓度，以达到驯化活性污泥的目的。

（3）活性污泥浓度足够，且对酚具有相当去除能力（去除率大于 80%）时，即认为活性污泥的培养和驯化完成（该过程大约需要 10～20d）。停止投加营养，空曝 24h，使活性污泥处于内源呼吸阶段。

（4）将已培养好的活性污泥在 3000r/min 的离心机上离心 10min，倾去上清液，加入蒸馏水洗涤，在电磁搅拌器上搅拌均匀后再离心，反复三次，用 pH=7 的磷酸盐缓冲液稀释，配制成所需浓度的活性污泥悬浊液。

2. 含酚废水的配制

配制五种不同浓度的含酚废水，如表 4-1 所示。

3. 布罗迪溶液的配制

取清洁干燥的反应瓶及测压管 14 套，测压管中装好布罗迪（Brodie）溶液备用，反应瓶按表 4-2 加入各种溶液。布罗迪（Brodie）溶液配法是：在 500mL 蒸馏水中溶解 32g NaCl、5g 牛胆酸钠、0.1g 伊文氏蓝或酸性品红等染料，此液相对密度为 1.033。若相对密度偏高或偏低，可用水或 NaCl 调节。另加麝香草酚乙醇溶液数滴防腐。

表 4-1　不同浓度的含酚废水配制表　　　单位：mg/L

苯酚含量	75	150	450	750	1500
COD 值	157.5	315	945	1575	3150
硫酸铵含量	22	44	130	217	435
K_2HPO_4 含量	5	10	30	51	102
$NaHCO_3$ 含量	75	150	450	750	1500
$FeCl_3$ 含量	10	10	10	10	10

表 4-2　生化反应液的配制表

反应瓶编号	反应瓶内溶液体积/mL							中央小杯中10% KOH溶液体积/mL	液体总体积/mL	备注
	蒸馏水	活性污泥悬浮物	不同浓度含酚废水							
			75mg/L	150mg/L	450mg/L	750mg/L	1500mg/L			
1,2	3							0.2	3.2	温度、压力对照内源呼吸
3,4	2	1						0.2	3.2	
5,6		1	2					0.2	3.2	
7,8		1		2				0.2	3.2	
9,10		1			2			0.2	3.2	
11,12		1	2			2		0.2	3.2	
13,14		1	2				2	0.2	3.2	

注：1. 应先向中央小杯加入 10% KOH 溶液，并将折成皱褶状的滤纸放在杯口，以扩大对 CO_2 的吸收面积，但不得使 KOH 溢出中央小杯之外。

2. 加入活性污泥悬浮液及合成废水的动作尽可能迅速，使各反应瓶开始反应的时间大致相同。

4. 测定步骤

（1）在测压管磨砂接头上涂抹羊毛脂，塞入反应瓶瓶口，用牛皮筋拉紧使之密封，然后放入瓦氏呼吸仪的恒温水槽中（水温预先调好至 20℃）使测压管闭管与大气相通，振摇 5min，使反应瓶内温度与水浴一致。

（2）调节各测压管闭管中检压液液面至刻度 150mm 处，然后迅速关闭各管顶部的三通，使之与大气隔断，记录各测压管中检压液液面读数（此值应在 150mm 附近），再开启瓦氏呼吸仪振摇开关，此时刻为呼吸耗氧实验的开始时刻。

（3）在开始实验后的 0h、0.25h、0.5h、1.0h、2.0h、3.0h、4.0h、5.0h、6.0h 关闭振摇开关，调整各测压管闭管液面至 150mm 处，并记录开/关液面读数。

（4）停止实验后，取下反应瓶及测压管，擦净瓶口及磨塞上的羊毛脂，倒去反应瓶中液体，用清水冲洗后置于肥皂水中浸泡，再用清水冲洗后以清洗液浸泡过夜，洗净后置于 55℃烘箱内烘干后待用。

五、实验数据及结果整理

（1）根据实验中记录下的测压管读数（液面高度）计算耗氧量。主要计算公式如下。

① 各测压计算的布罗迪溶液液面高度变化值 Δh_i 如式(4-1)：

$$\Delta h_i = \Delta h_i' - \Delta h \tag{4-1}$$

式中　Δh_i——各测压计算的布罗迪溶液液面高度变化值，mm；

Δh——温度压力对照管中布罗迪溶液液面高度变化值，mm；

$\Delta h_i'$——各测压管实验的布罗迪溶液液面高度变化值，mm。

② 各反应瓶不同时间的耗氧量 X_i' 或 X_i 如式(4-2)：

$$X_i' = K_i \Delta h_i \quad 或 \quad X_i = 1.429 K_i \Delta h_i \tag{4-2}$$

式中　X_i'——各反应瓶不同时间的耗氧量（以体积表示），μL；

X_i——各反应瓶不同时间的耗氧量（以质量表示），μg；

K_i——各反应瓶的体积常数（已事先测得，测定及计算方法从略）；

1.429——标准状况下氧的质量浓度，g/L。

③ 各反应瓶不同时刻单位质量活性污泥的耗氧量 G_i：

$$G_i = \frac{X_i}{m_i} \tag{4-3}$$

式中　G_i——各反应瓶不同时刻单位质量活性污泥的耗氧量，mg/g；

m_i——各反应瓶中的活性污泥质量，mg。

（2）上述计算宜列表进行。表格形式如表 4-3 及表 4-4。

（3）以时间为横坐标，G_i 为纵坐标，绘制内源呼吸线及不同含酚浓度废水的生化呼吸线，比较分析酚对生化呼吸过程的影响及生化处理可允许的含酚浓度。

表 4-3　瓦氏呼吸仪实验基本条件及记录表

实验日期：　　　年　　月　　日

项目	反应瓶号	营养投加量/mL	营养液投加量/mL	污泥质量/mg	测压管读数及 Δh 值	时间/h										预处理条件
						0	0.25	0.5	1	2	3	4	5	6	7	
温压计			0		测压管读数											
					压力差 Δh_1											
			0		测压管读数											
					压力差 Δh_2											
					温压计平均数 $\Delta h = \frac{\Delta h_1 + \Delta h_2}{2}$											
内源呼吸			1		测压管读数											
					压力差											
					实际压力差 Δh											
			0		测压管读数											
					压力差											
					实际压力差 Δh											
		2	1		测压管读数											
					压力差											
					实际压力差 Δh											

续表

<table>
<tr><th rowspan="2">项目</th><th rowspan="2">反应瓶号</th><th rowspan="2">营养投加量/mL</th><th rowspan="2">营养液投加量/mL</th><th rowspan="2">污泥质量/mg</th><th rowspan="2">测压管读数及 Δh 值</th><th colspan="10">时　间 /h</th><th rowspan="2">预处理条件</th></tr>
<tr><th>0</th><th>0. 25</th><th>0. 5</th><th>1</th><th>2</th><th>3</th><th>4</th><th>5</th><th>6</th><th>7</th></tr>
<tr><td rowspan="3">内源呼吸</td><td rowspan="3"></td><td rowspan="3">2</td><td rowspan="3">1</td><td rowspan="3"></td><td>测压管读数</td><td></td><td></td><td></td><td></td><td></td><td></td><td></td><td></td><td></td><td></td><td rowspan="3"></td></tr>
<tr><td>压计差</td><td></td><td></td><td></td><td></td><td></td><td></td><td></td><td></td><td></td><td></td></tr>
<tr><td>实际压力差 Δh</td><td></td><td></td><td></td><td></td><td></td><td></td><td></td><td></td><td></td><td></td></tr>
</table>

表 4-4　瓦氏呼吸仪实验计算表

实验日期：　　年　　月　　日

<table>
<tr><th rowspan="2">项目</th><th rowspan="2">反应瓶号</th><th rowspan="2">1. 429K</th><th rowspan="2">污泥质量/mg</th><th rowspan="2">计算</th><th colspan="10">时间/h</th><th colspan="5">计算项目</th></tr>
<tr><th>0. 25</th><th>0. 5</th><th>1</th><th>2</th><th>3</th><th>4</th><th>5</th><th>6</th><th>7</th><th></th><th>ΣΔh</th><th></th><th></th><th></th><th></th></tr>
<tr><td rowspan="20">内源呼吸</td><td rowspan="4"></td><td rowspan="4"></td><td rowspan="4"></td><td>Δh/mm</td><td></td><td></td><td></td><td></td><td></td><td></td><td></td><td></td><td></td><td></td><td rowspan="4"></td><td rowspan="4"></td><td rowspan="4"></td><td rowspan="4"></td><td rowspan="4"></td></tr>
<tr><td>X_i</td><td></td><td></td><td></td><td></td><td></td><td></td><td></td><td></td><td></td><td></td></tr>
<tr><td>G_i</td><td></td><td></td><td></td><td></td><td></td><td></td><td></td><td></td><td></td><td></td></tr>
<tr><td>ΣG_i</td><td></td><td></td><td></td><td></td><td></td><td></td><td></td><td></td><td></td><td></td></tr>
<tr><td rowspan="4"></td><td rowspan="4"></td><td rowspan="4"></td><td>Δh/mm</td><td></td><td></td><td></td><td></td><td></td><td></td><td></td><td></td><td></td><td></td><td rowspan="4"></td><td rowspan="4"></td><td rowspan="4"></td><td rowspan="4"></td><td rowspan="4"></td></tr>
<tr><td>X_i</td><td></td><td></td><td></td><td></td><td></td><td></td><td></td><td></td><td></td><td></td></tr>
<tr><td>G_i</td><td></td><td></td><td></td><td></td><td></td><td></td><td></td><td></td><td></td><td></td></tr>
<tr><td>ΣG_i</td><td></td><td></td><td></td><td></td><td></td><td></td><td></td><td></td><td></td><td></td></tr>
<tr><td rowspan="4"></td><td rowspan="4"></td><td rowspan="4"></td><td>Δh/mm</td><td></td><td></td><td></td><td></td><td></td><td></td><td></td><td></td><td></td><td></td><td rowspan="4"></td><td rowspan="4"></td><td rowspan="4"></td><td rowspan="4"></td><td rowspan="4"></td></tr>
<tr><td>X_i</td><td></td><td></td><td></td><td></td><td></td><td></td><td></td><td></td><td></td><td></td></tr>
<tr><td>G_i</td><td></td><td></td><td></td><td></td><td></td><td></td><td></td><td></td><td></td><td></td></tr>
<tr><td>ΣG_i</td><td></td><td></td><td></td><td></td><td></td><td></td><td></td><td></td><td></td><td></td></tr>
<tr><td rowspan="4"></td><td rowspan="4"></td><td rowspan="4"></td><td>Δh/mm</td><td></td><td></td><td></td><td></td><td></td><td></td><td></td><td></td><td></td><td></td><td rowspan="4"></td><td rowspan="4"></td><td rowspan="4"></td><td rowspan="4"></td><td rowspan="4"></td></tr>
<tr><td>X_i</td><td></td><td></td><td></td><td></td><td></td><td></td><td></td><td></td><td></td><td></td></tr>
<tr><td>G_i</td><td></td><td></td><td></td><td></td><td></td><td></td><td></td><td></td><td></td><td></td></tr>
<tr><td>ΣG_i</td><td></td><td></td><td></td><td></td><td></td><td></td><td></td><td></td><td></td><td></td></tr>
<tr><td rowspan="4"></td><td rowspan="4"></td><td rowspan="4"></td><td>Δh/mm</td><td></td><td></td><td></td><td></td><td></td><td></td><td></td><td></td><td></td><td></td><td rowspan="4"></td><td rowspan="4"></td><td rowspan="4"></td><td rowspan="4"></td><td rowspan="4"></td></tr>
<tr><td>X_i</td><td></td><td></td><td></td><td></td><td></td><td></td><td></td><td></td><td></td><td></td></tr>
<tr><td>G_i</td><td></td><td></td><td></td><td></td><td></td><td></td><td></td><td></td><td></td><td></td></tr>
<tr><td>ΣG_i</td><td></td><td></td><td></td><td></td><td></td><td></td><td></td><td></td><td></td><td></td></tr>
</table>

六、注意事项

读数及记录操作应尽可能迅速，作为温度及压力对照的 1、2 两瓶应分别第一个和最后一个读数，以修正操作时间的影响（即从测压管 2 开始读数，然后 3、4、5、…最后是测压管 1）。读数、记录全部操作完成即迅速开启振摇开关，使实验继续进行，待测压管读数降至 50mm 以下时，需开启闭管顶部三通放气。再将闭管液位调至 150mm。并记录此时开管液位高度。

七、思考题

（1）你认为利用瓦氏呼吸仪测定废水可生化性是否可靠？有何局限性？

（2）在实验过程中曾发现哪些异常现象？试分析其原因及解决办法。

（3）了解其他鉴定可生化性的方法。

第二节 废水厌氧可生物降解性实验

一、实验目的

（1）了解和掌握废水厌氧可生物降解性实验方法。

（2）分析葡萄糖和苯酚的厌氧可生物降解性及生物抑制性。

二、实验原理

废水厌氧生物处理是指利用厌氧微生物在厌氧条件下（没有分子氧、硝酸盐和硫酸盐）将废水中的有机污染物（底物或基质）转化为甲烷和二氧化碳。废水的厌氧生物降解性是表征废水厌氧生物处理程度的指标之一。通过累积产气量大小的测定可直接进行判断（图 4-2）。

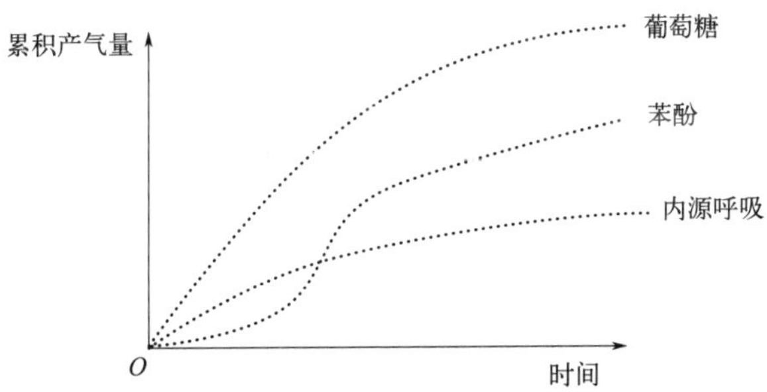

图 4-2 废水厌氧可生物降解实验中累积产气量

由图 4-2 知，葡萄糖由于能被厌氧微生物利用，因此产气量大于对照组（内源呼吸），且葡萄糖浓度越高，累积产气量越大。而对于苯酚，微生物在起始阶段存在着适应和驯化，当微生物适应后，产气量逐渐加大，直至完全降解。苯酚浓度越高，适应时间越长，最终累积产气量越大，但当苯酚浓度过高时，微生物被完全抑制，累积产气量将小于内源呼吸，甚至不产气。因此，根据累积产气量曲线的形状也可判断微生物对基质的适应时间及快慢。

三、实验装置及材料

1. 实验装置

（1）废水发酵实验装置如图 4-3 所示。

（2）血清瓶（可用盐水瓶代替）。

（3）COD 和苯酚浓度测定装置。

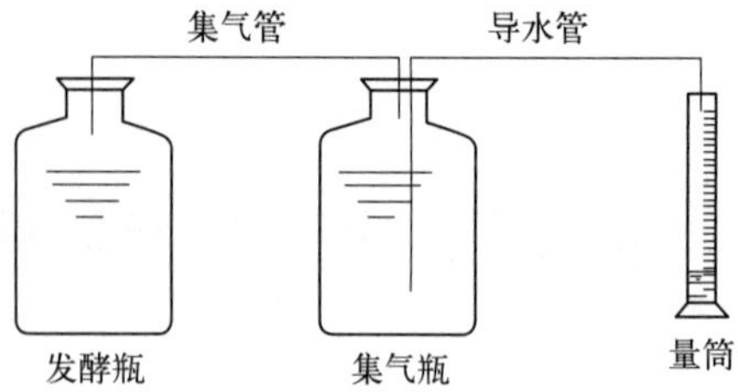

图 4-3　废水厌氧可生物降解实验装置

2. 实验材料

（1）葡萄糖、苯酚、碳酸氢钠、磷酸二氢钾等。

（2）厌氧污泥。

四、实验步骤

（1）含酚废水的配制　用脱氧蒸馏水配制 5 种不同浓度的含酚废水，见表 4-1。

（2）含葡萄糖废水的配制　用脱氧蒸馏水配制 5 种不同浓度的含葡萄糖废水，见表 4-5。

表 4-5　不同浓度含葡萄糖废水的配制表　　单位：mg/L

葡萄糖含量	75	150	450	750	1500
COD 值	80	160	480	800	1600
$(NH_4)_2SO_4$ 含量	22	44	130	217	435
K_2HPO_4 含量	5	10	30	51	102
$NaHCO_3$ 含量	75	150	450	750	1500
$FeC1_3$ 含量	10	10	10	10	10

（3）接种污泥　取城市污水处理厂消化污泥或其他工业废水厌氧处理系统的污泥，经筛选（小于 20 目）后测定 VSS 含量，作为接种污泥。

（4）在恒温室安装如图 4-3 所示装置 11 套，检查管路是否密封，并编号待用。

（5）在各发酵瓶中分别加入 250mL 接种污泥。然后，在 1 至 5 号发酵瓶中分别加入 5 种葡萄糖废水各 250mL；在 6 至 10 号发酵瓶中分别加入 5 种含酚废水各 250mL；在 11 号发酵瓶中加入脱 O_2 蒸馏水。密封放入恒温室。

（6）每日记录各发酵系统的排水量（即产气量），并将结果记入表 4-6 中。集气瓶中的水随着氧气量的增加将逐渐减少，应定期补加。有条件时，应将发酵瓶置于振荡器上使基质与污泥充分混合；无条件时，应每天定时人工摇动发酵瓶 2～4 次。

（7）待产气停止时（通常约 30d），终止实验，同时测定发酵瓶中 COD 或酚的浓度。

五、实验数据与结果整理

（1）将每天的产气量记入表 4-6 中。

（2）以时间为横坐标，累积产气量为纵坐标，绘出内源呼吸及各种不同投加浓度下葡萄糖和苯酚的累积产气量曲线。

（3）依据产气量曲线分析，判断微生物对苯酚的可降解特性。

表 4-6 实验记录表

时间/d	投加浓度/(mg/L)		葡萄糖投加浓度/(mg/L)					苯酚投加浓度/(mg/L)				
	0		150		300		…	150		300		…
	日产气量	累积产气量	日产气量	累积产气量	日产气量	累积产气量	…	日产气量	累积产气量	日产气量	累积产气量	
1												
2												
3												
…												

注：产气量单位为 L。

六、注意事项

（1）实验应在恒温室（或恒温水浴中）进行，注意维持反应温度在 33～35℃。

（2）注意实验装置，尤其是发酵瓶的密封。否则数据将产生很大误差。

七、思考题

（1）如何保证发酵瓶处在厌氧条件下？

（2）恒温水浴的作用是什么？为何要维持该反应温度？

第三节 氧传递系数测定实验

本实验仅针对不含耗氧微生物污水的曝气充氧实验，测定氧转移修正系数 α 和 β，并了解此情况下氧转移过程的区别。如需针对含耗氧微生物污水的曝气充氧实验并测定其氧转移修正系数，请查阅相关资料了解。

一、实验目的

（1）了解污水生物曝气中充氧修正系数 α 和 β 的意义。

（2）掌握不含耗氧微生物污水的曝气充氧修正系数 α 和 β 的测定方法。

二、实验原理

影响氧转移的主要因素有：①曝气水水质；②曝气水水温；③氧分压；④气液之间的接触面积和接触时间；⑤水的紊流程度等。而曝气水水质对氧转移造成的影响主要表现在以下几个方面：

（1）待曝气充氧的污水中含有各种各样的杂质，如表面活性剂、油脂、悬浮固体等，它们会对氧的转移产生一定的影响，特别是表面活性物质这类两亲分子会集结在气、液接触面上，阻碍氧的扩散。在相同曝气设备、相同条件下，污水曝气充氧得到的氧总转移系数 K'_{La} 会比清水中的氧总转移系数 K_{La} 低，为此引入修正系数 α，如式(4-4)：

$$\alpha=\frac{K'_{La}}{K_{La}} \tag{4-4}$$

式中　K_{La}——清水中氧总转移系数，L/min；

K'_{La}——污水中氧总转移系数，L/min。

（2）污水中含有大量盐分，会影响氧在水中的饱和浓度。相同曝气设备、相同条件下，污水中氧的饱和浓度 c'_s 要比清水中氧的饱和度 c_s 低，为此引入修正系数 β，如式(4-5)：

$$\beta=\frac{\rho'_s}{\rho_s} \tag{4-5}$$

式中　ρ_s——清水中氧的饱和浓度，mg/L；

ρ'_s——污水中氧的饱和浓度，mg/L。

（3）转移速度 $\frac{dc}{dt}$ 如式(4-6) 所示：

$$\frac{dc}{dt}=K'_{La}(\rho'_s-\rho_t) \tag{4-6}$$

式中，ρ_t 为 t 时刻溶解氧浓度，mg/L。

本实验将采用间歇非稳态实验方法，即在相同条件下以清水为对照，分别对清水和污水进行充氧实验，利用实验得出的数据应用公式计算出 α 和 β 值。应当指出的是，因为是对比实验，所以应严格控制清水实验和污水实验的基本实验条件，如水温、氧分压、水量、供气量等，以保证数据可靠。

三、实验装置及材料

1. 实验装置

（1）实验装置如图 4-4 所示。

（2）空气压缩机。

（3）转子流量计、温度计、秒表（计时器）。

（4）溶解氧测定仪及记录仪（有条件的话）。

2. 实验材料

（1）碘量法测定溶解氧所需药品及容器（无溶解氧测定仪及记录仪时，采用碘量法）。

（2）实验用水样（城市污水处理厂初沉池出水或自行配制）。

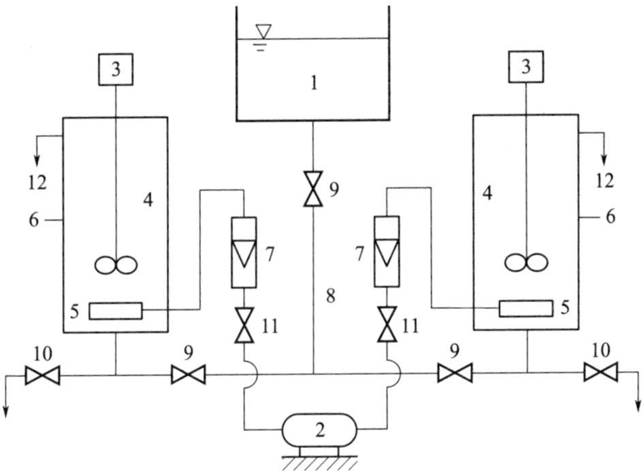

图 4-4　氧传递系数实验装置

1—高位水槽；2—空气压缩机；3—搅拌机；4—混合反应器；5—微孔曝气头；6—取样口；7—气体流量计；8—进水管；9—进水阀门；10—排水阀门；11—进气阀门；12—溢流管

（3）脱氧剂：无水亚硫酸钠。

（4）催化剂：氯化钴（0.1mg/L）。

四、实验步骤

（1）将待曝气污水和清水分别注入混合反应器中。

（2）分别从两个混合反应器中取样测定溶解氧浓度，计算脱氧剂无水亚硫酸钠和催化剂氯化钴的投加量。

（3）将所称得的脱氧剂用温水化开，加入混合反应器中，并加入一定量的催化剂充分混合，反应大约 10min。

（4）待反应器内溶解氧降为 0 后，打开空气压缩机，调节气量，同时向两个混合反应器内曝气，并开始计时，当时间为 1min、2min、3min、4min、5min、7min、9min、11min、13min、15min、…时，取样测定溶解氧浓度（ρ_t），直至溶液中溶解氧浓度稳定（即饱和）为止，并将清水及污水中的饱和浓度分别记为 ρ_s、ρ_s'。

（5）记录数据至表 4-7 中。

表 4-7　曝气对比实验数据记录

	瓶号	时间/min	投加药量		V_2-V_1 /mL	溶解氧浓度 /(mg/L)
			V_1/mL	V_2/mL		
清水实验						

续表

清水饱和溶解氧浓度 ρ_s/(mg/L)						
污水实验						
污水饱和溶解氧浓度 ρ_s'/(mg/L)						

五、实验数据及结果整理

（1）将实验数据分别列于表 4-8，绘制半对数曲线 $\ln\frac{\rho_s-\rho_0}{\rho_s-\rho_t}$-t 及 $\ln\frac{\rho_s'-\rho_0}{\rho_s-\rho_t}$-t，利用图解法求出 K_{La} 及 K_{La}'。

（2）计算修正系数 α，如式(4-4)。

（3）计算修正系数 β，如式(4-5)。

表 4-8 曝气实验系统测定的计算数据

项目	t/min	ρ_t	$\ln\frac{\rho_s-\rho_0}{\rho_s-\rho_t}$	项目	t/min	ρ_t	$\ln\frac{\rho_s'-\rho_0}{\rho_s-\rho_t}$
清水实验				清水实验			
污水实验				污水实验			

六、思考题

（1）简述 α 和 β 的意义。

（2）α 和 β 各受哪些因素的影响？为什么？

第四节　不同影响条件下活性污泥形态及生物相的观察实验

一、实验目的

（1）通过显微镜直接观察活性污泥菌胶团和原生动物，掌握用形态学的方法来判别菌胶团的形态、结构，并据此判别污泥的性状。

（2）掌握识别原生动物的种属，以及用原生动物间接评定活性污泥质量和污水处理效果的方法。

二、基本原理

在活性污泥法中起主要作用的是由各种微生物组成的混合群体——菌胶团。细菌是菌胶团的主体。活性污泥的净化能力和菌胶团的组成和结构密切相关，而水温、pH 值、溶解氧浓度、营养物等环境因素也对微生物的新陈代谢有着重要的影响。微生物在好氧条件下的代谢模式如图 4-5 所示。

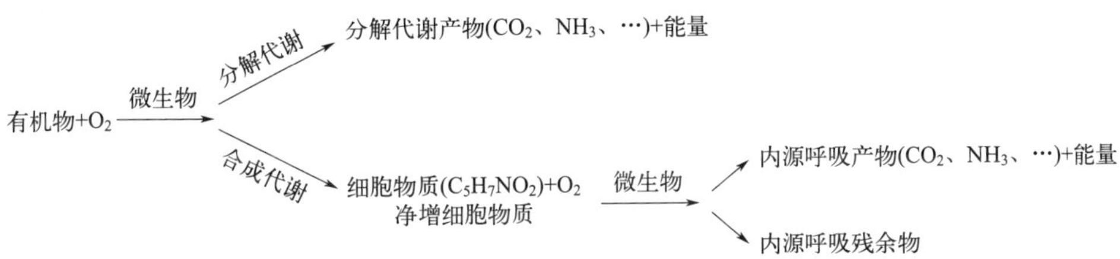

图 4-5　微生物好氧代谢模式图

活性污泥菌胶团的微生物中除细菌外，还有真菌、原生动物和后生动物等多种微生物群体。当运行条件和环境因素发生变化时，原生动物种类和形态亦随之发生变化。若游泳型或固着型的纤毛虫类（如楯纤虫、盖纤虫、钟虫等）大量出现时，说明处理系统运行正常。因此，原生动物在某种意义上可以用来指示活性污泥系统的运行状况和处理效果。原生动物通过一般的光学显微镜就可以观察。通过观察菌胶团的形状、颜色、密度以及是否有丝状菌存在，还可以判断有无污泥膨胀的倾向等。因此，用显微镜观察菌胶团是监测处理系统运行的一项重要手段。本实验就是通过测定曝气池中的溶解氧浓度、pH 值、温度，通过观察菌胶团的特征考察不同条件下活性污泥形态及生物相的变化。

三、实验设备及材料

（1）本实验应尽量在活性污泥法污水处理系统厂进行。若无合适场地必须在实验室进行时，应建立相应的活性污泥系统，包括曝气池、沉淀池、曝气系统、污泥回流系统和进出水系统。

（2）普通光学显微镜、温度自动控制仪、载玻片、盖玻片等。

（3）酸度计。

（4）溶解氧测定仪。

四、实验步骤

对不同条件下的污泥形态及生物相分别进行实验，每次采取污泥不同，但操作方法相同。

（1）首先确认活性污泥处理系统的运行状况，测定或记录活性污泥系统的相关参数，如污泥负荷、溶解氧、温度、pH 值等。

（2）调试显微镜。

（3）从曝气池中取少许混合液，沉淀后取一滴加到干净的载玻片的中央，盖上盖玻片，加盖玻片时应使其中央接触到水滴后才放下，以避免在片内形成气泡，影响观察。

（4）把载玻片放在显微镜的载物台上，将标本放到圆孔的正中央，转动调节器，对准焦距，进行观察。

（5）观察生物相全貌，注意污泥絮粒的大小、结构的松紧程度、菌胶团和丝状菌比例及生长情况，并加以记录和必要描述，观察微型动物种类、活动状况。

（6）进一步观察微型动物的结构特征。如纤毛虫的运动情况、菌胶团细菌的胶原薄厚及色泽、丝状菌菌丝的生长情况等，画出所见原生动物和菌胶团等微生物形态草图。

五、实验数据及结果整理

（1）测定活性污泥系统的溶解氧、pH 值、温度，并记录。

（2）记录观察所取污泥的形状、结构，有无丝状菌、原生动物的情况。

（3）分析环境因素对污泥形态及生物相的影响。

六、思考题

（1）观测曝气池中的环境因素和生物相有何意义？

（2）丝状菌的大量繁殖对活性污泥处理系统有何危害？

第五节　污泥沉降比（SV）和污泥体积指数（SVI）的测定实验

一、实验目的

（1）掌握表征活性污泥沉淀性能的指标，包括污泥沉降比（sludge volume，SV）和污泥体积指数（sludge volume index，SVI）的测定和计算方法。

（2）明确污泥沉降比、污泥体积指数和污泥浓度三者之间的关系，以及它们对活性污泥法处理系统的设计和运行控制的重要意义。

（3）加深对活性污泥的絮凝及沉淀特点和规律的认识。

二、实验相关知识点

二次沉淀池是活性污泥系统的重要组成部分。二沉池的运行状态，直接影响处理系统的出水质量和回流污泥的浓度。实践表明，出水BOD中相当一部分是由于出水中悬浮物引起的，在二沉池构造合理的条件下，影响二沉池沉淀效果的主要因素是混合液（活性污泥）的沉降情况。

活性污泥的沉降性能用污泥沉降比（SV）和污泥体积指数（SVI）来表示。污泥沉降比（SV,%）为曝气池出口处混合液在100mL量筒中静置沉淀30min后污泥体积和混合液体积（100mL）的比值。污泥体积指数（SVI，mL/g）是指曝气池出口处混合液经30min静沉后，1g干污泥所占的容积（以mL计）。

$$\mathrm{SVI}=\frac{\text{混合液(1L)30min静沉形成的活性污泥容积(mL)}}{\text{混合液(1L)中悬浮固体干质量(g)}}=\frac{\mathrm{SV}}{\mathrm{MLSS}}$$

SV是评价活性污泥的重要指标之一，在一定程度上反映了活性污泥的沉降性能，而且测定方法简单、快速、直观。当污泥浓度变化不大时，用污泥沉降比可快速反映出活性污泥的沉降性能以及污泥膨胀等异常情况。当处理系统水质、水量发生变化或受到有毒物质的冲击影响或环境因素发生变化时，曝气池中的混合液浓度或污泥指数都可能发生较大的变化，单纯地用污泥沉降比作为沉降性能的评价指标则很不充分，因为污泥沉降比中并不包括污泥浓度的因素，这时，常采用SVI来判定系统的运行情况。简单地说，污泥体积指数是经30min沉降后的污泥密度的倒数，因此它能客观地评价活性污泥的松散程度和絮凝、沉降性能，及时地反映出是否有污泥膨胀的倾向或已经发生污泥膨胀。SVI越低，沉降性能越好。对城市污水，一般认为：

SVI≤100	污泥沉降性能好
100<SVI≤200	污泥沉降性能一般
200<SVI≤300	污泥沉降性能较差
SVI>300	污泥膨胀

正常情况下，城市污水SVI的典型值在100～150之间。此外，SVI大小还与水质有关，当工业废水中溶解性有机物含量高时，正常的SVI值偏高；而当无机物含量高时，正常的SVI值可能偏低。影响SVI值的因素还有温度、污泥负荷等。从微生物组成方面看，活性污泥中固着型纤毛类原生动物（如钟虫、盖纤虫等）和菌胶团细菌占优势时，吸附氧化能力较强，出水有机物浓度较低，污泥比较容易凝聚，相应的SVI值也较低。

三、实验装置及材料

1. 实验装置

（1）SV及SVI测定装置如图4-6所示。

（2）过滤器、烘箱、马弗炉、天平、称量瓶等。

（3）虹吸管、吸耳球等提取污泥的器具。

（4）量筒（100mL）、定时器（秒表）等。

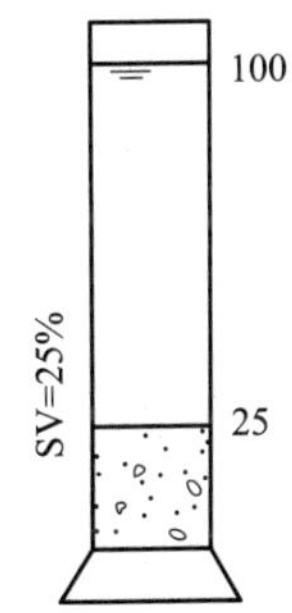

图4-6 SV及SVI测定装置

2. 实验材料

活性污泥法处理系统中的混合液或污水厂曝气池中的混合液。

四、实验步骤

(1) 将定量滤纸放入称量瓶中，进行编号，103～105℃反复烘干、冷却，称重至质量差小于0.4mg为止，置于干燥器中待用。

(2) 将干净的100mL量筒用蒸馏水冲洗后，晾干。

(3) 将虹吸管吸入口放入曝气池的出口处（或从已取得的混合均匀的混合液容器中），用吸耳球将混合液吸出，并形成虹吸。

(4) 通过虹吸管将混合液置于100mL量筒中，至100mL刻度处。并从此时开始计算沉降时间。

(5) 将装有污泥的100mL量筒静置，观察活性污泥絮凝和沉降的过程和特点，在第30min时记录污泥界面以下的污泥容积（mL），即为污泥沉降比（SV）。

(6) 将已恒重并称量质量的称量瓶（m_0）中的滤纸放置在布氏漏斗中，用水喷湿，开动真空泵，使量筒中成为负压，滤纸紧贴漏斗。

(7) 将30min沉降的污泥和上清液一同倒入布氏漏斗中抽吸过滤，再用少量水洗涤量筒中附着的污泥至漏斗中。停止吸滤后，仔细取出带泥定量滤纸折叠并放入原称量瓶里进行称量（m_1）。

(8) 将称量瓶放在恒温烘箱中，103～105℃烘干2h后移入干燥器，冷却至室温，称其质量（m_2），反复烘干、冷却，称重至质量差小于0.4mg为止。

(9) 计算测定的污泥浓度（MLSS）。

五、实验数据及结果分析

(1) 计算污泥浓度（MLSS） MLSS如式(4-7)所示：

$$\mathrm{MLSS}=\frac{m_2-m_0}{V} \tag{4-7}$$

式中 MLSS——混合液悬浮固体浓度，g/L；

m_2——滤饼干重、滤纸、称量瓶质量之和，g；

m_0——滤纸、称量瓶质量之和，g；

V——混合液体积，L。

(2) 根据测定的污泥沉降比（SV）和污泥浓度（MLSS），计算污泥指数（SVI）。

(3) 通过所得的污泥沉降比和污泥指数，评价该活性污泥法处理系统中活性污泥的沉降性能，是否有污泥膨胀的倾向或已经发生膨胀，并分析其原因。

六、思考题

(1) 污泥沉降比和污泥体积指数二者有什么区别和联系？

(2) 活性污泥的絮凝沉降有什么特点和规律？

第五章

水污染控制的污水处理副产物（污泥）处理实验

第一节　污泥厌氧产甲烷活性测定实验

一、实验目的

（1）通过产甲烷活性测定实验，加深厌氧污泥活性概念的理解。

（2）掌握史氏发酵管间歇培养法测定厌氧污泥产甲烷活性的操作。

二、实验原理

在有机废物和高浓度有机废水厌氧处理过程中，污泥的产甲烷活性这一指标广泛地用于厌氧消化接种泥的质量评价、不同底物厌氧微生物的可降解性测定、厌氧消化状态跟踪、极限负荷预测以及批量动力学参数评价等。

厌氧污泥的产甲烷活性（specific methanogenic activity，SMA）是指单位质量的污泥（以 VSS 计）在单位时间内所能产生的甲烷量，或者是指单位质量的污泥（以 VSS 计）在单位时间内最多能去除的有机物的量（以 COD 计）。SMA 可以反映出污泥所具有的去除 COD 及产生甲烷的潜力，是污泥品质的重要参数。因此，厌氧污泥活性一般可以用两个参数测量，即最大比产甲烷速率和最大比 COD 去除率。二者的定义分别为：最大比产甲烷速率（U_{MAX,CH_4}）为单位质量的厌氧污泥在单位时间内的最大产甲烷量（mL CH_4/g VSS·d）；最大比 COD 去除速率（$U_{MAX,COD}$）为单位质量的厌氧污泥在单位时间内的最大 COD 降解量（g COD/g VSS·d）。

厌氧生物处理过程中的有机物降解速率或甲烷生成速率可用 Monod 方程来描述，如式(5-1)：

$$-\frac{dS}{dt}=\frac{U_{MAX,COD}SX}{K_s+S} \tag{5-1}$$

式中　S——有机物浓度，g COD/L；

t——时间，d；

$U_{MAX,COD}$——最大比底物降解速率，1/d；

X——微生物或污泥浓度，g VSS/L；

K_s——饱和常数，g COD/L。

甲烷的产生速率与有机物的降解速率成正比，如式(5-2) 与式(5-3) 所示：

$$\frac{dV_{CH_4}}{dt}=Y_g V\left(\frac{dS}{dt}\right) \tag{5-2}$$

$$Y_g=\frac{V_{CH_4}}{(S_0-S)V}\times\frac{T_0}{T_1} \tag{5-3}$$

式中 V_{CH_4}——间歇反应开始后的累积甲烷产量，mL；

V——间歇反应器的反应区容积，L；

t——时间，d；

Y_g——底物的甲烷转化系数，mL CH_4/gCOD；

S_0——培养瓶内初始 COD 浓度，g/L；

S——与累积甲烷产量相对应的培养瓶内残留 COD 浓度，g/L；

T_0——标准状况对应的绝对温度，273K；

T_1——甲烷体积测试实验环境的绝对温度，K。

由式(5-1) 和式(5-2) 得式(5-4)：

$$\frac{dV_{CH_4}}{dt}=\frac{Y_g V U_{MAX,COD} S X}{K_s+S} \tag{5-4}$$

因为厌氧细菌的世代周期一般相对很长，细胞合成速度慢，在短期内（1～2d）可以认为厌氧微生物的生物量不会发生变化，即式(5-4) 中的 X 可以认为是一个常数。同时，由于在反应初期底物浓度很高，即可以认为 $S\gg K$，此时式(5-4) 就可以简化为式(5-5)：

$$\frac{dV_{CH_4}}{dt}=(Y_g U_{MAX,COD} VX)=U_{MAX,CH_4} VX \tag{5-5}$$

整理可得式(5-6)：

$$\frac{1}{VX}\times\frac{dV_{CH_4}}{dt}=U_{MAX,CH_4} \tag{5-6}$$

式(5-5) 和式(5-6) 中的 U_{MAX,CH_4} 为厌氧污泥的最大比产甲烷速率。从式(5-6) 可知，只要能够通过实验求得某种污泥的产甲烷速率，就可以得到该种污泥的最大比产甲烷速率，即厌氧污泥活性。

从 U_{MAX,CH_4} 可进一步推算衡量厌氧污泥活性的另一个指标，即最大比 COD 去除速率（$U_{MAX,COD}$）其表达式如式(5-7)：

$$U_{MAX,COD}=\frac{U_{MAX,CH_4}}{Y_g} \tag{5-7}$$

欲测定厌氧污泥的产甲烷速率 $\frac{dV_{CH_4}}{dt}$，需获取逐时累积产甲烷量。实验可以在封闭的系统内进行，使产生的气体主要集中在反应瓶的顶空部位，通过用气相色谱跟踪测定顶空中各种气体的组成，从而换算出产生甲烷的累积体积。如无气相色谱仪的实验条件，可以用排水法直接测定甲烷产生体积，得到一个较为粗略的污泥活性结果。

污泥的产甲烷活性与许多因素有关，如温度、pH、底物种类与浓度、营养条件等，因此实验必须在理想的条件下进行。

反应温度一般设置在（35±1)℃，如果为了测定取自特定反应器内污泥的活性，反应温度应与污泥来源反应器实际运行温度一致。

一般认为产甲烷细菌的最佳 pH 在 6.8～7.2 的范围内，而对于普通的厌氧污泥，其 pH 值范围可以放宽到 6.5～7.5 的范围。因此，在厌氧污泥活性的测试实验中一般通过在反应瓶中加入 NaOH 或 $NaHCO_3$ 将其 pH 值调节到 7.0 左右。

测定污泥活性一般用挥发性脂肪酸（volatile fatty acid，VFA）作为底物，VFA 的组成也会对测定结果有影响。VFA 组成一般可按乙酸：丙酸：丁酸（换算成 COD 的比值）=2：1：1 配制。如果为了评价污泥处理特定废水的能力，VFA 的组成应与实际所处理的废液经酸化后的 VFA 组成相类似，并且在测定报告中加以说明。

产甲烷细菌所在微环境的底物浓度也是影响污泥活性测定的重要因素。虽然细菌有很高的底物亲和力，但在颗粒污泥内部由于底物扩散速率的限制，底物浓度可能非常低，由此引起污泥活性测定的偏差。为使底物扩散的影响降低至最小限度，应当采用较低的污泥浓度。此外，测试中采用略高的底物浓度，并采用缓慢的搅拌或不时摇晃，以改善传质扩散作用，但过高的 VFA 浓度会对污泥产生毒性。

表 5-1 列出了在带搅拌的反应器（一般采用容积大于 2L）和不带搅拌的反应器（0.5～1.0L）中推荐使用的污泥和底物浓度。不带搅拌的反应器一般只用于污泥活性大于 0.10g COD_{CH_4}/g VSS·d 的污泥，其中 COD_{CH_4} 是指以 COD 表示的甲烷的产量。带搅拌的反应器可以更精确地测定甲烷的产量，因此可用于活性小于 0.10g COD_{CH_4}/g VSS·d 污泥的测定。

表 5-1 产甲烷活性测定中使用的污泥和底物 VFA 浓度

测定装置	污泥浓度/(g VSS/L)	VFA 浓度/(g COD/L)
带搅拌的测试系统	2.0～5.0	2.0～4.0
不带搅拌的测试系统	1.0～1.5	3.5～4.5

此外，体系中还需要投加 NH_4Cl、KH_2PO_4、$CaCl_2$、$MgSO_4$、$FeCl_3$、$CoCl_2$ 等补充营养元素和微量元素，以免出现营养缺乏导致的活性下降，还需要投加 Na_2S 酵母膏。

污泥的产甲烷活性与其对底物 VFA 的驯化程度有关，因此通常测定其活性时要两次投加配制的含 VFA 和营养物的水样。第一次投加水样的目的在于使污泥适应这种底物，因此第一次投加水样时污泥的活性总是较低。一般第二次投加水样后的结果可作为正式测定的结果。

测得污泥活性后可按表 5-2 初步划分污泥的活性等级。

表 5-2 厌氧污泥的活性等级划分

活性等级	优	上	中	下	劣
SMA/(L CH_4/g VSS·d)	>0.4	0.3～0.4	0.2～0.3	0.1～0.2	<0.1

除了上述通过直接测定 CH_4 的生成量来评价厌氧污泥活性的方法外，建立在厌氧消化微生物学基础上的指标（如辅酶 F_{420}、氢化酶、磷酸酯酶、ATP 含量等）的测定，也可间接地反应厌氧污泥活性。直接测定最大比产甲烷速率可表征某种厌氧污泥的活性，具有操作简单易行，所得结果直观，对工程实践具有较好的参考价值。因此，在本实验中采用通过测定最大比产甲烷速率的方法对厌氧产甲烷活性进行测定。

三、实验装置及材料

（1）产甲烷活性实验装置见图 5-1。

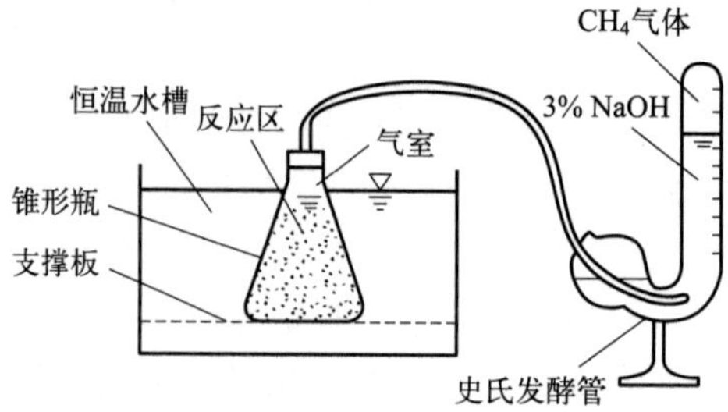

图 5-1　厌氧污泥产甲烷活性测试的间歇实验装置图

（2）恒温水浴。

（3）史氏发酵管。

（4）水浴锅。

（5）便携式 pH 计。

（6）锥形瓶；硅胶管；移液管；量筒等。

四、实验步骤

1. 第一次投加底物

（1）稀释 VFA 母液 25 倍，配成 1L 浓度为 4g COD/L 的 VFA 稀释液。

（2）配制 100g/L 的酵母膏溶液和 100g/L 的硫化钠母液各 10mL。

（3）在 6 个 100mL 锥形瓶中各加入 VFA 稀释液 100mL，营养母液、微量元素母液、硫化钠母液和酵母膏溶液各 0.1mL，贴标签做好标记。

（4）将锥形瓶置于 35℃的恒温水浴中，待锥形瓶内水温达到 35℃时，加入一定量的受试厌氧污泥，维持反应体系中污泥浓度为 1.0～1.5g VSS/L。

（5）向每个锥形瓶通 N_2 约 5min 将其上部的空气驱除。

（6）装好所有锥形瓶的橡胶塞和排气管，测试装置气密性。

（7）将排气管按图 5-1 所示，接入装有约 50mL 的 3% NaOH 溶液的史氏发酵管内。

（8）将锥形瓶摇匀开始试验，一般每小时读取史氏发酵管内的产甲烷气体量一次，每次读数后都需要再次将锥形瓶轻轻摇动，以使底物与污泥充分接触以及底物浓度分布均匀。

（9）当反应瓶内的污泥不再大量产气后，即可认为反应基本结束，污泥驯化阶段结束。

2. 第二次投加底物

（1）从恒温水浴中取出锥形瓶，缓缓将其上层液体倒出，保留污泥在瓶底。

（2）在 3 个锥形瓶中各加入去离子水 100mL，营养母液、微量元素母液、硫化钠母液、酵母膏溶液各 0.1mL，作为厌氧污泥活性测定的空白样。

（3）在另 3 个锥形瓶中各加入 VFA 稀释液 100mL，营养母液、微量元素母液、硫化钠母液、酵母膏溶液各 0.1mL，作为测试样，贴标签做好标记。

（4）重复第一次投加底物的实验步骤（5）至（8），读取不同时间对应的甲烷产量数据。

（5）当反应瓶内的污泥不再大量产气后，即可认为反应基本结束。

（6）将锥形瓶内的混合液进行离心分离（或过滤）后精确测量其 VSS 量。

五、实验数据及结果整理

（1）测定并记录实验基本参数。将两次投加底物的逐时产甲烷量按表 5-3 记录并计算。

表 5-3　累计产甲烷量记录表

实验日期：________年________月________日

	时间/h	空白样累计产甲烷体积/mL	实验样累计产甲烷体积/mL	净累计产甲烷量/mL
第一次投加底物				
	…			
	时间/h	空白样累计产甲烷体积/mL	实验样累计产甲烷体积/mL	净累计产甲烷量/mL
第二次投加底物				
	…			

（2）以时间为横坐标，累计产甲烷量为纵坐标，作出两次投加底物的逐时产甲烷曲线图。

（3）在两次投加底物的逐时产甲烷曲线图中找出污泥的最大活性区间。最大活性区间指的是产甲烷速率最大的区间，即图中近似直线段的部分，该区间应覆盖已利用底物的 50%。

（4）对这一区间进行线性拟合，拟合得到的斜率称为最大产甲烷速率，记作 R，单位为 mL/h。

（5）根据最大活性区间的平均斜率 R，由式(5-8) 计算厌氧污泥的产甲烷活性 SMA（$g\ COD_{CH_4}/g\ VSS \cdot d$）：

$$SMA=\frac{24R}{CF\times V\times VSS} \tag{5-8}$$

式中　CF——含水蒸气的甲烷体积转化为以 g 为单位的 COD 的转化系数，mL/g COD，根据史氏发酵管中甲烷气的实际温度，在表 5-4 中选择合适的数据；

V——反应器中液体的体积，L；

VSS——反应器中的污泥浓度，g VSS/L。

（6）比较两次投加底物得到的产甲烷活性结果。

（7）对照表 5-2 评价受试厌氧污泥的产甲烷活性等级。

表 5-4　相当于 1g COD 的甲烷气体体积（1.013×10^5 Pa）

温度/℃	干燥甲烷体积/mL	含饱和水蒸气的甲烷体积/mL
10	363	367
15	369	376
20	376	385
25	382	394

续表

温度/℃	干燥甲烷体积/mL	含饱和水蒸气的甲烷体积/mL
30	388	405
35	395	418
40	401	433
45	408	450
50	414	471

六、注意事项

（1）严格测试实验装置的气密性，以保证产生的所有 CH_4 都被收集测量。

（2）一般要求每个实验需有 2～3 个平行样，以保证实验结果的可靠性。

七、思考题

（1）如何根据实验结果估算厌氧反应器的处理能力？

（2）反应刚开始时锥形瓶上方气室为空气或氮气，而不是沼气，是否影响累计产甲烷体积的读数？

（3）实验中计算 SMA 时，忽略了史氏发酵管中甲烷气压对其体积的影响，试估算忽略气压产生的误差。

第二节　污泥比阻的测定实验

一、实验目的

（1）通过实验进一步理解比阻的概念，并掌握污泥比阻的测定方法。

（2）通过比阻测定评价污泥脱水性能。

（3）确定污泥脱水的混凝剂种类、浓度、投加量。

二、实验原理

污泥脱水是指将污泥的含水率降低至 85%以下的操作。污泥经脱水后具有固体特性（成块或饼状），便于运输和最终处置。常用的脱水方法有真空过滤、压滤、离心等。污泥机械脱水是以过滤介质两面的压差作为动力，达到泥水分离和污泥浓缩的目的。

影响污泥脱水的因素较多，主要有：①污泥浓度（或含水率）；②污泥种类及性质；③污泥预处理方法；④压力差；⑤过滤介质种类、性质。

过滤基本方程式如式(5-9)：

$$\frac{t}{V}=\frac{\mu r\omega}{2pA^2}V \tag{5-9}$$

式中　t——过滤时间，s；

V——滤液体积，m^3；

μ——滤液的动力黏滞系数，Pa·s；

ω——滤过单位体积的滤液在过滤介质上截留的固体质量，kg/m^3；

r——比阻，m/kg；

p——真空度，Pa；

A——过滤面积，m^2。

过滤基本方程给出了在压力一定的条件下，滤液的体积与时间 t 的函数关系，指出了过滤面积 A，真空度 p，污泥性能 μ、r 值对过滤的影响。

污泥比阻 r 是表示污泥过滤特性的综合性指标，它的物理意义是：单位质量的污泥在一定压力下过滤时在单位过滤面积上产生的阻力，即单位过滤面积上滤饼单位干重所具有的阻力。求此值的作用是比较不同污泥（或同一种污泥加入不同量的混凝剂后）的过滤性能。污泥比阻越大，过滤性能越差。污泥比阻 r 常用单位 m/kg 和 s^2/g，二者换算关系为：$m/kg=10^4 s^2/g$。

引入斜率系数 b 可将上述过滤基本方程改写为式(5-10)：

$$\frac{t}{V}=bV \tag{5-10}$$

则由此得式(5-11)：

$$r=\frac{2pA^2}{\mu}\times\frac{b}{\omega} \tag{5-11}$$

以抽滤实验为基础，测定一系列的 t-V 数据，即测定不同过滤时间 t 时滤液体积 V，并以滤液量 V 为横坐标，以 t/V 为纵坐标，所得直线斜率为 b。然后由式(5-11) 即可计算出新测污泥的比阻 r。

根据所设定义求解 ω（滤过单位体积的滤液在过滤介质上截留的固体质量，kg/m^3），如式(5-12)：

$$\omega=\frac{(Q_0-V)c_b}{V} \tag{5-12}$$

式中　Q_0——过滤污泥量，m^3；

V——滤液体积，m^3；

c_b——滤饼固体浓度，kg/m^3。

一般认为比阻小于 0.4×10^{13} m/kg 的污泥容易过滤，而比阻在 $10^{13}\sim10^{14}$ m/kg 的污泥则难以过滤。

污泥脱水过程中往往要进行化学调理，即采用向污泥中投加混凝剂的方法降低污泥的比阻 r 值，改善污泥脱水性能。所以，污泥的性质，混凝剂的种类、浓度、投加量以及反应时间等均影响化学调理的效果。在相同实验条件下，选择不同的药剂、投加量和反应时间，通过污泥比阻实验可确定最佳的脱水条件。

三、实验装置及材料

(1) 实验装置如图 5-2。

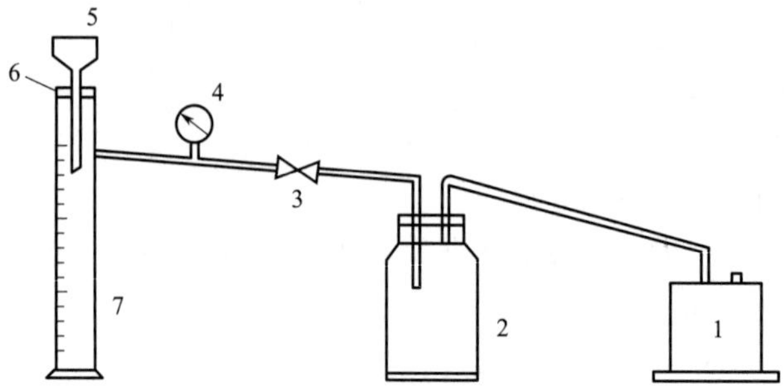

图 5-2　污泥比阻测定实验装置图

1—真空泵；2—缓冲瓶；3—真空度调节阀；4—真空泵；
5—布氏漏斗；6—吸滤垫；7—计量筒

(2) 秒表；滤纸。

(3) 烘箱。

(4) $FeCl_3$ [或 $Al_2(SO_4)_3$、PAC]、聚丙烯酰胺（PAM）。

(5) 布氏漏斗。

四、实验步骤

(1) 测定污泥的含水率，求出其固体浓度 c_0。

(2) 配制 $FeCl_3$（10g/L）混凝剂或聚丙烯酰胺（0.3%）絮凝剂。

(3) 调节污泥（每组加一种混凝剂，如 $FeCl_3$ 或 $Al_2(SO_4)_3$、PAC），采用相应混凝剂时，混凝剂投加量分别为干污泥质量的 0%（不加混凝剂）、2%、4%、6%、8%、10%；采用聚丙烯酰胺时，投加量分别为干污泥质量的 0%、0.1%、0.2%、0.5%。

(4) 在布氏漏斗上（直径 65～80mm）放置滤纸，用水润湿，贴紧周边。

(5) 开动真空泵，调节真空压力，大约比实验压力小 1/3 时关掉真空泵 [实验时真空压力采用 266mmHg（35.46kPa）或 532mmHg（70.93kPa）]。

(6) 加入 100mL 需实验的污泥于布氏漏斗中，开动真空泵，调节真空压力至实验压力；开始启动秒表，并记下开动时计量管内的滤液量 V_0。

(7) 每隔一定时间（开始过滤时可每隔 10s 或 15s，滤速减慢后可隔 30s 或 60s）记下计量管内相应的滤液量。

(8) 过滤直至真空破坏，如真空长时间不破坏，则过滤 20min 后即可停止。

(9) 关闭阀门，取下滤饼放入称量瓶内称量。

(10) 称量后的滤饼于 105℃的烘箱内烘干称量。

(11) 计算滤饼的含水率，求出单位体积滤液的固体量 ω。

五、实验数据及结果整理

(1) 测定并记录实验基本参数，记录格式如下。

实验日期________年________月________日；

原污泥的含水率（%）________________；

原污泥的固体浓度（mg/L）____________；

不加混凝剂滤饼的含水率（%）____________；

加混凝剂滤饼的含水率（%）______________；

实验真空度（mmHg）____________（1mmHg=133.322Pa，下文同）；

（2）将布氏漏斗实验所得数据按表 5-5 记录并计算。

表 5-5　布氏漏斗实验所得数据记录表

时间/s	计量管滤液量 V'/mL	滤液量 $V=V'-V_0$/mL	$\frac{t}{V}$/(s/mL)	备注
0	V_0			

（3）以$\frac{t}{V}$为纵坐标，V 为横坐标作图，其直线斜率为 b。

（4）根据原污泥的含水率及滤饼的含水率求出 ω。

（5）列表计算比阻值（表 5-6 为比阻值计算表）。

（6）以比阻为纵坐标，混凝剂投加量为横坐标，作图求最佳投加量。

表 5-6　比阻值计算表

污泥含水率/%	污泥固体浓度/(g/cm³)	混凝剂用量/%	b 值/(s/cm⁶)	$K=\frac{2pA^2}{\mu}$						皿+滤纸质量/g	皿+滤纸滤饼湿质量/g	皿+滤纸滤饼干质量/g	滤饼含水率/%	单位体积滤液的固体量 ω/(g/cm³)	比阻值 r/(s²/g)
				布氏漏斗 d/cm	过滤面积 A/cm²	面积平方 A^2/cm⁴	滤液黏度 μ/[g/(cm·s)]	真空压力 p/(g/cm²)	K 值/(s·cm³)						

注：混凝剂为 $FeCl_3$。

六、注意事项

（1）检查计量管与布氏漏斗之间是否漏气。

（2）滤纸称量烘干，放于布氏漏斗内，先用蒸馏水湿润，并用真空泵抽吸，滤纸要贴紧不能漏气。

（3）污泥倒入布氏漏斗内时，有部分滤液流入计量筒，所以正常开始实验后记录量筒内滤液体积。

(4) 污泥中加入混凝剂后应充分混合。

(5) 在整个过滤过程中，真空度确定后始终保持一致。

七、思考题

(1) 判断生污泥、消化污泥脱水性能的好坏，分析其原因。

(2) 测定污泥比阻在工程上有何实际意义？

(3) 污泥调理如何影响污泥的脱水性？

第二篇

水污染控制工程课程设计

第六章

生物化学法处理啤酒废水工艺设计

第一节　啤酒生产工艺及废水来源

一、概述

啤酒行业是我国国民经济发展的重要产业，相关工业领域发展迅速。产量方面，中国已成为全球最大的啤酒生产国，2022—2024 年啤酒企业累积产量分别达到 3568、3789、3535 千万升，占全球啤酒产量的 20%左右。我国啤酒相关企业约 7.2 万家，遍布各省、市、自治区。啤酒企业中年产 10 万吨以上的头部企业（如华润雪花啤酒、青岛啤酒、燕京啤酒等）占据行业主导地位，合计市场份额超 70%；年产 5 万～10 万吨的中型企业约数百家；年产 5 万吨以下的小微企业数量众多。

啤酒行业是耗水量较大的行业，虽然各企业间有较大差别，但一般来说每生产 1t 啤酒的耗水量约 10～50m^3。如果以生产每吨啤酒产生 20m^3 废水计算，则啤酒工业排放的废水量每年达 $4.0\times10^8 m^3$。如果这些废水不加处理，将对环境造成严重污染。

啤酒废水处理的单元方法有接触氧化法、气动式生物转盘、生物滤池、深井曝气、两级活性污泥法、厌氧消化等，其处理工艺通常采用厌氧-好氧组合工艺。近年来，升流式厌氧污泥床（UASB）在啤酒废水处理中的广泛应用，大幅度地降低了处理设施的建设费用和运行费用，具有较好的经济效益和环境效益。同传统活性污泥相比，厌氧-好氧组合工艺可以使处理能力增加 1～2 倍；回收的沼气经锅炉燃烧后，所产生的蒸气可用于啤酒发酵工艺中，从而降低能源消耗。

二、啤酒生产工艺

啤酒生产工艺分为麦芽制备、糖化、发酵及后处理等四大工序（段）。

1. 麦芽制备工段

该工段由原料大麦制成麦芽。分为大麦贮存、筛选、浸渍、发芽、干燥和除根六个工序。

麦芽制备工段用水主要包括浸麦洗麦用水和冷却用水两部分，浸麦的目的在于使麦粒吸水和吸氧，洗涤除尘、除杂，并将麦皮内的部分有害成分浸出，为发芽提供条件。在浸麦时，浸麦用水中常投加化学药品，如饱和澄清石灰水、甲醛水溶液、高锰酸钾、氢氧化钠或氢氧化钾溶液。

浸渍过程中大约每吨大麦耗水 18～60m^3，浸渍废水中含有大麦粒、瘪大麦、麦芒、麦皮和泥沙等悬浮固体，以及谷皮内的浸出物，如单宁物质、矿物质、蛋白质、苦味质等。悬浮固体含量约占原大麦投加量的 2%。每浸渍 1t 大麦产生污染物 COD 约 10～12kg 或污染物 BOD_5 约 5～6kg；折算为每生产 1t 成品酒，产生污染物 COD 约 2～3kg 或污染物 BOD_5 约 1～2kg。

2. 糖化工段

该工段将麦芽粉碎和温水混合，借助麦芽自身的多种水解酶，将淀粉和蛋白质等高分子物质进一步分解成可溶性低分子糖类、糊精、氨基酸、胨、肽等，麦芽内容物的浸出率可达 80%。此工段中产生麦汁冷却水、装置洗涤水、麦糟、热凝固物和酒花糟。在麦汁制备工段，每生产 1t 成品酒，产生污染物 COD 约 7～8kg 或污染物 BOD_5 约 3～4kg。

3. 发酵工段

该工段将加酒花后的澄清麦汁冷却至 6.5～8.0℃，接种酵母进行发酵。发酵工段中除产生大量冷却水外，还产生发酵罐洗涤水、废消毒液、酵母漂洗水和冷凝水。在发酵工段，每生产 1t 成品酒，产生污染物 COD 约 8～9kg 或污染物 BOD_5 约 5～6kg。

4. 后处理工段

该工段将经过后发酵的成熟酒入贮存罐。残余酵母和蛋白质等沉积于贮存罐底部，少量悬浮于酒中，需经分离后才能罐装，在滤酒工艺中，经滤器截留的酒渣、部分过滤材料及残酒随水排入下水道。经过滤后的成品酒可直接桶装或罐装，装酒用的桶或罐在装酒前需要进行清洗和消毒，因此清洗水中含有残酒和酒泥。在成品酒工段，每生产 1t 啤酒，产生废水约 6.0m^3，含污染物 COD 约 7～8kg 或污染物 BOD_5 约 4～5kg。

三、啤酒厂废水主要来源

啤酒厂废水主要来源为生产废水及厂区生活污水。啤酒厂产生废水主要有麦芽生产过程的洗麦水、浸麦水、发芽降温喷雾水、麦糟水、洗涤水；糖化过程的糖化、过滤洗涤水；发酵过程的发酵罐洗涤、过滤洗涤水；罐装过程洗瓶、灭菌、破瓶及冷却水和成品车间洗涤水。生活污水主要来自办公楼、食堂、单身宿舍和浴室。

第二节 废水水量及水质

一、啤酒生产废水特点

生产啤酒的工序较多，不同啤酒厂生产过程中每吨酒耗水量和水质相差较大，所消耗的水除一部分水转入产品外，其余绝大部分作为工业废水排入环境中。啤酒废水按有机物含量可分为以下几类。

(1) 冷却水 如冷冻机、麦汁和发酵冷却水等，这类废水基本上未受污染。

(2) 清洗废水 如大麦浸渍废水、大麦发芽降温喷雾水、清洗生产装置废水、漂洗酵母水、洗瓶机初期洗涤水、酒罐消毒废液、巴斯德杀菌喷淋水和地面冲洗水等，这类废水受到不同程度的有机物污染。

(3) 冲渣废水　如麦糟液、冷热凝固物、酒花精、剩余酵母、酒泥、滤酒渣和残碱性洗涤液等，这类废水不仅含有有机物而且还含有大量的悬浮性固体。

(4) 灌装废水　废水中含有大量残酒和防腐剂等。

(5) 洗瓶废水　废水中含有残余洗涤剂、纸浆、染料、糨糊、残酒和泥沙等。

二、排污量

啤酒生产的废水量与生产工艺、生产管理水平、季节及产量等因素密切相关。

三、废水水质

啤酒厂排水主要污染物有 COD、BOD_5、SS 等，COD 为 1000～2500mg/L，BOD_5 为 600～1500mg/L，SS 为 300～800mg/L。BOD_5 与 COD 的比值约为 0.5，说明这种废水具有较好的可生化性。此外，啤酒废水中还含有一定量的氮和磷，适用于生物处理。某啤酒厂啤酒废水主要水质指标见表 6-1。

表 6-1　某啤酒厂啤酒废水主要水质指标

pH 值	水温 /℃	COD /(mg/L)	BOD_5 /(mg/L)	碱度 /(mg $CaCO_3$/L)	SS /(mg/L)	TN /(mg/L)	TP /(mg/L)
5～6	16～30	1000～2500	700～1500	400～500	300～600	28～85	5～7

第三节　处理工艺及构筑物设计

一、处理工艺

考虑啤酒废水的水质特点，其处理工艺多采用厌氧-好氧组合工艺。厌氧生物处理可选择：厌氧活性污泥法，如升流式厌氧污泥床反应器（UASB）；厌氧生物膜法，如厌氧生物滤池（AF）、厌氧流化床反应器等。好氧生物处理可选择：活性污泥法，如普通活性污泥法（曝气池）；生物膜法，如生物接触氧化等。当出水对氮、磷有较高要求时，在厌氧生物处理单元后可采用 A/O 或 A^2/O 工艺等。

二、单体构筑物设计

（一）调节池

1. 一般说明

与城市污水相比，工业废水的水量和水质波动比较大。因此，一般工业废水处理都设置调节池，以均化水质和调节水量，从而使整个污水处理系统稳定、高效运行。

水量调节主要是通过调节池进、出水水位差（自流式调节）或最高水位与最低水位差（调节泵）进行。水质均化可通过泵循环或设置搅拌机搅拌进行。鉴于水下搅拌机安装、维护方便，效率高，而且可以防止 SS 在调节池的沉积，因此，采用水下机械搅拌是目前较为广泛的做法。

2. 工艺尺寸

（1）池容 V　当有水量变化资料时，池容 V 按式(6-1) 计算：

$$V=|\sum(Q-\overline{Q})t|_{\mathrm{MAX}} \tag{6-1}$$

式中　Q——水量，m^3/h；

$\overline{Q}$——平均流量，m^3/h；

t——调节时间，h。

当无水量变化资料时，池容 V 按式(6-2) 计算：

$$V=\overline{Q}t \tag{6-2}$$

式中　t——调节时间，在无水量变化资料时，一般取 8～24h。

（2）结构尺寸　调节池面积 A 按式(6-3) 计算：

$$A=\frac{V}{H} \tag{6-3}$$

式中　H——调节池工作水深（最高水位与最低水位差），一般取 3～5m。

调节池面积确定后，池长和池宽依据场地情况确定，如无场地限制一般设置为圆形或正方形，以利于水下搅拌器的工作。

进水管管底标高与调节池最高水位平齐，以便于自流进入调节池。若为压力管道时，则无此限制。自流出水时，出水管管底与最低水位平齐。当采用水泵出水时，通常采用液位计控制水泵的运行，当调节池水位达到最低水位时，水泵停止运行。

3. 工艺装备

水下搅拌机一般设置两台，呈对角线布置，搅拌机的（总）功率按 10～20W/m^3（池容）设计。搅拌机的形式多为推进器或桨叶式。

（二）格栅

1. 一般说明

啤酒废水中往往含有各种漂浮或悬浮固体杂质，如麦皮、酒糟等，这些杂质采用格栅（粗、中格栅）难以有效截除。采用 UASB 等处理工艺时，对进水 SS 有一定要求，如不能有效地去除这些杂质会造成反应器中污泥流失，从而影响稳定运行。因此，往往采用细格栅对废水进行预处理，保证 UASB 的稳定运行。

格栅有固定筛和回转筛两种常用的形式，其筛片通常为不锈钢材质的片状结构，为了增加筛片的强度及易于清理被截留的 SS，筛片断面形式为三角形并按一定形式安装。细格栅也可采用不锈钢网或尼龙网等材料。但当废水中含有大量纤维状杂质时，细格栅则不宜采用网状过滤装置。

2. 工艺装备

（1）格栅形式

① 固定筛　也称为水力筛，一般水力筛面的上部为进水箱，进水由箱的上沿溢流并

分布于筛面，过筛以后的水进入集水箱并由出水管排出。固体杂质被截留在筛面上，在水流的作用下实现自动清渣。

② 回转筛　其原理、筛条结构与水力筛相同，回转筛采用机械传动，驱动回转筛转动。污水从转筒回转鼓中心进入，细小杂质被回转筛筒壁筛片截留，污水流向回转筛筒壁外侧，进入后续处理构筑物。

(2) 设备选型　可参照有关产品样本或设备手册进行。

(三) 升流式厌氧污泥床 UASB

1. 一般说明

升流式厌氧污泥床（UASB）是废水厌氧生物处理的主要构筑物，其工作原理是利用UASB反应器内培养的厌氧污泥（絮状或颗粒状）将废水中的有机物（BOD）甲烷化，从而达到废水处理的目的。

UASB主要用于处理含溶解态有机物的废水，当废水中的SS超过总COD值的30%或5000mg/L以上时，必须进行预处理。

典型的UASB反应器由配水区、反应区（污泥床层和悬浮层）和三相分离器（集气室、污泥斗、沉淀区和出水区）三部分构成。因此，UASB的设计也分为配水系统设计、反应区设计和三相分离器设计。

UASB的构造按反应区断面形状可分为圆形和矩形两种。当水量较小时，通常采用圆形（单个或多个并联）；当水量较大时，为节省占地和池壁材料，通常采用多个矩形组合的方式。

小型UASB通常采用钢制；而大型UASB通常采用钢筋混凝土构建。

2. 设计参数

(1) 反应区

① 负荷　UASB的负荷随处理废水的浓度、可生化程度以及降解速率的不同而变化，一般COD负荷可由每立方米（反应区）每天几至十几千克，甚至几十千克。啤酒废水可参照同类反应器的设计负荷，在常温（20～25℃）运行条件下，承受的容积负荷一般为5～6kg COD/(m^3・d)。

② 水力表面负荷　水力表面负荷是UASB单位面积单位时间内承受的处理水量，单位为m^3/(m^2・h)，即上升流速（m/h）。一般处理啤酒废水时上升流速为0.5～1.2m/h。

③ 反应区高度　一般UASB反应区的高度为3～6m。当负荷较小时，宜采用较大的高度，当负荷较大时，宜采用较小的高度，从而保证单位面积上的产气强度维持在一定的范围内，既保证适当的上升流速，又不至于使产气强度过大，造成污泥随气泡流失。

④ 处理效率　UASB对易降解COD的处理效率一般可达60%～90%，对于啤酒废水可达70%～95%。

(2) 三相分离器

① 集气室　大小由集泥斗的倾角、大小以及贮气罐的压力波动等决定。当贮气罐压力波动在0.4m以内时，集气室的高度通常不应小于0.6m。

② 集泥斗　为了保证沉淀污泥能通过集泥斗顺利收集并返回反应区，要求集泥斗倾角不小于55°。当集泥斗倾角以及集气室高度确定后，集泥斗的大小（宽度）由集泥斗的个数确定，个数越少，集泥斗宽度越大，相应地，集泥区高度也越大。

③ 沉淀区　UASB沉淀区的工作特性类似于竖流式沉淀，因此，有关设计可参照竖

流式沉淀池进行。表面负荷一般为 0.5～1.2$m^3/(m^2 \cdot h)$；水力停留时间一般为 1.5～2.0h。

为避免沼气随水流带入沉淀区，需设挡板。为使挡板与沉淀区间的回流缝水流稳定，污泥顺利回流，回流缝水流速度控制在 2～4m/h 左右。

④ 出水区　小型 UASB 通常采用周边出水，大型 UASB 则需增加中间出水。出水形式多为三角堰或平顶堰。有关堰的设计参照本书的其他部分。

(3) 配水系统　UASB 的配水系统分为大阻力配水系统和小阻力配水系统两种。

① 大阻力配水系统　大阻力配水系统可采用穿孔管进行配水。有关设计参数如下。

配水干管起始端流速：1.0～1.5m/s；

配水支管起始端流速：1.5～2.0m/s；

孔口流速：大于 2m/s；

孔口直径：2～5mm；

孔口布置：45°向下交错布置。

支管与主管的布置应使所有孔口均匀分担进水水量。

② 小阻力配水系统（多点进水）　多点进水时进、配水点个数与污泥床工作状态及负荷的关系见表 6-2。

表 6-2　反应区污泥床状态与进、配水点个数与污泥床工作状态及负荷的关系

反应区污泥状态	布水点个数/(个/m^2)	应用条件
絮状污泥床（污泥浓度大于 40kg TSS/m^3）	0.5～1.0 1～2 2～3	容积负荷小于 1kg COD/($m^3 \cdot d$) 容积负荷 1～2kg COD/($m^3 \cdot d$) 容积负荷大于 2kg COD/($m^3 \cdot d$)
絮状污泥床（污泥浓度 20～40kg TSS/m^3）	1～2 2～5	容积负荷 1～2kg COD/($m^3 \cdot d$) 容积负荷大于 3kg COD/($m^3 \cdot d$)
颗粒污泥床	0.5～1 0.5～2 大于 2	容积负荷大于 2kg COD/($m^3 \cdot d$) 容积负荷 2～4kg COD/($m^3 \cdot d$) 容积负荷大于 4kg COD/($m^3 \cdot d$)

(4) 产气量　在无实测资料时，可通过进、出水 COD 的变化，确定 CH_4 产量。理论上，每降解 1g COD 可产生 0.35L 的 CH_4（标准状态）；当考虑细胞合成时，标准状态下，实际产气量 V_{CH_4} 按式(6-4) 计算：

$$V_{CH_4(\text{标准状态})}=0.35\left[Q(COD_0-COD_e)-1.42YQ(COD_0-COD_e)\right]\times 10^{-3} \quad (6\text{-}4)$$

式中　$V_{CH_4(\text{标准状态})}$——标准状态下 CH_4 实际产量，m^3/d；

Q——处理水量，m^3/d；

COD_0——进水 COD 值，mg/L；

COD_e——出水 COD 值，mg/L；

1.42——由细胞体重换算为 COD 的换算系数；

Y——厌氧产率系数，0.04～0.05mg VSS/mg COD。

一般地，啤酒废水厌氧处理时产生的沼气中 CH_4 占 48%～55%左右。

根据以上计算方法和参数，考虑实际消化温度对气体体积的影响后，可计算出实际沼气产气量。

3. 工艺尺寸

(1) 反应区

① 反应区的容积　反应区的容积 V 如式(6-5)：

$$V=\frac{Q\mathrm{COD}_0}{L_\mathrm{V}} \tag{6-5}$$

式中　V——UASB反应区的容积，m^3；

Q——废水设计流量，m^3/d；

COD_0——进水COD浓度，mg/L，包括溶解性COD与悬浮COD；

L_V——可溶性有机物的容积负荷，kg COD/(m^3·d)，与消化反应温度、废水性质、布水均匀程度、颗粒污泥浓度有关。

② 反应区表面积（过水面积）　无回流时反应区表面积 A 如式(6-6)：

$$A=\frac{Qt}{h_2}=\frac{V}{h_2} \tag{6-6}$$

式中　A——反应区表面积，m^2；

Q——废水设计流量，m^3/h；

t——反应区水力停留时间，h；

h_2——反应区的高度，m。

③ 反应区高度　反应区高度 h_2 的计算如式(6-7)、式(6-8) 所示：

$$h_2=qt \tag{6-7}$$

$$t=\frac{h_2}{q}=\frac{h_2A}{Q} \tag{6-8}$$

式中　q——反应区允许表面水力负荷，$m^3/(m^2\cdot h)$。

(2) 三相分离器　其设计包括沉淀区、回流缝、集气室等，应结合池型及三相分离器的构造进行计算。

(3) 配水系统

① 大阻力配水系统　单孔流量 q、单池孔口数量 n、单位面积孔口数量 n_0 及配水区高度 h_3 如式(6-9)、式(6-10)、式(6-11)、式(6-12)：

$$q=\frac{\pi}{4}d^2v \tag{6-9}$$

$$n=\frac{Q_0}{q} \tag{6-10}$$

$$n_0=\frac{Q_0}{A_0q} \tag{6-11}$$

$$h_3=0.2+D \tag{6-12}$$

式中　d——出水孔直径，m；

v——孔口流速，m/s；

Q_0——单池流量，m^3/s；

A_0——单池面积，m^2；

D——进水支管管径，m。

② 小阻力配水系统　布水点的个数按表6-2进行选取。

(4) 总高 (H)　如式(6-13)：

$$H=h_0+h_1+h_2+h_3 \tag{6-13}$$

式中 h_0——超高，m；

h_1——三相分离器的高度，m；

h_2——反应区的高度，m；

h_3——配水区的高度，m。

（四）接触氧化池

1. 一般说明

接触氧化在好氧条件下利用生长在填料表面的生物膜，对废水中的有机物进行氧化分解，以达到废水处理的目的。

（1）填料 填料是生物膜的载体，也是接触氧化池处理能力和效率的关键。填料的基本要求如下。

① 必须具有良好的生物膜固着性能 填料表面粗糙度的大小是使生物膜生成与固着的重要因素之一，粗糙度大，有机污染物易于在表面滞留，微生物易于滋生繁衍，生物膜易于形成与固着。生物膜主要由作为亲水粒子的微生物组成，因此，填料应是亲水性材料。

② 较大的比表面积 单位容积填料的表面积越大，固着的生物膜量也越多，处理能力和效率也越高。

③ 良好的水力特性 废水在接触氧化池内的流动通畅、阻力小，且与填料表面上的生物膜充分接触，不存在滞水区和死水区。影响水力特性的主要因素是填料的充填率、孔隙率、比表面积及填料的形状与尺寸。

④ 适当的充填率 填料在接触氧化池内的充填率，一般在70%～80%左右，不宜过高和过低，过高可能影响水流的水力特性，过低则将影响生物膜量，从而使反应器的降解功能降低。

（2）填料的分类

按填料的形状，可分为蜂窝状、束状、波纹状、球状、纤维状等；

按填料的性状，可分为硬性、软性及半软性；

按填料的材质，可分为塑料填料、玻璃钢填料等。

不同类型的填料其比表面积、孔隙率、填充率等各不相同，在实际设计中设计人员应综合考虑各种因素，在此基础上确定相应的填料。对于啤酒废水处理，采用半软性填料较为合适。

（3）接触氧化池工作方式及曝气方式

① 接触氧化池通常分单池或多池工作。单池池内流态一般为完全混合式。多池（3～5级）串联时，一般为推流式。有效池深（填料区高度）一般采用2.5～3.5m。

② 曝气方式 可采用微孔曝气或穿孔管曝气。

③ 进出水方式 由于接触氧化池内的剧烈曝气混合，通常对进水均匀性无特殊要求，可采用管渠直接进水。接触氧化池的出水一般采用堰流。

④ 填料安装 填料在池内必须进行固定，以防止由于相对密度差异以及空气扰动引起的填料上浮。

2. 设计参数

（1）设计流量 当处理系统中有调节池时，设计流量按平均流量进行。

（2）进水浓度 COD_0　如式(6-14)：

$$COD_0=(1-\eta)COD_0' \tag{6-14}$$

式中　η——UASB的去除率；

COD_0'——原水中COD浓度，mg/L。

（3）负荷

① 表观容积负荷　0.8～1.5kg $BOD_5/(m^3 \cdot d)$。

② 填料区容积负荷　1～2kg $BOD_5/(m^3 \cdot d)$。

（4）水力停留时间　一般在5～10h。

（5）池深　填料区有效水深宜为3.0m。填料区上部及下部应留有0.3～0.5m的高度，以满足布水及布气的要求。

（6）空气量的计算　按经验设计时，一般采用气水比确定供气量，气水比可取 $15m^3/m^3$，依据气水比可确定相应的供气量。

按理论需氧量确定供气量时，计算过程如下。

① 计算需氧量 O_2　如式(6-15)：

$$O_2=a'QS_r+b'VX_V \tag{6-15}$$

式中　O_2——接触氧化反应器的需氧量，kg O_2/d；

Q——污水量，m^3/d；

S_r——被去除的有机物浓度，kg BOD_5/m^3 污水；

a'——生物膜微生物每降解1kg BOD_5 所需要的氧量，kg O_2/kg BOD_5；

b'——每千克活性生物膜每日自身氧化消耗的氧量，kg O_2/(kg MLVSS·d)；

V——接触氧化反应器填料层区的容积，m^3；

X_V——单位容积填料上活性生物膜量，kg/m^3，X_V 值可按填料的比表面积值和生物膜的干质量值进行推算。

② 实际需氧量 R_{O_2}　为安全计安全系数取1.33～1.61，则实际的需氧量 R_{O_2} 如式(6-16)：

$$R_{O_2}=(1.33\sim1.61)O_2 \tag{6-16}$$

③ 供气量 G　氧气在空气中所占比例为0.21，氧气的密度为 $1.43kg/m^3$。因此，需氧量与供气量之间的关系如式(6-17)：

$$G=\frac{R_{O_2}}{0.21\times1.43\times E_A} \tag{6-17}$$

式中　G——供气量，m^3/d；

E_A——选定的空气扩散装置的氧转移率。E_A 值由空气扩散装置生产厂家提供。采用穿孔管曝气时，E_A 取4%～6%；微孔曝气时，E_A 取10%～15%。

3. 工艺尺寸

（1）池容 V　按表观负荷计算时，池容 V 由式(6-18)确定：

$$V=\frac{QCOD_0}{L_V} \tag{6-18}$$

式中　L_V——表观负荷，kg $BOD_5/(m^3 \cdot d)$。

填料体积 V' 如式(6-19)：

$$V'=\alpha V \tag{6-19}$$

按填料负荷计算时，填料体积由式(6-20)确定：

$$V'=\frac{QCOD_0}{L'_V} \tag{6-20}$$

式中　L'_V——填料负荷，kg $BOD_5/(m^3 \cdot d)$。

池容 V 如式(6-21)：

$$V=\frac{V'}{\alpha} \tag{6-21}$$

式中　α——接触氧化池容积利用系数，一般为 0.7～0.8；

(2) 接触氧化池面积 A　如式(6-22)：

$$A=\frac{V}{h} \tag{6-22}$$

式中　h——接触氧化池深，m。

(3) 单池面积 A'　如式(6-23)：

$$A'=\frac{V}{n} \tag{6-23}$$

式中　n——接触氧化池个数。

(4) 单池尺寸　如式(6-24)：

$$A'=BL \tag{6-24}$$

式中　B——单池宽度，m；

L——单池长度，m。

4. 工艺装备

鼓风机、气体流量计。

(五) 气浮池

1. 一般说明

(1) 一般应进行试验，确定所需溶气压力及回流比。

(2) 当无试验资料时，溶气压力通常选用 200～400kPa（表压），回流比取 5%～10%。

(3) 溶气罐过流密度一般为 $50\sim150m^3/(m^2 \cdot h)$，罐高一般为 1.5～3.0m。

(4) 气浮池接触室上升流速 v_c 一般取 10～20mm/s，接触室内停留时间不宜小于 1min。

(5) 气浮池分离区表面负荷 q 为 $5\sim10m^3/(m^2 \cdot h)$。

(6) 气浮池的有效水深可取 2.0～2.5m。

(7) 气浮池出水可在分离区末端或底部设置穿孔集水管。采用穿孔管时，孔口流速应小于 1m/s，集水管内流速应大于 0.3m/s。

(8) 气浮池宽一般可取 3～6m，池长以不超过 15m 为宜。

气浮池结构见图 6-1。

2. 工艺尺寸

(1) 接触室表面积 A_c　如式(6-25)：

$$A_c=\frac{Q+Q_r}{v_c} \tag{6-25}$$

式中　Q_r——溶气水量。

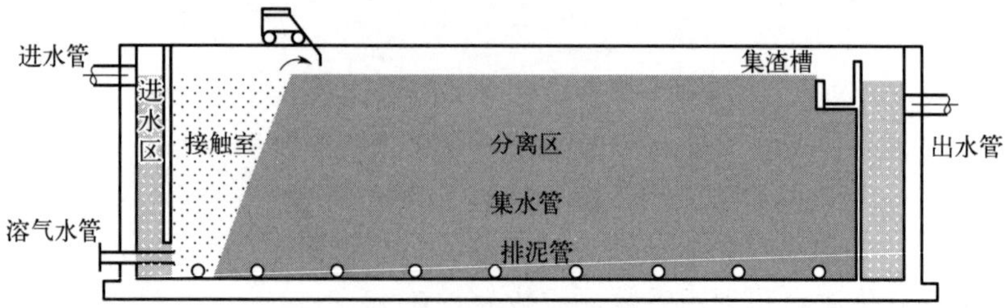

图 6-1　气浮池结构示意图

(2) 分离室表面积 A_s 如式(6-26)：

$$A_s=\frac{Q+Q_r}{q} \tag{6-26}$$

(3) 接触室和分离区二者宽深（B）相同。

接触室长度 L_1 如式(6-27)：

$$L_1=\frac{A_c}{B} \tag{6-27}$$

分离区长度 L_2 如式(6-28)：

$$L_2=\frac{A_s}{B} \tag{6-28}$$

气浮池长 L 如式(6-29)：

$$L=L_1+L_2 \tag{6-29}$$

3. 工艺装备

气浮池的工艺装备有：空气压缩机、贮气罐、溶气罐、溶气水加压泵、释放器、刮渣机等。其中溶气罐的有效容积 V 如式(6-30)：

$$V=Q_r t \tag{6-30}$$

式中　t——停留时间。

溶气水加压泵依据加压溶气水量和溶气压力选型，其余如空气压缩机、贮气罐、释放器、刮渣机等的选型按有关手册要求进行。

第七章

设计实例一——某啤酒厂污水处理站工艺设计

第一节　设计任务书

一、设计题目

某啤酒厂废水处理站工艺设计。

二、设计资料

1. 水量及水质

设计水量：5000m^3/d。

设计水质：见表 7-1。

处理要求：根据受纳水体的使用功能确定。

表 7-1　主要设计水质资料

项目	平均值	项目	平均值
BOD_5	1010	NH_4^+-N	40
COD	2000	TP	6
SS	350	pH	6.5～9.0

注：除 pH 值外，其余项目单位均为 mg/L。

2. 厂区条件

(1) 地势条件　平坦。

(2) 气象条件

最低气温：－12℃。

最高气温：41℃。

年平均气温：15℃。

多年平均降雨量：560mm/a。

主导风向：SE。

(3) 工程地质条件

土壤：Ⅱ级失陷性黄土。

地下水位：−8m。

厂区平均海拔高程：453m。

(4) 进水条件

来水水头：无压。

来水管底标高：450m。

(5) 排水条件　距离厂区围墙西侧 300m 有一河流，河水最大流量 $33m^3/s$，最小流量 $1.7m^3/s$，最高水位 445m（50 年一遇）。使用功能主要为一般工业用水及景观用水，属《地表水环境质量标准》(GB 3838—2002) 中Ⅳ类水域。

三、设计内容

依据设计资料和设计要求，确定工艺流程，进行构筑物工艺设计计算，在此基础上进行平面及高程布置。具体内容如下。

1. 工艺流程选择

(1) 论述现有有机废水处理的流程及各处理单元的功能及相互作用关系。

(2) 依据设计资料，确定设计工艺流程。

(3) 计算和确定各处理单元的设计效率。

2. 构筑物工艺设计计算

(1) 确定主要构筑物（格栅、调节池、UASB、接触氧化池、气浮池等）的形式、工艺尺寸。

(2) 主要配套设备能力计算及选型。

3. 水力计算

系统水力计算（构筑物水力计算、构筑物连接管渠水力计算等）。

4. 平面及高程布置

(1) 论述平面布置原则，在此基础上，依据厂区气象、工程地质、构筑物形式及相互连接等确定本设计的平面布置。

(2) 论述高程布置原则，在此基础上确定本设计的高程布置。

(3) 平面及高程布置应充分考虑工艺布置要求与工厂实际可用地面积之间的关系，宜尽可能紧凑，以节约用地。

四、设计成果

(1) 计算说明书（设计内容的详细陈述、依据、计算过程、系统框图、构筑物单线图）。

(2) 处理厂平面图（$1^{\#}$）。

(3) UASB 或接触氧化池工艺图（$1^{\#}$）。

五、设计期限

两周。

六、其他说明的问题

（1）本次课程设计涉及的工艺装备参照有关设计手册及产品说明书进行选型。

（2）由于时间原因，本次课程设计不进行污泥处理系统的设计、计算。

七、主要参考资料

[1]　彭党聪，王磊，杨永哲．水污染控制工程［M］．4版．北京：冶金工业出版社，2025.

[2]　北京市市政工程设计研究总院有限公司．给水排水设计手册 第5册：城镇排水［M］．3版．北京：中国建筑工业出版社，2017.

[3]　胡纪萃．废水厌氧生物处理理论与技术［M］．北京：中国建筑工业出版社，2003.

第二节　工艺流程选择

考虑啤酒废水的水质特点，处理出水要求达到《污水综合排放标准》（GB 8978—1996）中二级标准（由受纳水体的使用功能确定），本次课程设计采用升流式厌氧污泥床（UASB）+好氧接触氧化工艺，工艺流程图如图7-1所示。

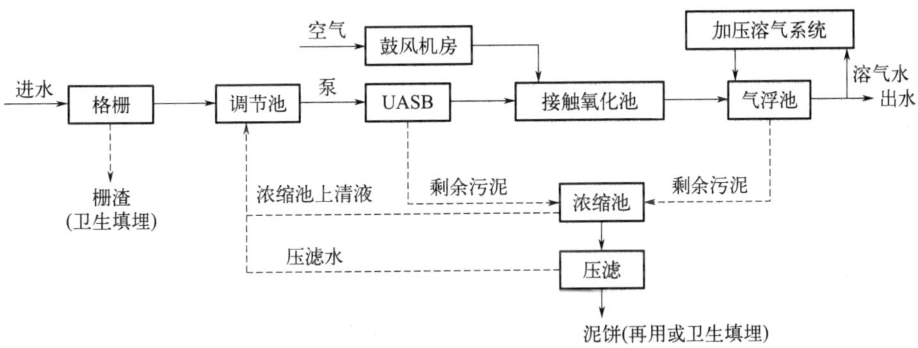

图7-1　啤酒废水处理工艺流程

第三节　构筑物设计计算

一、格栅

根据设计要求，格栅的单台处理能力为120m^3/h，共2台。查阅格栅设备制造商，可选择HF型回转式格栅除污机。栅隙：3～5mm。安装角度：75°。材质要求：不锈钢。

二、调节池

1. 工艺尺寸

取调节时间为 8h，则池容为：

$$V=Qt=\frac{5000}{24}\times 8=1666.7(\mathrm{m}^3)$$

有效水深 H 取 3m，则调节池表面积为：

$$A=\frac{V}{H}=555.6(\mathrm{m}^2)$$

设计调节池长、宽为 24m×24m，则调节池实际有效水深为 2.9m。设计超高 0.6m，保护水深（池底）0.5m，则调节池深度为 4.0m。

2. 工艺装备

调节池内设置潜水搅拌机 2 台，单台功率 9.0kW。

三、提升泵站

调节池最低水位：442m。

UASB 出水水位：458m。

UASB 水头损失：2.8m。

因此，需要提升泵的扬程不小于 18.8m。

处理水量：5000m^3/d。

提升泵选型：100QW70-22-11 型，3 用 1 备。

四、 UASB

采用矩形 UASB，三相分离器由上下两层折板型集气罩组成。配水采用穿孔管，出水采用三角堰。

1. 反应区

（1）反应区容积 V　容积负荷取 6kg COD/（m^3 · d），则反应区容积 V 为：

$$V=\frac{Q\cdot \mathrm{COD}_0}{L_\mathrm{V}}=\frac{5000\times 2000\times 10^{-3}}{6}=1666.7(\mathrm{m}^3)$$

采用 4 座 UASB 并联运行，则每座 UASB 反应区容积 V' 为 416.7m^3，每座处理水量 Q'=52.1m^3/h。

（2）反应区表面积 A　反应区高度 h_2 取 4.5m，则反应区表面积 A 为：

$$A=\frac{V'}{h_2}=\frac{416.7}{4.5}=92.6(\mathrm{m}^2)$$

取反应区宽为 6.8m，则长为 13.6m。

（3）反应区水力停留时间 t

$$t=\frac{V'}{Q'}=\frac{416.7}{52.1}=8(\mathrm{h})$$

(4) 沉淀区表面负荷 q　UASB 用于处理啤酒废水时，其反应区上升速度为 0.5～1.2m/h。设计三相分离器沉淀区的沉淀面积即为反应的水平面积，则

$$q=\frac{Q'}{A}=\frac{52.1}{92.6}=0.563[\mathrm{m^3/(m^2\cdot h)}]\text{(符合要求)}$$

2. 三相分离器

三相分离器有多种结构形式，本次课程设计按图 7-2 所示的三相分离器结构进行设计。

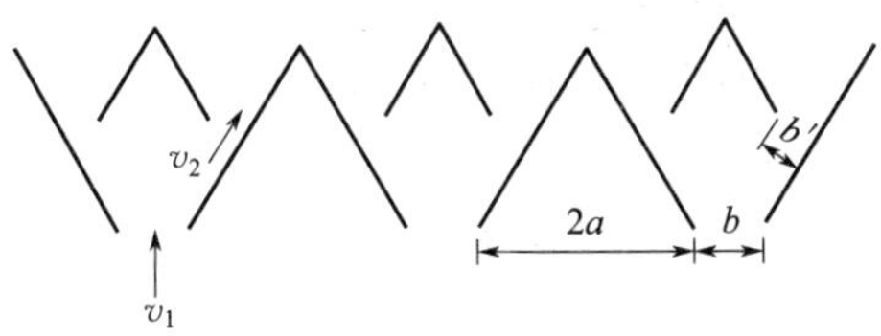

图 7-2　三相分离器结构示意图

(1) 沉淀区

① 下部折板间距 b　取 $v_1=1.8$m/h，则 b 为：

$$b=\frac{Q'}{6v_1B}=\frac{52.1}{6\times1.8\times6.8}=0.710(\mathrm{m})$$

② 下部折板宽度 $2a$　根据几何关系 6 ($2a+b$) =13.6m，则 $2a$ 为：

$$2a=\frac{13.6}{6}-b=\frac{13.6}{6}-0.710=1.557(\mathrm{m})$$

③ 下部折板区高度 h_1　下部折板倾角取 60°，则 h_1 为

$$h_1=1.348(\mathrm{m})$$

④ 上部折板下沿距下部折板板面的距离 b'　取 $v_2=1.95$m/h，则 b'为：

$$b'=\frac{Q'}{6v_2B}=\frac{52.1}{6\times1.95\times6.8}=0.327(\mathrm{m})$$

⑤ 取上、下部折板重叠垂直距离为 0.28m。

⑥ 上部折板宽度 $2a'$　根据几何关系：

$(0.28\div\tan60°+0.327\div\sin60°)\times2+2a'=0.71+1.557$，得

$$2a'=1.188(\mathrm{m})$$

⑦ 上部折板高度 h_2'　上部折板倾角取 55°，则 $h_2'=0.848$m。

(2) 上部分离区高度 h　设计水力停留时间取 2.0h，依据表面负荷 $q=0.563\mathrm{m^3/(m^2\cdot h)}$，得上部分离区高度

$$h=0.563\times2.0=1.126(\mathrm{m})$$

(3) 布水区　采用穿孔管配水，每个 UASB 设 10 根管径 50mm、长 6.8m 的穿孔管。每两根管的中心距为 1.236m。穿孔管中心距反应器底 0.2m。配水孔孔径采用 ϕ5mm，孔距为 0.2m，共 340 个配水孔，出孔流速为 2.169m/s；孔口向下 45°，交错布置。

(4) 出水区　采用三角堰出水，出水渠宽 0.2m、高 0.2m。为保证出水的均匀性，每个 UASB 设 6 条出水渠。

3. UASB 结构及布置结果

UASB 结构及布置结果见图 7-3。

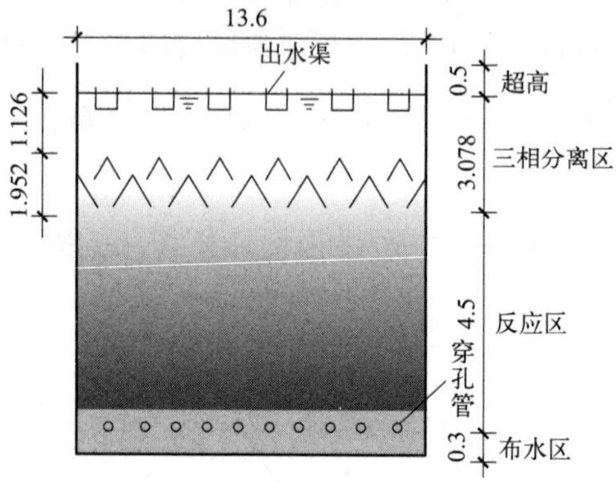

图 7-3 UASB 结构及布置结果示意图（单位：m）

4. 产气量

UASB 的 COD 去除率按 80%计，厌氧产率系数 Y 取 0.04g VSS/g COD，则将数据代入式(6-4）中得 CH_4 产量为：

$$V_{CH_4(标准状态)}=0.35[Q(c_0-c_e)-1.42YQ(c_0-c_e)]\times10^{-3}$$
$$=0.35\times[5000\times2000\times80\%-1.42\times0.04\times5000\times2000\times80\%]\times10^{-3}$$
$$=2640.96(m^3)$$

取 CH_4 占沼气体积的 51%，则沼气体积（标准状态）为：

$$V_{沼}=2640.96\div51\%=5178.4(m^3)$$

5. UASB 剩余污泥排放

选管径 200mm 的剩余污泥排放管 4 根，分别布于池底和反应区 1/3 高度处。

五、接触氧化池

1. 接触氧化池尺寸

原水 BOD_5 为 1010mg/L，UASB 去除率为 80%，则接触氧化池进水 BOD_5 为 202mg/L；容积负荷 L_V 取 1kg $BOD_5/(m^3\cdot d)$，则接触氧化池容积 V 为：

$$V=\frac{Q\cdot BOD_5}{L_V}=\frac{5000\times202\times10^{-3}}{1}=1010(m^3)$$

设计接触氧化池两池，并联运行，则单池有效容积 V' 为 505m^3。

设计有效水深（填料区）为 3.0m，则单池面积 A_0 为 168.3m^2。

接触池宽取 3.0m，则长为 56.1m。

按 3 廊道布置，则每廊道的长度为 18.7m。

接触时间 t 为：

$$t=\frac{V_{单池}}{Q'}=\frac{505}{2500}\times24=4.848(h)$$

填料层上部出水高度 0.5m；下部布气区高度 0.5m；下部布气管安装高度（距池底）0.2m；设计保护高度 0.3m。

则接触氧化池总高度 H 为：

$$H=3.0+0.5+0.5+0.3=4.3(m)$$

2. 填料

填料区高度为3.0m（等于有效水深），填料选软性填料，充填率取75%，填料支架尺寸选1.5m×1.5m×1.5m。

3. 供气量

取气水比为20∶1，则供气量Q_a为：

$$Q_a=20Q=20\times5000=100000(\text{m}^3\text{空气/d})=4166.7(\text{m}^3\text{空气/h})$$

4. 工艺装备

风机3台，2用1备，单台风量$Q=2500\text{m}^3$空气/h；风压$h=4.5\text{m}$。

六、气浮池

采用平流式气浮池；溶气方式为压力溶气。

1. 溶气水量Q_r

Q_r取处理水量的10%，即：

$$Q_r=10\%\times Q=10\%\times5000=500(\text{m}^3/\text{d})=20.8(\text{m}^3/\text{h})$$

2. 实际供气量Q_a'

溶气压力p取200～400kPa，按300kPa计算，溶气效率取0.7。K_T取2.43×10^{-2}（20℃时空气的溶解度系数）。

$$Q_a'=\frac{Q_rK_Tp}{\eta}=\frac{20.8\times2.43\times10^{-2}\times300}{0.7}=216.6(\text{L/h})$$

3. 空气压缩机额定供气量Q_a''

安全与空气压缩机效率系数取1.4。则空压机额定供气量Q_a''为：

$$Q_a''=1.4Q_a'=1.4\times216.6=303.24(\text{L/h})=5.054(\text{L/min})$$

4. 溶气罐

溶气时间取5min，则溶气罐有效容积V为：

$$V=Q_rt=20.8\times\frac{5}{60}=1.73(\text{m}^3)$$

设计溶气罐2个，并联运行，则单罐容积为0.865m^3。溶气罐有效高度$h_{有效}$取1.5m，则直径D为：

$$D=\sqrt{\frac{V}{\frac{\pi}{4}h_{有效}}}=\sqrt{\frac{0.865\times4}{1.5\times3.14}}=0.86(\text{m})$$

5. 贮气罐

为避免空气压缩机频繁启动，应设置贮气罐。贮气罐有效容积取为0.8m^3，可调压力倍数为2。共设两组，并联运行。

6. 接触室表面积A_c

取$v_c=15\text{mm/s}$，则接触室表面积A_c为：

$$A_c=\frac{Q_{进水}+Q_r}{v_c}=\frac{208.3+20.8}{15\times3600\times10^{-3}}=4.24(\text{m}^2)$$

两座接触室并联运行，则单座接触室面积$A_c'=2.12\text{m}^2$。

7. 分离室表面积 A_s

取 $v_s=1.8mm/s$，则分离室表面积 A_s 为：

$$A_s=\frac{Q_{进水}+Q_r}{v_s}=\frac{208.3+20.8}{1.8\times3600\times10^{-3}}=35.3(m^2)$$

两座分离室并联运行，则单座分离室表面积 $A_s'=17.65m^2$。

8. 气浮池平面尺寸

分离室宽度取 2.5m，则分离室长为 7.06m；接触室长为 2.5m，则接触室宽为 0.85m。单座气浮池平面尺寸为长×宽=2.5m×7.91m。

9. 有效水深

有效水深取 2.5m。

10. 空气压缩机选型

空气压缩机额定供气量为 5.054L/min。

根据溶气罐的工作压力（200～400kPa）及贮气罐的可调压力倍数，要求空气压缩机的工作压力为 400～800kPa。

选 ZW-0.015/7 型，供气量 15L/min，排气压力 700kPa。

第四节　水力计算

水力计算应考虑管道局部阻力、沿程阻力、明渠坡度、构筑物本身水头损失等，过程从略，计算结果见表 7-2。

表 7-2　水力计算结果

构筑物	水头损失/m
UASB	2.8
接触氧化池	0.35
气浮池	0.3

第八章

离子交换法处理含铬废水工艺设计

第一节 电镀生产工艺及含铬废水来源

一、概述

电镀是利用电解原理在某些金属表面上镀上一层其他金属或合金薄层的过程，能起到防止金属氧化（如锈蚀），提高耐磨性、导电性、反光性、抗腐蚀性（硫酸铜等）及增进美观等作用。电镀不仅可以装饰和保护许多工业产品，而且某些特殊的功能性镀层能满足电子等工业的发展和尖端技术的需要。

电镀分为全浸镀、选择性浸镀、刷镀、线镀、点镀等方式。

二、电镀生产工艺及废水来源

电镀生产工艺分为三个阶段，分别为镀前表面预处理、电镀和镀后镀层装饰。三个阶段镀种及工艺不同，均产生大量废水。

镀前表面预处理，主要是把镀件表面的污物（油、锈等）清洗干净，使金属表面平整、光滑，以便进行电镀。表面预处理分为机械处理和化学处理。机械处理有喷砂、切削、磨光等，一般不直接产生废水；而化学处理则是利用化学方法对金属表面进行处理，如除油、浸蚀除锈等，在该过程中产生大量的废水。电镀完成后，要对镀件表面的镀液进行清洗，这一过程产生的废水为镀件清洗废水。镀后一般要对镀件表面镀层作精加工处理，如钝化、出光等，也会产生一定量废水。

按来源不同，电镀废水可分为以下四大类。

1. 预处理废水

预处理废水主要污染因子为油、表面活性物质、pH 等，主要表现为酸碱废水。

2. 镀件清洗水

清洗水是电镀废水最主要的来源，占电镀废水总量的 80%以上，废水中绝大多数污染物是由镀件表面的附着液在清洗时带入的，其成分与镀液相同，主要为重金属离子、氰化物等。

3. 镀液过滤和废镀液

镀液使用一定时间后性质会发生不利于电镀的变化，此时应该对镀液进行部分或全部更换，更换时尽量对镀液进行回收利用，但有的浓溶液难以处理回收，未得到完全处理便会排入废水当中，虽然这种情况不经常发生，但会造成电镀废水污染物浓度的剧增。

4. 其他废水

其他废水主要包括电镀车间地面冲洗水、极板刷洗水以及管理操作不当引起的“跑、冒、滴、漏”废水等。

第二节　废水水量及水质

一、电镀废水水量

电镀废水就其总量来说，比造纸、印染、石油化工、农药废水小。但是由于电镀厂（或车间）分布广，废水中所含高毒物质种类多、危害性大，如果不加处理直接排入河道或渗入地下将会造成严重的环境污染。据不完全统计，我国电镀厂家约 4 万家，年排电镀废水约 40 亿立方米，全国工业废水和城市生活污水排放总量为 400 亿立方米，其中工业废水排放量 197 亿立方米。由此可见，电镀废水的排放量约占废水总排放量的 10%，占工业废水排放量的 20%。

电镀清洗废水是电镀废水的最主要来源。清洗方法不同，处理同一部件或制品产生的废水量也不同。清洗方法有单级清洗、多级并联清洗、多级逆流清洗和喷淋清洗。一般认为要将镀件表面残留溶液洗净，在单级清洗时需要残留液 1000 倍的水量，而在三级逆流清洗时，用水量仅为前者的百分之一。采用单级清洗，排水量大，给废水处理带来许多困难。因此，电镀生产中应采用先进清洗工艺，尽量减少清洗用水。清洗水的排放方式也非常重要。将所有的清洗水混合在一起，会给废水处理带来困难。因为目前的处理方法多数适用于单一废水，并且混合废水不利于资源的回收。

二、电镀废水水质

由于电镀产品种类繁多，采用的工艺千差万别，因此产生的废水水质十分复杂，成分不易控制，但其中主要含有铬、镍、锌、铅、铜、金、银、镉等重金属离子和氰化物等毒物，对人类危害极大；其次是酸类和碱类物质，如硫酸、盐酸、硝酸、磷酸、氢氧化钠、碳酸钠等；有些电镀液还使用了有机类颜料等物质；镀件基材在预处理过程中漂洗下来的油脂、氧化铁皮、尘土等杂质也带入电镀废水中。

按废水水质特点，电镀废水可分为以下三大类。

1. 酸碱废水

酸碱废水主要来源于镀前表面准备以及镀后出光工序，约占整个电镀车间总用水量的 20%。若有化学或电化学除油过程，排出的废水多呈碱性，原因是除油液多为碱性物质，浓度高，使用频繁，使排水带出的碱性物质多。而酸洗除锈工艺排出的废水呈酸性。将酸性和碱性废水混合在一起时，混合水一般呈酸性。

2. 含氰废水

含氰废水来源于氰化电镀工艺，是电镀生产中毒性极大的废水。氰由于具有良好的络合、表面活性和活化性能，在镀铜、镀锌、镀铜锌合金、镀金、镀银过程中，氰化电镀被大量采用。虽然无氰电镀也有应用，某些镀种工艺已经成熟，但目前氰化电镀在工艺上仍有一定优势，镀件质量一般比无氰电镀要好，镀液性质稳定，而且操作管理也较为方便，因此，近年来氰化电镀有逐步增加的趋势。氰化物有剧毒，因此含氰废水必须重点治理。

3. 含重金属废水

电镀中要用到多种重金属化合物，它们具有不同程度的毒性，重金属污染是电镀废水的水质特点之一。电镀废水中重金属离子主要有铬、镍、锌、铜、铅、金、银、镉等。不同镀种及不同电镀工艺，都会影响电镀废水中所含重金属离子的种类和浓度。由于含铬废水的发生量较大，以及含铬废水的危害性严重，因此含铬废水在电镀废水中尤其受到重视。

镀铬本身是电镀中的一个主要镀种，镀铬过程中会产生含铬废水。镀锌在整个电镀业中约占一半，而镀锌后的镀件一般还需进行钝化处理，而钝化绝大多数采用铬酸盐，因此镀锌也产生含铬废水。在铜件酸洗、镀铜层的退除、铝件钝化、铝件电化学抛光以及铝件氧化后的钝化等作业中也广泛使用铬酸盐。因此，含铬废水是电镀中的主要废水，是电镀废水治理的重点。

将电镀车间各种废水集中在一起称为混合废水，但含氰废水、含铬废水一般需要经过单独预处理后再与其他废水混合。

含铬废水中六价铬含量多，毒性大，对人体健康有较大的危害。六价铬可能引起癌症已被国内外所公认。六价铬阻碍土壤的硝化作用，影响农作物产量。水体一旦受到六价铬污染，将会对人体健康和动植物的生长造成极大危害。因此国家相关标准中均对六价铬限值作出了规定，如《生活饮用水卫生标准》（GB 5749—2022）中六价铬含量不得超过0.05mg/L，《地表水环境质量标准》（GB 3838—2002）中Ⅴ类水体中六价铬含量不得超过0.1mg/L，《污水综合排放标准》（GB 8978—1996）中六价铬不得超过0.5mg/L。但电镀废水中六价铬含量一般都超过国家规定排放标准的数十倍至数百倍，如果不经处理直接排放，一方面会对水体造成污染，另一方面，电镀液中约1/4～1/3的三氧化铬随废水排放，资源浪费严重。

第三节　处理工艺及构筑物设计计算

一、电镀含铬废水处理工艺基本原理

作为一种可回用水和回收铬酸的工艺，离子交换法曾经风靡一时。尽管其操作管理水平要求高，应用有所萎缩，但在要求处理水回用和回收铬酸电镀废水的治理场合，离子交换仍然有它存在的价值，并且这项技术本身也在不断发展完善。

废水处理的离子交换是固液两相之间进行的离子互换反应，属于多相反应过程，遵循质量作用定律和电中性原则。电镀废水中含有多种离子，离子交换树脂对溶液中不同的离子具有交换选择性，如强碱性苯乙烯阴离子交换树脂对含铬废水中主要阴离子的交换选择性为：

$$Cr_2O_7^{2-}>SO_4^{2-}>NO_3^->CrO_4^{2-}>Cl^->HCOO^->F^->OH^->HCO_3^-$$

大孔弱碱性阴离子交换树脂的交换选择性为：

$$OH^->Cr_2O_7^{2-}>SO_4^{2-}>NO_3^->CrO_4^{2-}>Cl^->HCOO^->F^->HCO_3^-$$

由于电镀含铬废水中六价铬主要以 $Cr_2O_7^{2-}$ 和 CrO_4^{2-} 的形式存在，它们对阴离子交换树脂的亲合力很大，可以选择合适的离子交换树脂，将废水中的铬酸根转移到树脂相而从水中除去，然后对树脂进行洗脱再生，洗脱液经脱钠后回收铬酸。基本流程如图 8-1 所示。

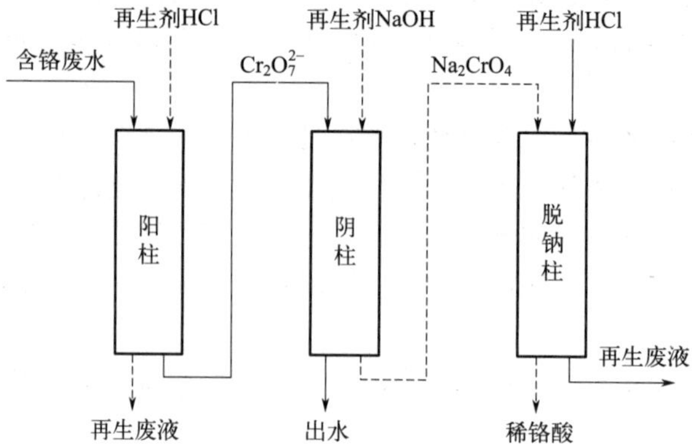

图 8-1　离子交换法处理电镀含铬废水基本流程图

离子交换法处理电镀含铬废水，是先将废水通过 H^+ 型阳离子交换柱（酸性阳离子交换柱），废水中的金属阳离子被交换到树脂相，树脂相的 H^+ 被交换至废水中，此时废水呈酸性，废水中 CrO_4^{2-} 转化为 $Cr_2O_7^{2-}$，然后再将废水通过 OH^- 型阴离子交换柱（除铬阴离子交换柱），$Cr_2O_7^{2-}$ 被交换到树脂上而得以去除，交换下来的 OH^- 与 H^+ 结合成水。经处理后的废水接近纯水，可以重复使用。树脂相的 $Cr_2O_7^{2-}$ 用一定浓度的再生液 NaOH 洗脱后进入另一 H^+ 型阳离子交换柱（脱钠阳离子交换柱），流出液即为回收的铬酸。

离子交换除铬反应式如下：

H^+ 型阳离子交换柱：

$$M^{n+}+nRH \rightleftharpoons R_nM+nH^+$$

$$2CrO_4^{2-}+2H^+ \rightleftharpoons Cr_2O_7^{2-}+H_2O$$

除铬阴离子交换柱：

$$Cr_2O_7^{2-}+2ROH \rightleftharpoons R_2Cr_2O_7+2OH^-$$

洗脱（再生）阴离子交换柱：

$$R_2Cr_2O_7+2NaOH \rightleftharpoons R_2CrO_4+Na_2CrO_4+H_2O$$

$$R_2CrO_4+2NaOH \rightleftharpoons 2ROH+Na_2CrO_4$$

脱钠阳离子交换柱：

$$Na_2CrO_4+2RH \rightleftharpoons 2RNa+H_2CrO_4$$

$$2CrO_4^{2-}+2H^+ \rightleftharpoons Cr_2O_7^{2-}+H_2O$$

根据离子交换平衡原理，树脂对各种离子的交换量与溶液中离子的浓度有关。阴离子交换树脂对六价铬的工作交换容量随废水中六价铬浓度的升高而缓慢增大。离子交换法虽然对各种浓度的六价铬均适用，但六价铬浓度越高其对树脂的氧化越严重。对阴离子交换树脂来说，废水中六价铬浓度一般以 10～200mg/L 为宜。

选择适宜的离子交换树脂是离子交换法成败的关键。实践表明，大孔阴离子交换树脂具有孔隙率高、比表面积大、交换速度快、膨胀系数小、机械强度高、抗有机物污染性能强、耐氧化、耐辐照、耐热等特点，是处理含铬废水首选的树脂，但不适用于处理较高浓度（六价铬200mg/L以上）和较高温度（高于50℃）废水。如螯合树脂Sumichelate CR-2对六价铬选择性高，耐热性好，在200℃以上的温度下使用仍具有良好的抗氧化能力，适用于铬含量在500mg/L以下的废水处理。这种树脂的交换容量高达2.9mmol/mL，抗有机物污染能力强，再生剂用量少，是处理含铬废水较为理想的树脂，但价格较高。国内外已有多种阴离子交换树脂用于处理含铬废水，如D370、D710A、D710B、D310、D290、201×7、IRA-93、IR-45等。某些螯合树脂具有与吡啶结构类似的功能基，可以与重铬酸根发生螯合反应。腐殖酸树脂中的—CHO、CH_2=CH—和CH_2OH等基团具有还原性，在酸性条件下可将$Cr_2O_7^{2-}$还原成Cr^{3+}，随后用树脂对Cr^{3+}进行阳离子交换，也可达到除铬的目的。日本的WRL200A季铵型离子交换纤维是近年来开发的治理含铬废水的新材料，对CrO_4^{2-}浓度为25mg/L的废水，除铬率达90%以上。

二、离子交换法处理电镀含铬废水典型工艺

固定床离子交换法处理电镀含铬废水主要有双阴柱串联全饱和工艺及三阴柱串联全饱和工艺。

1. 双阴柱串联全饱和工艺

双阴柱串联全饱和工艺流程处理镀铬废水能回收铬酸，并提高阴离子交换树脂的利用率，水回收率可达到70%。此流程包括五个系统：废水预处理、交换处理、树脂再生、铬酸回收、铬酸循环使用及蒸发浓缩。工艺流程图见图8-2。

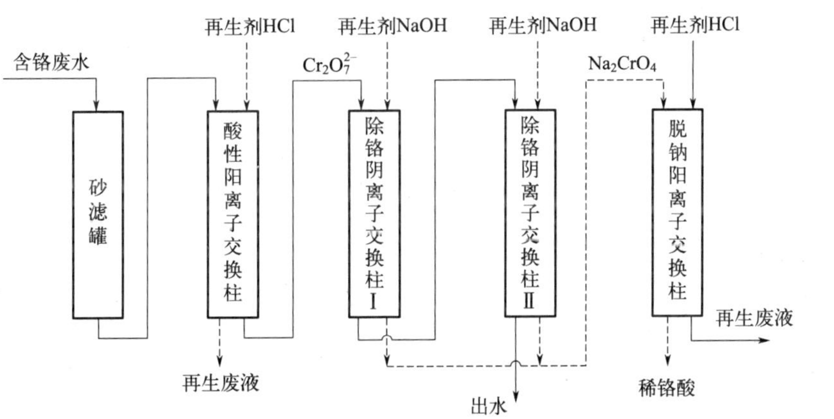

图8-2 双阴柱串联全饱和工艺流程图

双阴柱全饱和工艺流程一般被称为“半封闭式流程”，废水由电镀车间清洗槽流入废水调节池，经水泵提升到砂滤罐过滤去除悬浮杂质，再经酸性阳离子交换柱交换，去除重金属离子和其他阳离子，并调节pH≤3.5，使废水中六价铬以$Cr_2O_7^{2-}$的形式进入OH^-型除铬阴离子交换柱Ⅰ进行交换。当除铬阴离子交换柱Ⅰ到达交换穿透点时并不停止工作，而是在其后面再串联一支OH^-型除铬阴离子交换柱Ⅱ继续交换，按交换势顺序，除铬阴离子交换柱Ⅰ工作带内的SO_4^{2-}连同泄漏的$Cr_2O_7^{2-}$将一起排入除铬阴离子交换柱Ⅱ

（Cl^- 的交换势较低，在 $Cr_2O_7^{2-}$ 泄漏之前，早已排出柱外），直至除铬阴离子交换柱Ⅰ的进出水中六价铬浓度相等，即到达动态平衡状态时，该柱中 SO_4^{2-} 几乎全部被 $Cr_2O_7^{2-}$ 所置换而排入除铬阴离子交换柱Ⅱ，此时除铬阴离子交换柱Ⅰ才停止工作并用氢氧化钠溶液进行洗脱再生，这样所获洗脱液中 SO_4^{2-} 和 Cl^- 浓度极低，脱钠并蒸发浓缩后就可直接加入镀铬槽回用，从而达到“变废为宝”的目的。对除铬阴离子交换柱Ⅰ进行再生时，废水直接通入除铬阴离子交换柱Ⅱ，当除铬阴离子交换柱Ⅱ达到交换穿透点时，将其出水串联通入已经再生好的除铬阴离子交换柱Ⅰ，直至除铬阴离子交换柱Ⅱ的进出水中六价铬浓度相等时对其进行洗脱再生，而废水则直接通入除铬阴离子交换柱Ⅰ，如此循环往复。

定期将除铬阴离子交换柱再生洗脱液（主要成分为 Na_2CrO_4）通入脱钠阳离子交换柱，得到稀铬酸。交换达到耗竭点后，用盐酸对树脂进行再生。

2. 三阴柱串联全饱和工艺

三阴柱串联全饱和工艺流程被称为“全封闭式流程”。它是在双阴离子交换柱流程基础上再串联一除酸阴离子交换柱，水回收率可达到 90%以上，并可以提高出水水质，回用于生产，降低阳离子交换柱负担，使系统总的运行费用降低。具体工艺流程如图 8-3 所示。

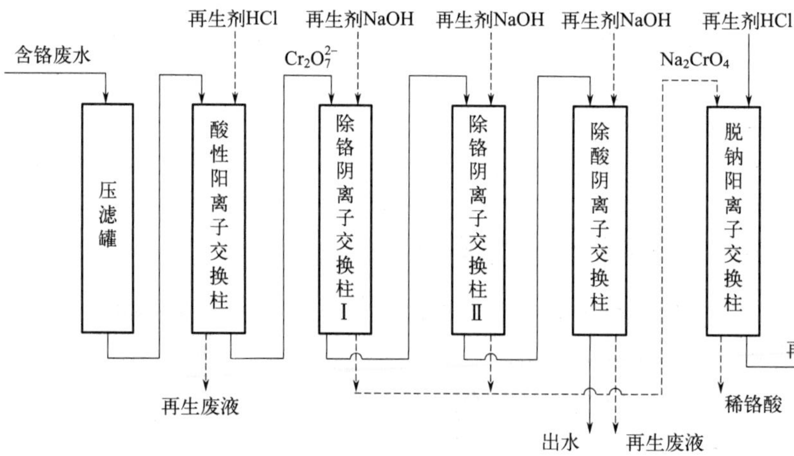

图 8-3　三阴柱串联全饱和工艺流程图

该工艺流程中 OH^- 型除酸阴离子交换柱不负担除六价铬的任务，而是专门用来去除水中其他酸根离子，形成低纯水闭路循环。当运行中除铬阴离子交换柱的出水 pH 过低（pH≤3.5），此时在除铬阴离子交换柱后再串联 OH^- 型除酸阴离子交换柱；如除铬阴离子交换柱的出水 pH≥5，则除酸阴离子交换柱退出串联停止运行，待出水再次出现 pH≤3.5 时再串联运行，如此间歇式工作。

除酸阴离子交换柱除去杂质酸根的反应如下：

$$ROH + HCl \rightleftharpoons RCl + H_2O$$

$$2ROH + H_2SO_4 \rightleftharpoons R_2SO_4 + 2H_2O$$

三、单体构筑物设计计算

本节以三阴柱串联全饱和工艺为例进行离子交换系统设计。

(一) 调节池

1. 一般说明

电镀含铬废水水质水量有一定的波动，为使离子交换系统处理效果稳定，可在系统始端设置调节池。

2. 主要设计参数

一般调节池有效容积按 2～4h 内废水平均流量计算。

3. 工艺尺寸

调节池设计主要确定池形（方形、圆形、廊道式等），调节池尺寸（D、L、B、H）等。

4. 工艺装备

调节池的主要工艺装备为废水提升泵。水泵的设计可根据处理水量和所需扬程进行选择。电镀含铬废水调节池水泵应为耐腐蚀泵。

(二) 压滤罐

1. 一般说明

在镀铬废水中除了含有 CrO_4^{2-}、SO_4^{2-}、Cl^-、Cr^{3+}、Cu^{2+}、Mg^{2+}、Fe^{3+} 等阴、阳离子外，还含有一些非溶解态悬浮杂质 SS，而这些杂质是导致树脂污染阻塞的主要原因，会造成树脂交换容量、交换速度以及流量等的显著降低。对于悬浮物含量超过 10～15mg/L 的电镀含铬废水，在进入离子交换柱前，必须进行过滤预处理，尽可能除去这些悬浮杂质。

废水过滤方式有重力式过滤、压力式过滤和微孔过滤等。电镀含铬废水处理中多采用压力式过滤。废水过滤单元可采用石英砂、无烟煤、白球、微孔塑料、活性炭和大孔型表面吸附剂等过滤材料。由于含铬废水 pH 值一般在 4～6 之间，偏酸性，在此条件下石英砂、无烟煤、白球等滤料化学性质稳定，具有较强的耐腐蚀性，常被选用。

压滤罐的设计主要包括滤料的选择，压滤罐本体设计，配水系统设计，反冲洗系统设计等，也可查阅相关手册或产品样本选择定型产品。压滤罐个数一般不少于两个，应设排气管、排空管、水头损失计和取样设备等。

2. 主要设计参数

大阻力配水系统单层滤料压滤罐主要设计参数见表 8-1，大阻力配水系统承托层组成见表 8-2，滤池进出水管流速见表 8-3。

表 8-1　大阻力配水系统单层滤料压滤罐主要设计参数

指标名称	单位	过滤材料		
		石英砂	无烟煤	树脂白球
滤料粒径 d	mm	0.5～1.2	0.8～1.8	1.0～1.6
滤料密度 γ	t/m^3	2.6～2.65	1.4～1.6	1.04
滤层厚度 L	mm	1000～1200	1000～2000	700～1000
滤料空隙率	%	43	47～55	50
承托层厚度 H	mm	450	450	450

续表

指标名称	单位	过滤材料		
		石英砂	无烟煤	树脂白球
滤速 v	m/h	5～10	5～10	<20
设计工作周期 T	h	12～24	12～24	24
膨胀率 α	%	30～50	50	60
反冲强度 q	$L/(m^2 \cdot s)$	12～15	10	10～15
反冲时间 t	min	5～10	5～10	5～10
自耗水量	%	10～20	5～10	10～20

表 8-2　大阻力配水系统承托层组成

层次(自上而下)	粒径/mm	承托层厚度/mm
1	2～4	100
2	4～8	100
3	8～16	100
4	16～32	100

表 8-3　压滤罐进出水管流速

名称	流速/(m/s)	名称	流速/(m/s)
废水进水管	0.8～1.2	反冲洗进水管	2.0～2.5
清水出水管	1.0～1.5	反冲排水管	1.0～1.5

3. 工艺尺寸

直径 D 与实际过滤时间 T_0 见式(8-1)、式(8-2)：

$$D=\sqrt{\frac{4Q}{\pi n v T_0}} \tag{8-1}$$

$$T_0=T-t-t_0 \tag{8-2}$$

高度 H 见式(8-3)：

$$H=h_1+h_2(1+\alpha) \tag{8-3}$$

式中　Q——废水流量，m^3/d；

n——压滤罐个数；

v——滤速，m/h；

T_0——实际过滤时间，h；

t——反冲洗时间，h；

t_0——每日冲洗后停用和排放初滤水时间，h（一般在 0.5～0.67h，也有不考虑的）；

H——压滤罐高，mm；

h_1——反冲洗泵至压滤罐之间管道水头损失，m；

h_2——配水系统水头损失，m。

其他参数含义同表 8-1。

4. 水力计算

水力计算包括过滤过程中的水头损失和反冲洗水头损失两部分。过滤过程中水头损失按反冲洗前水头损失最大值2.0～2.5m估算，反冲洗水头损失构成如下。

(1) 反冲洗泵至压滤罐间管道水头损失 h_1　分沿程水头损失和局部水头损失。计算方法参阅其他章节。

(2) 配水系统水头损失 h_2　常用配水系统见表8-4。

表8-4　常用配水系统

配水系统名称	常用配水形式	反冲洗时配水系统水头损失/m
大阻力	带干管和支管的“丰”字形配水系统	>3
中阻力	滤球式、管板式、二次配水滤砖	0.5～3
小阻力	滤头、豆石滤板、格栅式、平板孔式、三键槽孔板式	<0.5

管式大阻力配水系统参数见表8-5。

表8-5　管式大阻力配水系统参数

名称	单位	数值	备注
干管始端流速	m/s	1.0～1.5	
支管始端流速	m/s	1.5～2.0	
支管孔眼流速	m/s	3～6	
支管中心距离	m	0.2～0.3	
支管下侧距池底距离	cm	$D/2+50$	D为干管直径
支管长度与直径之比		≤60	
孔眼直径	mm	9～12	
孔眼总面积与滤池面积之比	%	0.20～0.25	
干管横截面应大于支管总横截面的倍数		0.75～1.0	孔眼分设支管两侧，与垂线成45°向下交错排列

当采用大阻力配水系统时，反冲洗水头损失计算公式如式(8-4)：

$$h_2=8\frac{v_1^2}{2g}+10\frac{v_2^2}{2g} \tag{8-4}$$

式中　v_1——干管起点流速，m/s；

v_2——支管起点流速，m/s；

g——重力加速度，m/s^2。

(3) 承托层水头损失 h_3　其计算如式(8-5)所示：

$$h_3=0.022Hq \tag{8-5}$$

式中　H——承托层厚度，m；

q——冲洗强度，$L/(m^2 \cdot s)$。

(4) 滤料层水头损失 h_4　其计算如式(8-6)所示：

$$h_4=(\gamma_2/\gamma_1-1)(1-m_0)L \tag{8-6}$$

式中　γ_2——滤料密度，t/m^3；

γ_1——水的密度，t/m^3；

m_0——滤料层膨胀前的空隙率，%；

L——滤料层厚度，m。

（5）自由水头 h_5　一般取 1～2m。

5. 工艺装备

压滤罐使用一段时间后，随着截留悬浮物的积累，过滤阻力会增大，出水水质也会变差，这时需要进行反冲洗，将截留的污染物冲走，使压滤罐恢复正常的过滤能力。反冲洗所需要的工艺装备主要是反冲洗泵或高位水箱。反冲洗泵可根据反冲洗所需要的水量和扬程选用定型产品，高位水箱可以根据反冲洗需水量与水力计算进行设置。

（三）酸性阳离子交换柱

1. 一般说明

由于阴离子交换树脂对 $Cr_2O_7^{2-}$ 交换选择性强，pH 越低，阴离子交换树脂对六价铬的工作交换容量就越大，使用效率就越高，这就要求进入离子交换系统的电镀废水中六价铬应主要以 $Cr_2O_7^{2-}$ 形式存在，此时废水 pH 值应为 2～3。一般含铬废水 pH 值在 4～6，这就要求进入阴离子交换柱之前应对废水 pH 进行调节，进一步酸化，但应注意 pH 值也不能过低，pH 越低，铬酸对树脂的氧化破坏作用也越强，这将缩短树脂的使用寿命。实际使用中，酸性阳离子交换柱进出水 pH 值应严格控制，进水需大于 4，出水 pH 值范围为 3.0～3.5。

酸性阳离子交换柱对废水进行酸化调节的同时，又可去除废水中的金属阳离子污染物，纯化出水水质，为提高后续阴离子交换树脂交换容量和回收铬酸的纯度创造条件。

酸性阳离子交换柱装填的强酸型阳离子交换树脂一般有 732、001×7、D61、D72、IR-200、IRC-75 等。

2. 主要设计参数

（1）树脂用量 V　对镀铬废水，与除铬阴离子交换柱相同。

（2）树脂层高度 H　对镀铬废水，与除铬阴离子交换柱相同。

（3）空塔流速 v　与除铬阴离子交换柱相同。

（4）再生系统　参见表 8-6。

表 8-6　离子交换柱再生和淋洗参数表

项目		酸性阳离子交换柱	除铬阴离子交换柱	除酸阴离子交换柱	脱钠阳离子交换柱
再生	再生剂	工业盐酸	氯离子含量低的工业氢氧化钠	氯离子含量低的工业氢氧化钠	工业盐酸
	浓度	1.5～2.0mol/L（5%～7%）	大孔弱碱性阴离子交换树脂为 2.0～2.5mol/L（8%～10%）；凝胶型强碱阴离子交换树脂为 2.5～3.0mol/L（10%～12%）	大孔弱碱性阴离子交换树脂为 2.0～2.5mol/L（8%～10%）；凝胶型强碱阴离子交换树脂为 2.5～3.0mol/L（10%～12%）	1.0～1.5mol/L（3.5%～5%）
	用量	2 倍树脂体积	2 倍树脂体积，后 0.5～1.0 倍复用	2 倍树脂体积	2 倍树脂体积
	再生流速	1.2～4.0m/h	0.6～1.0m/h	0.6～1.0m/h	1.2～4.0m/h

续表

项目		酸性阳离子交换柱	除铬阴离子交换柱	除酸阴离子交换柱	脱钠阳离子交换柱
淋洗	配水水质	自来水	低纯水	低纯水	低纯水
	水量	4～5倍树脂体积	大孔弱碱树脂为6～9倍树脂体积；凝胶强碱树脂为4～5倍树脂体积	大孔弱碱树脂为6～9倍树脂体积；凝胶强碱树脂为4～5倍树脂体积	10倍树脂体积
	流速	先用再生流速，逐渐增大到运行流速	先用再生流速，逐渐增大到运行流速	先用再生流速，逐渐增大到运行流速	先用再生流速，逐渐增大到运行流速

3. 工艺尺寸

主要确定交换柱直径与高度。方法参见除铬阴离子交换柱计算。

4. 水力计算

与除铬阴离子交换柱方法相同。

(四) 除铬阴离子交换柱

1. 一般说明

该装置为离子交换系统中的重要装置，其他装置的设计通常以它为依据进行。

2. 主要设计参数

(1) 树脂饱和工作周期 T　36h（六价铬浓度为100～200mg/L）；36～48h（六价铬浓度为50～100mg/L）。

(2) 空塔流速 v　20m/h 左右。

(3) 树脂层高度 H_0　0.6～1.0m。

(4) 离子交换柱再生和淋洗参数　见表8-6。

3. 工艺尺寸

(1) 树脂体积 V　如式(8-7)：

$$V=QT\rho_0/E_R \tag{8-7}$$

式中　V——树脂体积，L；

Q——处理废水量，m^3/h；

T——树脂饱和工作周期，h；

ρ_0——离子交换柱进水中六价铬浓度，g/m^3；

E_R——树脂对六价铬的饱和工作交换容量，大孔弱碱阴离子交换树脂（如710、D370、D301等）为60～70g Cr(Ⅵ)/L(R)；凝胶型强碱阴离子交换树脂（如717）为40～45g Cr(Ⅵ)/L(R)。

(2) 交换柱直径 D　如式(8-8)：

$$D=\sqrt{\frac{4Q}{\pi v}} \tag{8-8}$$

式中　D——交换柱直径，m；

Q——处理废水量，m^3/h；

v——空塔流速，m/h。

（3）交换柱树脂层高 H_0　如式(8-9)：

$$H_0=VQ/v \tag{8-9}$$

式中　H_0——交换柱树脂层高，m；

V——树脂体积，m^3；

Q——处理废水量，m^3/h；

v——空塔流速，m/h。

（4）交换柱总高 H　如式(8-10)

$$H=2.0H_0 \tag{8-10}$$

式中　H——交换柱总高，m；考虑树脂反冲洗时膨胀度和交换柱配水系统及交换柱封头高度后，修正系数为2.0；

H_0——交换柱树脂层高，m。

4. 水力计算

树脂层水头损失 h 的计算如式(8-11)：

$$h=7\frac{\mu v H_0}{d_{cp}^2} \tag{8-11}$$

式中　h——树脂层水头损失，m；

μ——水最低温度时的运动黏度系数，cm^2/s；

v——空塔流速，m/h；

H_0——树脂层高度，m；

d_{cp}——树脂的平均直径，mm。

（五）除酸阴离子交换柱

对镀铬废水来说，其计算与除铬阴离子交换柱相同。

（六）脱钠阳离子交换柱

1. 一般说明

除铬阴离子交换柱再生洗脱液通过脱钠阳离子交换柱回收铬酸。脱钠阳柱树脂用量可以通过公式计算确定，也可依据除铬阴离子交换柱树脂量确定。本书采用后一种方法。

2. 主要设计参数

（1）树脂用量　2倍除铬阴离子交换柱树脂体积，此时1周期内再生洗脱液基本可1次脱钠完成。

（2）脱钠阳离子交换柱树脂层高 H_0　0.8～1.2m。

（3）脱钠阳离子交换柱空塔流速 v　2.4～4.0m/h。

（4）水力计算　同除铬阴离子交换柱。

（5）再生系统　见表8-6。

第四节　离子交换系统工艺运行

一、离子交换系统操作过程

离子交换法的单元操作一般分交换、反洗、再生和淋洗四个过程。

1. 交换

交换即正常生产过程，通常原水自上往下流过树脂层。

2. 反洗

反洗的目的在于冲松离子交换树脂层，并排除树脂碎末及积存在其中的悬浮物及气泡，使再生液能较好地渗入树脂层，提高再生效率。反洗强度一般控制在 3.0～5.0L/(m^2·s)。反洗时阳离子交换树脂的膨胀度应不小于 50%，阴离子交换树脂的膨胀度应不小于 80%（最好 100%）。反洗历时约 10～15min。

3. 再生（洗脱）

再生的目的在于恢复树脂的交换能力，又称为洗脱。反洗完毕后，为防止加入的再生溶液被冲淡，再生前应排去反洗剩水，仅保持树脂表面上留有 10cm 左右水深，以免空气进入树脂层，并开启空气阀排气。再生时再生液自上向下流动，再生废液流至地沟（或收集回收有用物质）。

4. 淋洗

淋洗的目的在于洗净残余的再生产物。此时打开淋洗阀及淋洗排水阀，其余阀门关闭。

反洗、再生、淋洗 1 次，共需时间约 2～3h。

二、装置防腐

1. 交换柱

小型交换柱采用有机玻璃或硬聚氯乙烯。中型或大型交换柱一般采用钢板内衬胶或衬软塑料，或刷防腐漆，也有玻璃钢柱。交换柱优缺点见表 8-7。

表 8-7　不同材质交换柱体的特点

材质	适用范围	优点	缺点
有机玻璃	小型	耐腐蚀、易加工、柱体透明操作方便	价格贵
硬聚氯乙烯	小型	耐腐蚀、来源广、易加工、成本低	机械强度低，使用压力一般不大于 200kPa
钢板衬胶	大中型	机械强度高、耐腐蚀	价格贵，维修困难
玻璃钢	大中型	机械强度高、耐腐蚀	加工要求高、易老化

2. 各种贮槽

酸槽、铬酸槽、贮水槽等一般均采用硬聚氯乙烯焊制。大型贮槽用钢板焊制，内刷防腐涂料或内衬软塑料。

碱槽主要是溶解固体 NaOH 用，由于 NaOH 溶解时放热，故不宜采用硬聚氯乙烯板焊制，一般用钢板焊制作内外防腐。

3. 水泵

水泵应选用耐腐蚀泵。参考有关手册资料。

4. 管道

管道若无特殊情况，应选用硬聚氯乙烯管。

三、树脂处理

1. 新树脂的预处理

由于新树脂中含有过剩的原料、反应不完全产物及其他杂质，直接使用会影响处理水质，所以初次使用前必须对树脂进行预处理。预处理一般按如下步骤：

① 用 2 倍树脂体积的饱和食盐水浸泡一天，然后用自来水冲洗至中性；

② 用 5%盐酸浸泡以去除铁质，浸泡 3～5h 后用自来水冲洗至中性；

③ 用 5% NaOH 浸泡 3～5h，然后用自来水冲洗至中性；

④ 转型：用 5%盐酸低速处理阳离子交换树脂，直至树脂呈淡黄色或接近无色为止。

新树脂运行一周期后，第一次再生时再生剂用量为正常再生时的 2 倍。

2. 树脂污染程度的判断

树脂使用一段时间后，由于悬浮物和沉淀物的沉积或无机物（有机物）进入树脂内部而使树脂受到污染，污染后的树脂颜色变深，体积增大，工作交换容量降低，影响出水水质。将污染的树脂装入带盖有气孔的小玻璃瓶中，加纯水洗 3 次，然后加入 10%食盐水，剧烈摇动 5～10min，根据色泽判断污染程度。

清亮	未污染
淡草黄色	轻污染
琥珀色	中污染
棕色	重污染
黑色	严重污染

3. 污染树脂的复活处理

为保证处理出水水质达标，污染树脂必须进行复活处理。

（1）阳离子交换树脂的复活处理　如果树脂受到油类和蛋白质等的污染而变黑时，采用 5% NaOH 溶液浸泡，直至树脂颜色恢复至淡黄色或接近无色为止。如果树脂受到铁、铝、钙等的污染时，采用 5%～10%的盐酸浸泡，直至树脂颜色转为正常，再用自来水清洗。

（2）阴离子交换树脂的复活处理　以一定浓度的食盐和烧碱混合液浸泡污染树脂，至出水颜色为淡黄色，再用清水清洗。

四、其他注意事项

1. 稀铬酸处理

除铬阴离子交换柱再生得到的 Na_2CrO_4，流至低位槽后由泵提升至脱钠阳离子交换柱脱钠，得到的稀铬酸可直接回用或经蒸发浓缩和电解脱氯后再回加到镀槽。

2. 设计参数选取

根据设计经验，阳离子交换柱和阴离子交换柱的交换流速控制在 20m/h 左右较宜，若交换柱的树脂层厚设计考虑三个离子交换带的长度，那么进水 Cr^{6+} 浓度在 100mg/L 以下时，树脂层厚度按 0.7m 左右设计，进水 Cr^{6+} 浓度在 100～200mg/L 时，则层厚可按 1.0m 左右设计。脱钠阳离子交换柱滤速可选取 2.4～4.0m/h，而树脂层厚可同其余各离子交换柱，必要时也可略微加高。

3. 各交换柱运行控制

(1) 酸性阳离子交换柱的交换终点，必须按出水的 pH 值为 3.0～3.5 进行控制。

(2) 除铬阴离子交换柱的饱和交换终点应按进、出水含六价铬浓度基本相等进行控制。

(3) 除酸阴离子交换柱的交换终点应按出水 pH 值接近 5 进行控制。

4. 二次污染防治措施

酸性阳离子交换柱的再生洗脱液和淋洗水中含有多种金属离子及酸，应进行处理，符合排放标准后排放。

第九章

设计实例二——某表面处理车间电镀含铬废水处理工艺设计

第一节　设计任务书

一、设计基础资料

1. 设计题目

某表面处理车间电镀含铬废水处理工艺设计。

2. 设计规模及设计水质

废水水量：5.0m^3/h（平均值）。废水水质资料见表 9-1。

表 9-1　废水水质资料

项目	数值	项目	数值
六价铬	60～200(150)	Zn^{2+}	8～30(20)
Cr^{3+}	3～20(10)	SS	10～40(30)
Cu^{2+}	3～20(10)	pH	4～6.5(5)

注：表中除 pH 值外单位均为 mg/L；括号中数值为平均值。

3. 处理要求

（1）处理后废水达到《污水综合排放标准》（GB 8978—1996）规定的一级标准，见表 9-2。

表 9-2　处理后废水水质

项目	数值	项目	数值
六价铬	0.5	总锌	2.0
总铬	1.5	SS	70
总铜	0.5	pH	6～9

（2）处理后废水回用率达 80%以上。

（3）废水中的铬以三氧化铬（CrO_3）的形式回收，重新用于生产。

二、设计成果

（1）设计计算书和工艺说明书一册，字数不少于 5000 字。

(2) 平面布置图 1 张 (2# 图)，工艺流程图 1 张 (2# 图)。

三、设计进度

设计总时间为两周。进度安排如下。

(1) 设计动员，布置任务，提出要求，强调纪律，准备设计室 (时间 1d)。

(2) 文献查阅，了解电镀含铬废水处理一般方法 (时间 1d)。

(3) 熟悉离子交换工艺原理及应用特点 (时间 1d)。

(4) 进行设计计算 (时间 2d)。

(5) 绘制图纸 (时间 3d)。

(6) 编写设计计算书和工艺说明书 (时间 1d)。

(7) 答辩、讲评 (时间 1d)。

四、推荐参考文献

[1] 华东建筑设计研究院有限公司．给水排水设计手册　第 4 册：工业给水处理 [M]. 2 版．北京：中国建筑工业出版社，2002.

[2] 北京环境科学研究院．三废处理工程技术手册 (废水卷) [M]. 北京：化学工业出版社，2000.

[3] 段光复．电镀废水处理及回用技术手册 [M]. 北京：机械工业出版社，2010.

[4] 贾金平，谢少艾，陈虹锦．废水处理技术及工程实例丛书——电镀废水处理技术及工程实例 [M]. 2 版．北京：化学工业出版社，2016.

[5] 崔玉川．废水处理工艺设计计算 [M]. 北京：水利电力出版社，1994.

[6] 史惠祥．实用水处理设备手册 [M]. 北京：化学工业出版社，2004.

[7] 彭党聪，王磊，杨永哲．水污染控制工程 [M]. 4 版．北京：冶金工业出版社，2025.

[8] 中华人民共和国住房和城乡建设部．GB 50136—2011　电镀废水治理设计规范．北京：中国计划出版社，2011.

[9] 中华人民共和国环境保护部，国家质量监督检验检疫总局．GB 21900—2008　电镀污染物排放标准．北京：中国环境科学出版社，2008.

[10] 中华人民共和国环境保护部．HJ 2002—2010　电镀废水治理工程技术规范．北京：中国环境科学出版社，2011.

其他相关专业参考书籍可根据具体书目补充著录。

第二节　工艺流程选择

根据设计要求中废水中的 Cr(Ⅵ) 以 CrO_3 的形式回收，且处理后的水回用率达到 80%以上，可知离子交换工艺是该废水处理的最优选择。

具体工艺流程如图 9-1 所示。

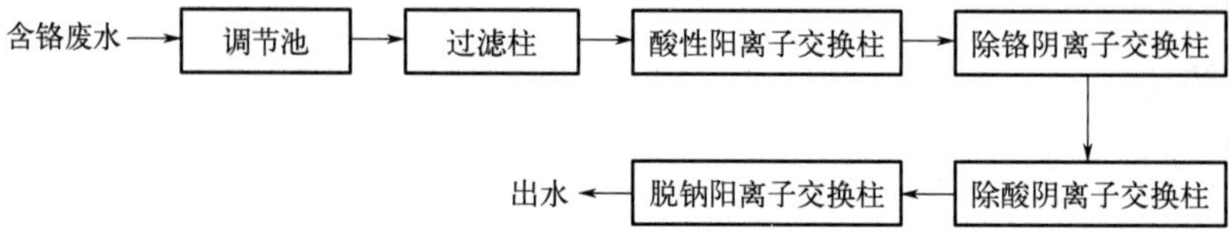

图 9-1　含铬废水离子交换工艺流程图

第三节　构筑物设计计算

一、调节池

1. 一般说明

电镀废水水质、水量有一定波动，设置调节池使水质和水量保持相对稳定，有利于后续处理单元的有效运行。调节池材料采用钢筋混凝土，内外壁作防腐处理。

2. 工艺设计

设计水量：$Q=5.0\text{m}^3/\text{h}$。

停留时间：$T=3\text{h}$。

有效容积：$V=QT=5.0\times3=15.0(\text{m}^3)$。

有效水深：$H=2\text{m}$。

横截面积：$S_{横}=V/H=15\div2=7.5(\text{m}^2)$。

池长：$L=3\text{m}$。

池宽：$B=S/L=7.5\div3.0=2.5(\text{m})$。

超高：500mm。

调节池总尺寸：$L\times B\times H=3000\text{mm}\times2500\text{mm}\times2500\text{mm}$。

二、过滤柱

1. 一般说明

过滤柱能去除原水中的 SS，减轻树脂堵塞污染，为离子交换柱正常工作提供保障。滤料选用石英砂。

2. 工艺设计

滤层厚度：$H=1.0\text{m}$。

空塔流速：$v=10\text{m/h}$。

过滤周期：$T=24\text{h}$。

反冲强度 q：$15\text{L}/(\text{m}^2\cdot\text{s})$。

反冲洗膨胀率：45%。

反冲时间 t：10min。

反冲洗水：处理后除酸纯水。

滤柱横截面积：$S=\frac{Q}{v}=\frac{5.0}{10}=0.5(m^2)$。

滤柱直径：$D=\sqrt{\frac{4S}{\pi}}=\sqrt{\frac{4\times0.5}{\pi}}=0.798(m)$。

取 $D=800mm$，则实际空塔流速：$v=\frac{Q}{S}=\frac{5.0}{\frac{\pi}{4}\times0.8^2}=9.95(m/h)$，符合要求（5～10m/h）。

所需要滤料体积：$V_1=SH=\frac{\pi}{4}\times0.8^2\times1.0=0.5(m^3)$。

天然花岗石碎石垫层厚：450mm。

有效高度：$H=450+1000(1+45\%)=1900(mm)$，取 2000mm。

三、除铬阴离子交换柱

1. 一般说明

除铬阴离子交换柱用于去除六价铬，阴离子交换柱数量 2 个，采用全饱和工艺运行。柱中装填 D301 型阴离子交换树脂，湿视密度 $\rho=0.7g/mL$，工作交换容量 $E=70g\ Cr(VI)/L(R)$。

2. 工艺设计

工作周期：$T=24h$。

1 个工作周期内除铬量：$N=Q(COD_0-COD)T=5.0\times(150-0.5)\times24\times10^{-3}=17.94(kg)$。

树脂体积：$V_R=\frac{N}{E}=\frac{17.94}{70}\times10^3=256(L)$。

树脂质量：$m=V_R\rho=256\times0.70=179.2(kg)$。

空塔流速：$v=20m/h$。

交换柱直径：$D=\sqrt{\frac{4Q}{\pi v}}=\sqrt{\frac{4\times5}{3.14\times20}}=564(mm)$。

取 $D=550mm$，则实际空塔流速：$v=\frac{Q}{F}=\frac{5.0}{\frac{\pi}{4}\times0.55^2}=21(m/h)$，满足要求（20～30m/h）。

树脂层高度：$H_R=\frac{V_R}{S}=\frac{256}{\frac{\pi}{4}\times0.55^2}=1078(mm)$。

交换柱总高：$H=2.0\times H_R=2\times1078=2156(mm)$，取 2200mm。

再生剂：浓度 10%工业 NaOH 溶液。

再生剂用量：树脂体积的 2 倍，即 $V=2V_R=2\times0.256=0.512(m^3)$。

再生流速：$v=1.0m/h$（再生效率为 95%以上）。

四、除酸阴离子交换柱

1. 一般说明

除酸阴离子交换柱设置在除铬阴离子交换柱之后，用于降低除铬阴离子交换柱出水酸度和回用水中 Cl^-、SO_4^{2-} 含量。

2. 工艺设计

选用 D201 型阴离子交换树脂。其他参数同除铬阴离子交换柱。

五、酸性阳离子交换柱

1. 一般说明

酸性阳离子交换柱设置在除铬阴离子交换柱之前，用于去除废水中的金属阳离子，并降低 pH 值使之在 3～3.5 范围内，以使 Cr(Ⅵ) 以 $Cr_2O_7^{2-}$ 形态存在，有利于除铬阴离子交换柱对铬的交换。

2. 工艺设计

阳离子交换柱数量：2 个，串并联设计交替运行。

树脂：001×7 型，工作交换容量 $1200eq/m^3$。

单柱树脂体积：阳离子交换树脂体积：阴离子交换树脂体积＝1：1，即 $V'_R = V_{R(阴)} = 0.256m^3$。

柱高：$H = 1.8H_R = 1.8 \times 1078 = 1940(mm)$，取 $H = 2000mm$，阳离子交换柱其他尺寸同除铬阴离子交换柱。

废水中 Cu^{2+}、Zn^{2+}、Cr^{3+} 阳离子累计可交换的物质的量（按单价阳离子计）：

$$N = 5 \times 24 \times \left(\frac{10}{32} + \frac{20}{32.5} + \frac{10}{17.3}\right) = 180.7(eq/d)$$

工作周期：$T = \frac{V'_R E}{N} = \frac{0.256 \times 1200}{180.7} = 1.7(d)$，满足一般要求（24～48h）。

再生剂：浓度 5%的工业盐酸。

再生剂用量：树脂体积的 2 倍，即 $V = 2V_R = 2 \times 0.256 = 0.512(m^3)$。

再生流速：2.0m/h。

六、脱钠阳离子交换柱

1. 一般说明

脱钠阳离子交换柱可去除除铬阴离子交换柱再生洗脱液中的 Na^+，使得回收的 Cr(Ⅵ) 以铬酸的形式回用于生产。

2. 工艺设计

树脂：001×7 型，工作交换容量 $1200eq/m^3$，湿视密度 $\rho = 0.8g/mL$。

树脂体积：除铬阴离子交换柱树脂体积的 2 倍，此时除铬阴离子交换柱 1 周期内再生洗脱液基本可 1 次脱钠完成，即树脂体积 $V_R = 2 \times 0.256 = 0.512(m^3)$。

树脂质量：$W = V_R \rho = 0.512 \times 0.8 \times 10^3 = 409.6(kg)$。

脱钠柱直径：$D=700\text{mm}$。

树脂层高度：$H_R=\dfrac{V_R}{S}=\dfrac{0.512}{\dfrac{\pi}{4}\times0.7^2}=1.331(\text{m})=1331(\text{mm})$。

交换柱有效高度：$H=1.8H_R=1.8\times1331=2395.8\text{mm}$，取 2400mm。

空塔流速：$v=2.5\text{m/h}$。

处理流量：$Q=vS=2.5\times\dfrac{\pi}{4}\times0.7^2=0.96(\text{m}^3/\text{h})$。

再生剂：浓度 5%的工业盐酸。

再生剂用量：树脂体积的 2 倍，即 $V=2V_R=2\times0.256=0.512(\text{m}^3)$。

再生流速：2.0m/h。

七、附属构筑物计算

1. 贮酸槽

功能：贮存工业盐酸，供配制使用。

尺寸：$L\times B\times H=1500\text{mm}\times1000\text{mm}\times1000\text{mm}$。

2. 配酸槽

功能：直接供再生阳离子交换柱用。

有效容积：按阳离子交换柱和脱钠阳离子交换柱 1 次再生所需再生剂用量设计，即 V=阳离子交换柱再生剂量+脱钠阳离子交换柱再生剂量$=0.512+0.512=1.024(\text{m}^3)$

尺寸：$L\times B\times H=1500\text{mm}\times1000\text{mm}\times1000\text{mm}$。

3. 碱液贮槽（配碱槽）

功能：把工业碱配成一定浓度的碱液，供配制阴离子交换柱再生碱液用。

有效容积：按除铬阴离子交换柱和除酸阴离子交换柱 1 次再生的再生剂用量设计，即 V=除铬阴离子交换柱再生剂量+除酸阴离子交换柱再生剂量$=0.512+0.512=1.024(\text{m}^3)$

尺寸：$L\times B\times H=1500\text{mm}\times1000\text{mm}\times1000\text{mm}$。

4. 碱复用槽

功能：贮存除铬阴离子交换柱再生洗脱时最后 1 倍树脂体积的洗脱液，以便在下个再生周期开始时使用。

有效容积：除铬阴离子交换柱树脂体积的 1 倍，即 $V=0.256\text{m}^3$。

尺寸：$L\times B\times H=800\text{mm}\times800\text{mm}\times600\text{mm}$。

5. 高位酸槽、碱槽和复用碱槽

功能：将酸、碱、复用碱液贮于高位槽，借助重力作用流入交换柱再生。

有效容积：对应低位槽容积的 0.5 倍。

尺寸：高位酸槽 $L\times B\times H=800\text{mm}\times500\text{mm}\times500\text{mm}$；

高位碱槽 $L\times B\times H=800\text{mm}\times500\text{mm}\times500\text{mm}$；

高位复用碱槽 $L\times B\times H=500\text{mm}\times500\text{mm}\times500\text{mm}$。

6. H_2CrO_4 贮槽和 Na_2CrO_4 贮槽

功能：贮存脱钠阳离子交换柱流出液和再生洗脱时最初树脂体积 1 倍的洗脱液（主要含 Na_2CrO_4）。

有效容积：$V=0.512m^3$。

尺寸：$L\times B\times H=800mm\times 800mm\times 1000mm$。

7. 纯水低位贮槽

功能：贮存部分处理后的除酸纯水，用于过滤柱反冲洗。

有效容积：取过滤柱反冲洗1次需水量的1.5倍，即

$$V=1.5qtS=1.5\times 15\times 10\times 60\times 0.5=6750(L)=6.75(m^3)$$

尺寸：$L\times B\times H=2000mm\times 2000mm\times 1800mm$。

8. 纯水高位贮槽

功能：收集贮存处理后的除酸纯水，用于电镀生产、交换柱反洗、再生后淋洗、配制再生剂等。

有效容积：取1个工作周期（24h）内的自耗水量体积（约占处理水量的10%），即

$$V=10\%\times 24\times 5.0=12(m^3)$$

尺寸：$L\times B\times H=3000mm\times 2500mm\times 2000mm$。

第四节　水力计算

一、废水输送管道与调节池提升泵

废水输送用硬聚氯乙烯管，最不利管段全长 $L=50m$（最长段）。查《给水排水设计手册　第1册：常用资料分册》中的塑料管水力计算表（余下简称为水力计算表）可得 $Q=5.04m^3/h$ 时，管径 $D_g=40mm$，流速 $v=0.84m/s$，$1000i=19.17$。则沿程水头损失为：

$$h_1=iL=\frac{19.17}{1000}\times 50=0.96(m)$$

管线中主要配件及其局部阻力系数见表9-3。

表9-3　管线中主要配件及其局部阻力系数

配件名称	数量/个	局部阻力系数 ξ
三通	12	12×1.5
90°弯头	11	11×0.6
阀门	8	8×2.5
逆止阀	1	7.5
流量计	1	9
泵	1	1.0

则局部水头损失为：

$$h_2=\xi\frac{v^2}{2g}=(12\times 1.5+11\times 0.6+8\times 2.5+7.5+9+1.0)\times\frac{0.84^2}{2\times 9.8}=2.24(m)$$

过滤柱与吸附柱（最不利条件为5个柱子同时串联运行）单柱水头损失 h_3 估计为

3m，最不利点水位（纯水高位槽最高水位）与调节池最低水位高差 $h_4=5.0$m，自由水头 h_f 取 2m，则水泵的扬程为：

$$H=h_1+h_2+5h_3+h_4+h_f=0.96+2.24+5\times3+5.0+2=25.2(\text{m})$$

水泵的选择：选用 25WGF 型耐腐蚀泵，流量 Q 为 4.8～12.0m^3/h，扬程 H 为 21.2～32.7m，电机功率 3kW。在水泵压出段接回水管并接入调节池。

二、石英砂过滤柱反冲洗

1. 参数选取

承托层厚度 H：0.45m。

滤料层厚度 L：1.0m。

反冲强度 q：15L/(m^2·s)。

反冲时间 t：10min。

滤料密度 γ_2：2.62t/m^3。

水的密度 γ_1：1.0t/m^3。

滤料层膨胀前的孔隙率 m_0：43%。

2. 水力计算

(1) 纯水低位贮槽至压滤罐间管道水头损失 h_1　滤罐反冲水流量为：

$$Q_{反冲}=Sq=0.5\times15=7.5(\text{L/s})=0.0075(\text{m}^3/\text{s})$$

查水力计算表得，管径 $D_g=50$mm，流量 $Q=7.5$L/s 时，流速 $v=2.84$m/s，$1000i=125$。管长 $L=10$m，则沿程水头损失 $h_{沿}$ 为：

$$h_{沿}=iL=\frac{125}{1000}\times10=1.25(\text{m})$$

冲洗管道上主要配件及其局部阻力系数见表 9-4。

表 9-4　管线中主要配件及其局部阻力系数

配件名称	数量/个	局部阻力系数 ξ
水箱出口	1	0.5
90°弯头	2	2×0.6
阀门	3	3×2.5
流量计	1	9
三通	3	3×1.5
泵	1	1.0

则局部水头损失 $h_{局}$ 为：

$$h_{局}=\xi\frac{v^2}{2g}=(0.5+2\times0.6+3\times2.5+9+3\times1.5+1.0)\times\frac{2.84^2}{2\times9.8}=9.75(\text{m})$$

则 h_1 为：

$$h_1=h_{沿}+h_{局}=1.25+9.75=11(\text{m})$$

(2) 配水系统水头损失 h_2　大阻力配水系统按估算值 $h_2=4.0$m 计算。

(3) 承托层水头损失 h_3　h_3 为：

$$h_3=0.022Hq=0.022\times0.45\times15=0.148(\text{m})$$

式中，0.022 为模数，量纲为 s/m^2。

(4) 滤料层水头损失 h_4　h_4 为：

$$h_4=(\gamma_2/\gamma_1-1)(1-m_0)L=(2.62/1.0-1)(1-0.43)\times1.0=0.92(m)$$

(5) 自由水头 h_5　取自由水头 $h_5=2.0m$。

则反冲洗需要水头为：

$$h=h_1+h_2+h_3+h_4+h_5=11+4.0+0.148+0.92+2.0=18.07(m)$$

水泵的选择：选 IS80-65-125 型离心清水泵 2 台（1 备），流量 $Q=30m^3/h$，扬程 $H=22.5m$，电机功率 5.5kW。

三、交换柱反洗、淋洗水管道

1. 反洗

交换柱直径 $D=550mm$（见前文交换柱计算）。

管道采用硬聚氯乙烯管，最不利管段全长 $L=20m$（最长段）。一般交换柱反洗强度 q 为 $3.0\sim5.0L/(m^2\cdot s)$，此处取 $5.0L/(m^2\cdot s)$，则流量为：

$$Q=q\frac{\pi}{4}D^2=5.0\times\frac{3.14}{4}\times0.55^2=1.187(L/s)$$

当 $Q=1.20L/s$ 时，查水力计算表可得管径 $D_g=40mm$，流速 $v=0.72m/s$，$1000i=14.58$。则沿程水头损失为：

$$h_{沿}=iL=\frac{14.58}{1000}\times20=0.29(m)$$

管线中主要配件及其局部阻力系数见表 9-5。

表 9-5　管线中主要配件及其局部阻力系数

配件名称	数量/个	局部阻力系数 ξ
三通	3	3×1.5
90°弯头	3	3×0.6
阀门	4	4×2.5
流量计	1	9

局部水头损失为：

$$h_{局}=\xi\frac{v^2}{2g}=(3\times1.5+3\times0.6+4\times2.5+9)\times\frac{0.72^2}{2\times9.8}=0.67(m)$$

反洗通过树脂层水头损失为：

$$h_{树脂}=(\gamma_2/\gamma_1-1)(1-m_0)L=(1.04/1.0-1)(1-0.5)\times1.078=0.02(m)$$

配水系统水头损失估计为：$h_{配}=0.3m$。

自由水头为：$h_f=2m$。

纯水高位槽底距反冲排水管口应为

$$H=h_{沿}+h_{局}+h_{树脂}+h_f=0.29+0.67+0.02+0.3+2=3.28(m)$$

取 $H=3.5m$。

2. 淋洗

淋洗管道同反洗。

四、酸液提升管道与泵

酸液提升输送采用硬聚氯乙烯管，总管长 $L=10\text{m}$。管线中主要配件及其局部阻力系数见表 9-6。

表 9-6 管线中主要配件及其局部阻力系数

配件名称	数量/个	局部阻力系数 ξ
三通	1	1.5
90°弯头	2	2×0.6
阀门	2	2×2.5
逆止阀	1	7.5
流量计	1	9
泵	1	1.0

查表可得，当流量 $Q=2.16\text{m}^3/\text{h}$ 时，管径 $D_g=25\text{mm}$，$v=0.91\text{m/s}$，$1000i=38.58$。

沿程阻力损失：$h_1=iL=\dfrac{38.58}{1000}\times10=0.39(\text{m})$。局部阻力损失：$h_2=\xi\dfrac{v^2}{2g}=(1.5+2\times0.6+2\times2.5+7.5+9+1.0)\times\dfrac{0.91^2}{2\times9.8}=1.06(\text{m})$。

液面高差：$h_3=4.0\text{m}$。

自由水头：$h_f=2.0\text{m}$。

泵总扬程：$H=h_1+h_2+h_3+h_f=0.39+1.06+4.0+2.0=7.45(\text{m})$。

水泵的选择：选用 SB 1.5-1.0 型耐腐蚀塑料泵，$Q=2.8\text{m}^3/\text{h}$，$H=9\text{m}$，电机功率 0.18kW。

五、碱液提升管道与泵

同酸液提升管道与泵计算。

六、 Na_2CrO_4 液提升管道与泵

采用硬聚氯乙烯管，总管长 $L=10\text{m}$。管线中主要配件及其局部阻力系数见表 9-7。

表 9-7 管线中主要配件及其局部阻力系数

配件名称	数量/个	局部阻力系数 ξ
90°弯头	2	2×0.6
阀门	2	2×2.5
逆止阀	1	7.5
流量计	1	9
泵	1	1.0

脱钠阳离子交换柱流速确定为 $v=2.5\text{m/h}$，直径 $D=0.55\text{m}$，因此流量为：

$$Q=vs=2.5\ \frac{\pi}{4}D^2=2.5\times\frac{3.14}{4}\times 0.55^2=0.59(\mathrm{m}^3/\mathrm{h})$$

查水力计算表可得，当流量 $Q=0.612\mathrm{m}^3/\mathrm{h}$ 时，管径 $D_g=25\mathrm{mm}$，$v=0.26\mathrm{m/s}$，$1000i=4.12$。

沿程水头损失：$h_1=iL=\frac{4.12}{1000}\times 10=0.041(\mathrm{m})$。

局部阻力损失：$h_2=\xi\frac{v^2}{2g}=(2\times 0.6+2\times 2.5+7.5+9+1)\times\frac{0.26^2}{2\times 9.8}=0.08(\mathrm{m})$。

液面高差：$h_3=4.0\mathrm{m}$。

自由水头：$h_f=2\mathrm{m}$。

泵总扬程：$H=h_1+h_2+h_3+h_f=0.041+0.08+4.0+2=6.12(\mathrm{m})$。

水泵的选择：选用 SB 1.5-0.7 型耐腐蚀塑料泵，流量 $Q=1.0\mathrm{m}^3/\mathrm{h}$，扬程 $H=7.2\mathrm{m}$，电机功率 0.12kW。

第三篇

水污染控制工程毕业设计

第十章

城镇污水处理厂工艺设计

根据《中华人民共和国环境保护法》的规定，生态环境部在每年世界环境日前公布上一年的《中国生态环境状况公报》，其中包括水生态环境等情况。其中，城镇污水处理厂的建设和稳定运行是我国水环境领域的主要任务之一。

本章主要介绍城镇污水处理厂工艺设计的基本内容、方法、程序和工艺计算。在接到设计任务后，应认真阅读有关设计文献，收集有关设计资料，在指导教师的协助下，在规定的时间内独立完成毕业设计（包括工艺流程选择、单体构筑物设计、设备选型、水力高程计算、总平面图布置、项目投资及运行成本估算）。

第一节　设计规模及设计水质

设计规模和设计水质的确定是污水处理厂设计的先决条件。设计污染物规模偏小或设计水质污染物浓度偏低无法达到预期的处理能力和效果，设计规模偏大或设计水质浓度偏高则会造成投资和运行的浪费。因此，合理确定污水处理厂的设计规模和设计水质对污水处理厂的设计、建设及运行至关重要。

一、设计规模

污水处理厂的设计规模 Q 是指污水厂所接纳的平均日流量（单位为 m^3/d）；目前我国城镇污水处理厂的建设规模分类见表 10-1。

表 10-1　我国城镇污水处理厂建设规模分类

建设规模	污水量/($\times10^4 m^3/d$)
Ⅰ类	20～50
Ⅱ类	10～20
Ⅲ类	5～10
Ⅳ类	1～5

注：Ⅰ类规模含上、下限值，其他规模含下限值，不含上限值。

平均日流量在设计中用来计算污水处理厂每年的抽升电耗、栅渣量、沉砂量、处理总泥量、处理总水量及耗药量等。

设计最大流量是指污水处理厂最高日最高时流量（单位为 m^3/h 或 m^3/s），即进水管的设计流量。在城镇污水处理厂设计中，设计最大流量一般用于污水处理厂一级处理构筑物（进水泵房、粗格栅、细格栅、沉砂池和初沉池等）和厂内连接各构筑物管渠的工艺设计。当进水用泵抽升时，亦可用组合的工作泵流量代替设计最大流量，但工作泵组合流量应尽量与设计最大流量吻合，且不应小于设计最大流量。

污水处理厂的设计流量一般根据当地城市规划部门确定的近期设计人口（适当考虑或不考虑远期）、人均日用水量、工业规模（转换为人口当量）确定用水量，考虑折减后确定污水设计流量。在建成的城镇排水区域还可通过现场实测确定。

（一）设计水量预测法

1. 城市最高日用水量（Q_d）预测

（1）城市综合用水量指标法　可按式(10-1）计算：

$$Q_d = q_1 P \tag{10-1}$$

式中　Q_d——城市最高日用水量，$\times 10^4 m^3/d$；

q_1——城市综合用水量指标，$\times 10^4 m^3/(万人 \cdot d)$；

P——用水人口，万人。

（2）综合生活用水比例相关法　可按式(10-2）计算：

$$Q_d = 10^{-7} q_2 P (1+s)(1+m) \tag{10-2}$$

式中　q_2——综合生活用水量指标，L/(人·d)；

s——工业用水量与生活用水量的比值；

m——其他用水（市政用水及管网漏损）系数，当缺乏资料时可取 0.1～0.15。

（3）不同类别用地用水量指标法　可按式(10-3）计算：

$$Q_d = 10^{-4} \sum q_i a_i \tag{10-3}$$

式中　q_i——不同类别用地用水量指标，$m^3/(hm^2 \cdot d)$；

a_i——不同类别用地规模，hm^2；

城市综合用水量指标、综合生活用水量指标及不同类别用地用水量指标可根据《城市给水工程规划规范》(GB 50282—2016）4.0.3 条确定。

2. 城市最高日最高时污水量（$Q_{污}$）预测

综合生活污水定额应根据当地采用的用水定额，结合建筑内部给排水设施水平确定，可按当地相关用水定额的 90%采用。

综合生活污水量变化系数可根据当地实际综合生活污水量变化资料确定。无测定资料时，可根据《室外排水设计标准》(GB 50014—2021）4.1.15 条确定。

最高日最高时污水量如式(10-4）所示：

$$Q_{污} = 0.9KQ \tag{10-4}$$

式中　$Q_{污}$——设计综合污水量，即最高日最高时污水量，$\times 10^4 m^3/d$；

K——综合生活污水量变化系数，取值见表 10-2；

Q——每日综合生活用水量，m^3/d。

表 10-2　综合生活污水量变化系数

平均日流量/(L/s)	变化系数	平均日流量/(L/s)	变化系数	平均日流量/(L/s)	变化系数
5	2.7	70	2.0	500	1.6
15	2.4	100	1.9	≥1000	1.5
40	2.1	200	1.8		

（二）实测法

实测法通过测定排水区域内总排水口污水流量的历时变化图，从历时变化图上确定平均日流量和设计流量，以此作为设计依据。

二、设计水质

设计水质通常由建设方给出或者委托专业检测机构测定。在毕业设计中，设计水质一般由设计任务书给出。设计人员（或学生）接到设计任务后，应当依据已有的设计经验或现有的设计资料对设计水质合理与否进行判断，从而确定设计水质的合理性和准确性，然后在此基础上进行设计。

表 10-3 是典型城镇污水水质；表 10-4 是欧洲地区城市污水水质，供设计时参考。

表 10-3 典型城镇污水水质

项目	典型值
pH	6.5～8.0
BOD_5/(mg/L)	180～260
COD/(mg/L)	340～620
SS/(mg/L)	300～440
TN/(mg/L)	45～60
NH_3-N/(mg/L)	32～40
TP/(mg/L)	5.0～8.5

表 10-4 欧洲地区城市污水典型水质

项目	废水类别			
	高浓度	中浓度	低浓度	极低浓度
TCOD(总)/(mg/L)	740	530	320	210
DCOD(溶解态)/(mg/L)	300	210	130	80
SCOD(悬浮态)/(mg/L)	440	320	190	130
BOD(总)/(mg/L)	350	250	150	100
DBOD(溶解态)/(mg/L)	140	100	60	40
RBOD(快速)/(mg/L)	70	50	30	20
SBOD(可沉淀)/(mg/L)	100	75	40	30
TSS(总)/(mg/L)	450	300	190	120
TVSS/(mg/L)	320	210	140	80
NH_3-N/(mg/L)	50	30	18	12
TN/(mg/L)	80	50	30	20
N-org(有机氮)/(mg/L)	30	20	12	8
TP(总磷)/(mg/L)	14	10	6	4
P-PO_4^{3-}(无机磷)/(mg/L)	10	7	4	3
P-org(有机磷)/(mg/L)	4	3	2	1

第二节 处理工艺

工艺流程的确定是污水处理厂设计的重要组成部分。一般来说，污水处理流程确定后，污水处理厂的投资规模、运营费用以及处理效率等也就相应确定。因此，工艺流程的选择至关重要。

一、处理程度的确定

工艺流程选择的主要依据是处理程度，因为不同的处理工艺可达到不同的处理程度，从而满足不同的处理要求。

处理程度的确定通常要考虑污水处理厂尾水排放受纳水体自净能力和相关水体功能排放标准要求。

1. 根据自净能力确定处理程度

该方法是从整个排水系统（甚至流域）优化的角度考虑，通过对受纳水体的最小剩余自净能力的评估，确定污水处理厂各类污染物的处理效率。

由于我国目前实行浓度控制法，要求处理后的水质必须达到相关的排放标准，因此，现阶段该方法尚不适用于城市污水处理系统设计，但这是未来的发展方向。本书未将根据受纳水体自净能力确定处理程度列为设计内容，有兴趣的同学可参考有关教材的计算方法。

2. 根据水体功能排放标准确定处理程度

不同的水域执行不同的标准，以排放标准作为污水处理厂的出水水质达标要求可确定相应各污染物的处理程度。目前，城镇污水处理厂出水排放标准多执行各地的地方标准和《城镇污水处理厂污染物排放标准》（GB 18918—2002）。西安市城区城镇污水处理厂出水水质执行标准详见表 10-5。《城镇污水处理厂污染物排放标准》规定了城市污水排放分为一级、二级和三级标准，详见表 10-6。

表 10-5 西安市城区城镇污水处理厂出水水质标准

名称	COD	BOD_5	SS	NH_3-N	TN	TP
设计出水水质指标/(mg/L)	30	6	10	1.5	12	0.3

表 10-6 城镇污水处理厂污染物排放标准（GB 18918—2002）

项目	一级标准		二级标准	三级标准
	A 标准	B 标准		
COD/(mg/L)	50	60	100	120
BOD_5/(mg/L)	10	20	30	60
SS/(mg/L)	10	20	30	50
TN/(mg/L)	15	20	—	—
NH_3-N/(mg/L)	5(8)	8(15)	25(30)	—
TP/(mg/L)	0.5	1	3	5

注：括号外数值为水温大于 12℃时的控制指标，括号内数值为水温不大于 12℃时的控制指标。

二、处理方法的确定

依据处理进水水质和程度即可确定相应的处理方法。

污水处理分为生物法、物理法、化学法及相关的各种组合方法。城镇污水处理经过百余年的研究、发展和工程实践，已经形成了一套经实践检验行之有效且经济可靠的处理方法。

城镇污水处理厂一级处理主要采用物理法，一般工艺流程为：格栅＋沉砂池＋初次沉淀池。二级处理主要采用生化法，典型的工艺包括 A^2/O、氧化沟及 SBR（序批式间歇反应器）等。深度处理主要采用生物法、物理法及化学法的组合方法。

三、处理流程的确定

城镇污水处理厂典型工艺流程见图 10-1。

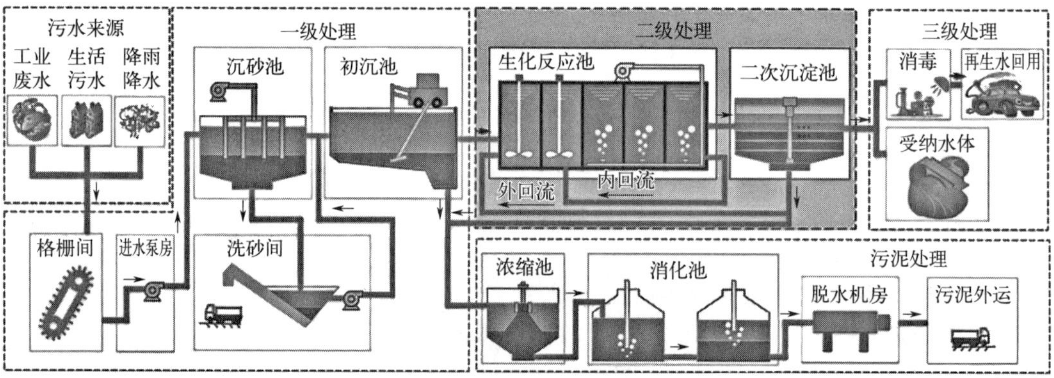

图 10-1　城镇污水处理厂典型工艺流程图

二级处理的核心为生物处理，可采用活性污泥法或生物膜法。生物膜法分为好氧生物膜法和厌氧生物膜法，借助附着在填料上的生物膜的作用，在好氧或厌氧条件下，降解污水中的有机物质，使污水得到净化。活性污泥法有多种方法，如普通（完全混合）活性污泥法、吸附再生活性污泥法、逐步曝气活性污泥法和带有选择池的氧化沟法等，见图 10-2。各种工艺均能满足除碳的要求，但相应的操作条件不同（表 10-7），由此造成曝气池的容积、污泥回流量及供气量等的工艺差异，而工艺差异必然带来建设投资和运营费用的差异。

表 10-7　不同活性污泥系统的操作条件及 BOD 去除率

工艺流程	污泥负荷/(kg/kg·d)	容积负荷/(kg/m^3·d)	曝气池污泥浓度/(mg MLSS/L)	污泥龄/d	气水比/(m^3/m^3)	水力停留时间/h	污泥回流比/%	污泥指数/(mL/g)	产泥率/%	BOD去除率/%
普通(完全混合)活性污泥法	0.2～0.4	0.4～0.9	1500～2500	2～4	3～7	6～8	25～75	60～120	1～2	95

续表

工艺流程	污泥负荷/(kg/kg·d)	容积负荷/(kg/m³·d)	曝气池污泥浓度/(mg MLSS/L)	污泥龄/d	气水比/(m³/m³)	水力停留时间/h	污泥回流比/%	污泥指数/(mL/g)	产泥率/%	BOD去除率/%
吸附再生活性污泥法	0.2～0.4	0.9～1.8	2500～6000	4	12	5	50～100	50～100	1～2	90
逐步曝气活性污泥法	0.2～0.4	0.4～1.4	2000～3000	2～4	3～7	3～6	20～30	100～200	1～2	95
带有选择池的氧化沟法	0.05～0.15	0.2～0.4	2000～6000	15～30	15～30	24～48	50～150	50	0.25	90～95

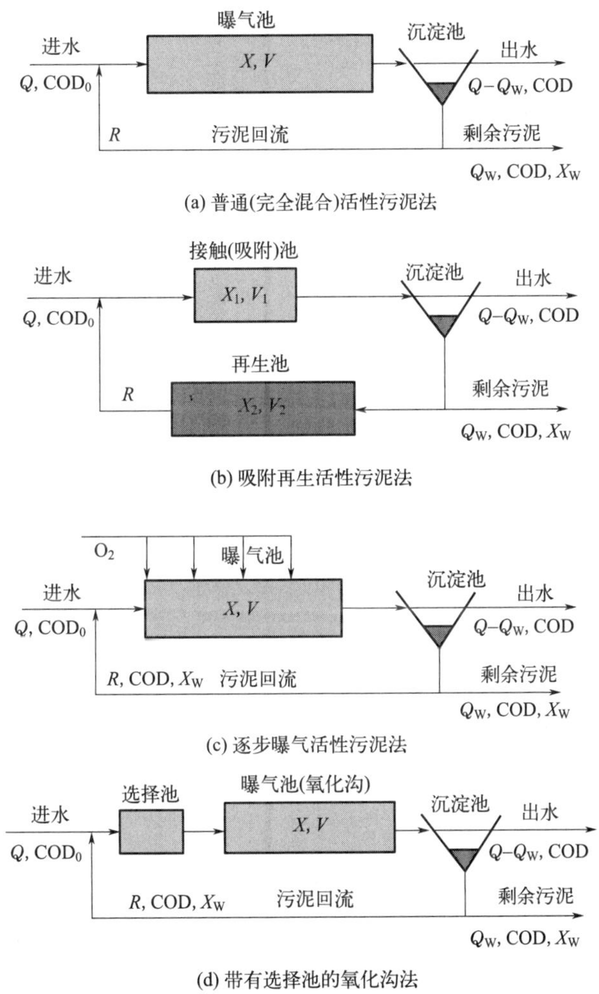

(a) 普通(完全混合)活性污泥法

(b) 吸附再生活性污泥法

(c) 逐步曝气活性污泥法

(d) 带有选择池的氧化沟法

图 10-2　城镇污水除碳处理工艺

污水处理流程应当根据处理程度、占地面积、投资规模、运营费用等因素，通过技术经济比较后确定。

第三节　单体构筑物设计

单体构筑物设计的主要内容包括确定单体构筑物的形式、构造、工艺尺寸、工艺设备及结构形式等，为构筑物的建筑、结构、电气、自控及其他配套设计提供设计条件。

一、格栅

1. 一般说明

污水处理用格栅分为泵前格栅和泵后格栅两种。泵前格栅的作用为保护水泵，泵后格栅则为保证后续处理系统的正常工作。一般泵前格栅为粗格栅（栅条间隙 20～50mm）；泵后格栅为细格栅（栅条间隙 5～10mm）。细格栅设计有栅条间隙越来越小的倾向。当采用人工清渣时，由于清渣周期的限制，格栅阻力增大，因此，一般设置渐变段，以防止栅前涌水过高［图 10-3(a)］。当采用机械清渣时，由于机械连续工作，格栅余渣较少，格栅阻力几乎不变，通常不设渐变段［图 10-3(b)］。

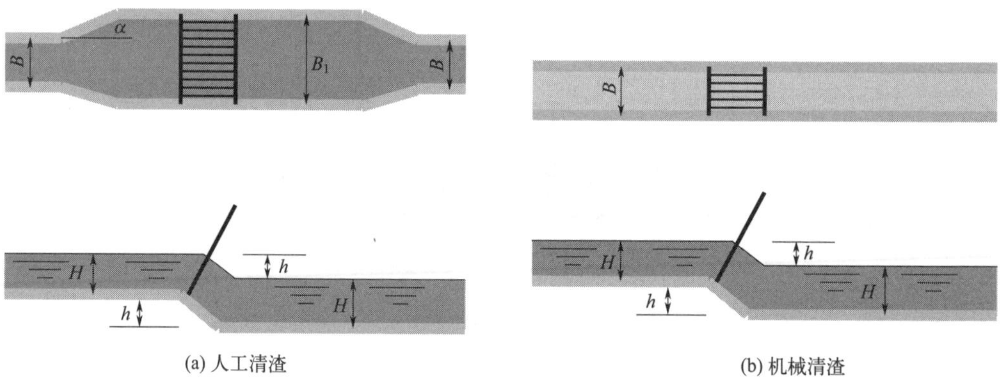

图 10-3　格栅形式

2. 主要设计参数

设计流量：按最高日最高时流量进行设计。

格栅数量：一般不少于 2 台。

过栅流速：0.6～1.0m/s。

栅前渠道流速：0.4～0.9m/s。

格栅安装角度：机械格栅 60°～90°，人工格栅 30°～60°。

栅渣量：栅条间隙 25～100mm，0.004～0.050m^3 栅渣/$10^3 m^3$ 污水；栅条间隙 10～25mm，0.050～0.120m^3 栅渣/$10^3 m^3$ 污水。

含水率：粗格栅栅渣的含水率一般为 50％～90％，密度 600～1100kg/m^3；细格栅栅渣的含水率一般为 80％～90％，密度约为 900～1000kg/m^3。

通过格栅的水头损失：粗格栅一般为 0.2m，细格栅一般为 0.2～0.4m。

3. 工艺尺寸

格栅设计主要确定格栅形式、栅渠尺寸（B，H，L）等；水力计算（确定栅后跌水高度）；栅渣量计算等。

（1）格栅形式　格栅栅条的形式有圆形、半圆形、三角形等，不同的栅条结构水力条件不同，相应地，阻力系数也不同。相对于其他构筑物，格栅阻力小很多，因此格栅栅条形式确定主要从清渣方便的角度考虑。

（2）栅渠尺寸（B，H，L）等

① 栅渠宽度 B　如式(10-5) 所示：

$$B=S(n-1)+bn \tag{10-5}$$

② 栅条间隙数 n　如式(10-6) 所示：

$$n=\frac{Q_{max}\sqrt{\sin\alpha}}{bhv} \tag{10-6}$$

式中　B——格栅宽度，m；

S——栅条宽度，m；

b——栅条间隙，m

Q_{max}——最大设计流量，m^3/s；

v——过栅流速，m/s；

h——栅前水深，m；

α——格栅倾角，(°)。

③ 栅渠总长度 L　人工格栅［见图 10-3(a)］总长为渐变段、直线段和格栅三部分之和；机械格栅［见图 10-3(b)］栅前和栅后一般各设置与格栅宽度相等的直线段，以保证栅前和栅后水流的均匀性，栅渠总长一般不小于 3 倍格栅长度（并应根据设备安装、人员通行等要求的距离或宽度进行校核）。

（3）水力计算（确定栅后跌水高度）　格栅水头损失 h_1 如式(10-7)、式(10-8) 所示：

$$h_1=kh_0 \tag{10-7}$$

$$h_0=\xi\frac{v^2}{2g}\sin\alpha \tag{10-8}$$

式中　h_0——计算水头损失，m；

k——格栅堵塞时水头损失增大倍数，一般取 3；

ξ——栅条形状阻力系数，与栅条断面形状有关，取值见《给水排水设计手册第 5 册》；

v——过栅流速，m/s。

（4）栅渣量（W）计算　栅渣量可确定每天的产渣量。栅渣量 W 按式(10-9) 计算：

$$W=\frac{86400W_1Q_{max}}{1000K} \tag{10-9}$$

式中　W_1——栅渣量，$m^3/10^3m^3$ 污水；

Q_{max}——最大设计流量，m^3/s；

K——综合生活污水量变化系数。

4. 工艺设备

采用机械清渣时，确定相应的清渣设备。清渣设备的选择应与栅渠尺寸、清渣能力以及环境条件相一致。具体选择参照有关设备手册或产品样本。

二、沉砂池

1. 一般说明

沉砂池分为平流式、竖流式、环流式（离心式）和曝气式。由于曝气沉砂池和环流式沉砂池对流量变化的适应性较强，除砂效果好且稳定，条件许可时，建议尽量采用曝气沉砂池（图 10-4）和环流式沉砂池（图 10-5）。其他形式的沉砂池使用较少。

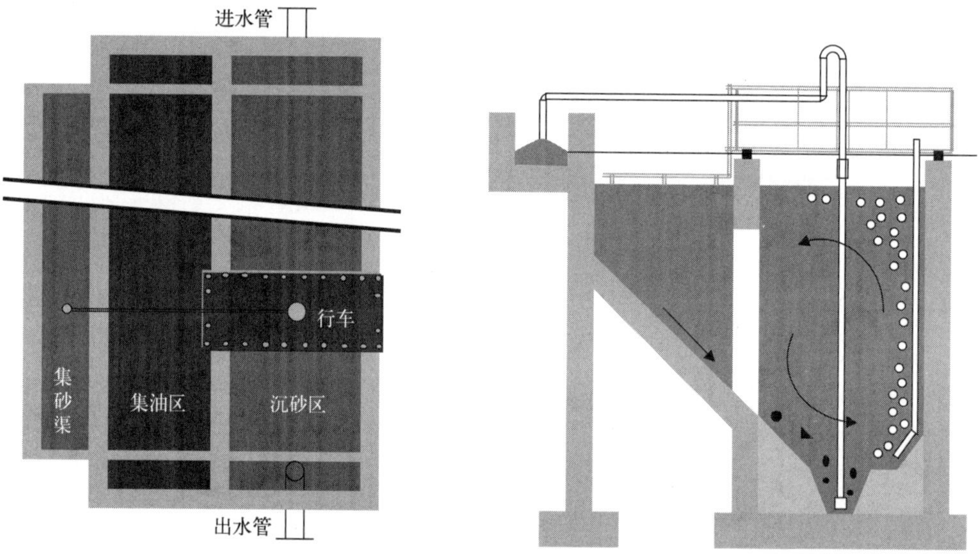

图 10-4 曝气沉砂池结构示意

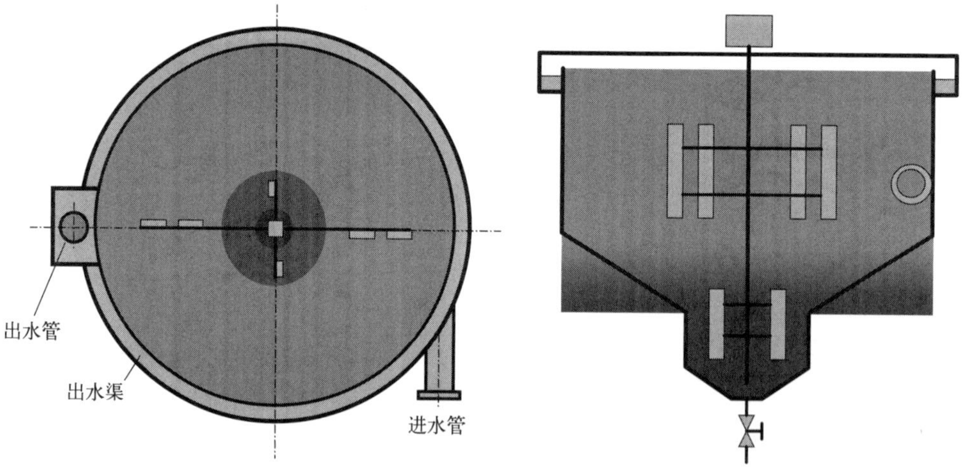

图 10-5 环流式沉砂池结构示意

以曝气沉砂池的设计计算为例，详细介绍工艺设计参数取值和计算过程，其他沉砂池设计计算可参考有关设计手册。

2. 主要设计参数

水平流速：不宜大于0.1m/s。

水力停留时间：宜大于5min。

有效水深：宜为2.0～3.0m。

长宽比：宜大于5；宽深比宜为1.0～1.5。

曝气量：宜为5.0～12.0L/(m·s）空气。

池内应考虑消泡与隔油装置（或设备）。

3. 设计内容

(1）工艺尺寸　主要确定沉砂池的池容V、水流断面A、池长L、池宽B等。

池容V（有效容积）如式(10-10）所示：

$$V=Q_{max}T \tag{10-10}$$

水流断面A如式(10-11）所示：

$$A=Q_{max}/v \tag{10-11}$$

池宽B如式(10-12）所示：

$$B=A/H \tag{10-12}$$

池长L如式(10-13）所示：

$$L=V/A \tag{10-13}$$

式中，各物理量含义同前。

在设计过程中，沉砂池的长、宽、深等工艺尺寸需同时满足有关的长宽比和宽深比，以保证沉砂池内的流态为推流式，如不满足需重新调整有关尺寸。

(2）结构尺寸　沉砂池的结构尺寸包括集砂斗、集砂槽、集浮油脂区等。

集砂斗倾角不小于50°。

集砂槽设计与明渠设计相同，但设计流速不应小于0.8m/s。

集浮油脂区长度与沉砂区相同，宽度一般为沉砂区宽度的1/2～2/3，底部以60°～75°倾角坡向沉砂区，以保证进入集油区的砂滑入沉砂区。

(3）进、出水

进水：沉砂池进水一般采用管道或明渠将污水直接引入配水区。

配水：由于曝气沉砂池内水流的旋流特性，沉砂池配水通常采用配水渠淹没配水。

出水：沉砂池出水一般采用出水堰，出水堰的宽度一般与沉砂池宽度相同，根据堰流计算公式可确定相应的堰上水头。

(4）工艺设备　沉砂池的曝气量Q_A可依据单位污水所需的曝气量或单位沉砂池长度所需的曝气量计算。

以单位污水所需的曝气量进行设计时，按式(10-14）计算曝气量：

$$Q_A=0.2Q_{max} \tag{10-14}$$

式中　Q_A——沉砂池的曝气量，m^3/s；

Q_{max}——沉砂池最大设计流量，m^3/s；

0.2——处理每立方米污水所需的曝气量，m^3曝气量/m^3污水量。

以单位沉砂池长度所需的曝气量进行设计时，按式(10-15）计算曝气量：

$$Q_A=(5.0\sim12.0)L/1000 \tag{10-15}$$

式中 5.0～12.0——单位时间单位沉砂池长度所需的曝气量，L/(m·s)；

L——曝气池长度，m。

① 供气方式 曝气沉砂池的供气可与曝气池供气联合进行或独立进行。联合供气不需要设置单独的供气设备（在曝气池风机选择时增加该部分风量即可），但曝气池和沉砂池由于池深通常不同，压力无法匹配，需设置减压阀。目前普遍的做法是采用独立供气的方式，即根据沉砂池所需的风量和风压，单独配置风机，不仅运行灵活，而且能耗较小。

② 曝气设备 一般采用穿孔管，孔径一般为2～5mm。

③ 排砂设备、集浮油脂设备 曝气沉砂池排砂一般采用排砂泵抽吸；浮油脂的收集通常采用撇油的方式；吸砂泵和撇油设备通常置于行车上。有关设备的选择和选型可参照相关的设计手册。

④ 砂水和油水分离设备 从沉砂池排出的砂水和油水混合物含水率仍很高，通常设置砂水分离器和油水分离器分别对其进行处置。经油水分离器分离后的废油可用作燃料或焚烧，砂水分离后的砂类似于城市垃圾，可卫生填埋。砂水分离器和油水分离器的选型或设计请参照相关的设计手册。

三、初次沉淀池

1. 一般说明

初次沉淀池（以下简称：初沉池）可采用平流式、竖流式和辐流式。通常辐流式适合于大规模污水处理工程，竖流式适合于小规模污水处理工程，而平流式则无此限制。

2. 主要设计参数

（1）流量 污水自流进入时，应按最大流量设计；厂内设置提升泵房时，应按工作水泵的最大组合流量设计。

（2）设计参数 初沉池的设计数据见表10-8。

表10-8 初沉池的设计数据

沉淀池类型	沉淀时间/h	表面水力负荷/[$m^3/(m^2\cdot h)$]	每人每日污泥量/[g/(人·d)]	污泥含水率/%
初沉池	0.5～2.0	1.5～4.5	16～36	95.0～97.0

（3）池深 初沉池的有效水深宜采用2.0～4.0m。

3. 主要设计内容

（1）工艺尺寸

① 有效沉淀面积、池长、池宽、池深等

有效沉淀面积A的计算如式(10-16)：

$$A=\frac{Q_{max}}{nq} \tag{10-16}$$

式中 A——沉淀池面积，m^2；

Q_{max}——沉淀池最大设计流量，m^3/s；

n——沉淀池数量，座；

q——沉淀池表面负荷，$m^3/(m^2 \cdot h)$。

沉淀池容积 V 的计算如式(10-17)：

$$V = tQ_{max} \tag{10-17}$$

式中　V——沉淀池有效体积，m^3；

t——沉淀时间，h。

沉淀区高度 h_1 的计算如式(10-18)：

$$h_1 = \frac{V}{A} \tag{10-18}$$

辐流式沉淀池，依据沉淀面积即可确定沉淀池的直径；平流式沉淀池，依据必需的长宽比和宽深比可确定沉淀池的长和宽。

② 水渠、配水区（墙或管）、出水渠等

a. 辐流式沉淀池（中心进水周边出水）　如图 10-6 所示。

中心管：中心管管径按流速大于 0.4m/s 的最小沉速设计。

导流筒：导流筒的深度一般为池深的一半，容积占沉淀容积的 5%。

出水集水渠：双侧堰出水时，辐流式沉淀池的出水集水渠一般位于距池壁 $R/10$ 处。

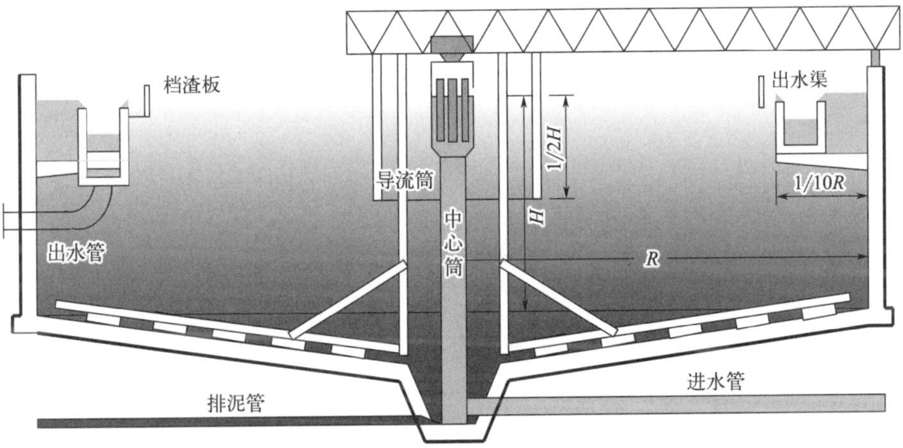

图 10-6　辐流式沉淀池（中心进水周边出水）

b. 平流式沉淀池，如图 10-7 所示。

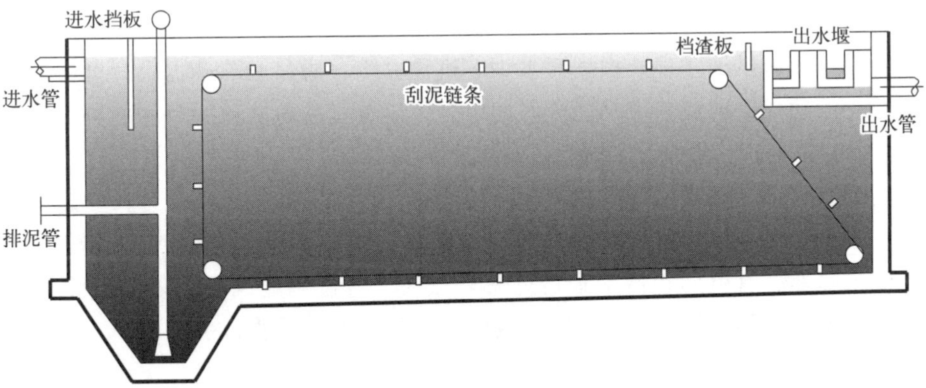

图 10-7　平流式沉淀池

配水：平流式沉淀池的配水可采用进水挡板或进水穿孔墙等。

出水：一般采用三角堰。

集水：平流式沉淀池的集水采用多重集水渠。

（2）结构尺寸

① 缓冲层　在沉淀区与集泥区之间一般设置缓冲区，缓冲区的高度一般为0.3～0.5m。

② 泥斗　大型沉淀池通常采用连续排泥，集泥斗的作用仅为收集污泥，以便通过排泥管将泥顺利排出，污泥在集泥斗中并不停留，因此，集泥斗的设计按结构要求考虑；小型非连续式沉淀池污泥斗的容积需按污泥停留时间考虑。

按结构设计时，满足以下要求：

a. 辐流式沉淀池泥斗一般为圆台形，上部直径为2m，下部直径为0.5～1m，泥斗倾角大于45°；

b. 平流式沉淀池泥斗一般为（正）棱台形，上部边长与池宽相同（若池宽较大时可设多个泥斗），下部边长一般为0.5～1.0m，泥斗倾角大于45°。

（3）污泥量计算

① 按表10-8所列计算每人（人口当量计）每天在初沉池去除的干污泥量，然后转化为相应含水率（一般初沉污泥为95%）的湿污泥。

② 按初沉池对悬浮物SS的去除率计算（初沉池SS的去除率一般为40%～60%）出干污泥量，然后转化为相应含水率（一般初沉污泥为95%）的湿污泥。

4. 工艺设备

沉淀池的主要工艺设备为刮泥机。刮泥机的设计选型主要按照沉淀池的形式、尺寸（直径或宽度）以及所需的排泥方式进行。

辐流式沉淀池一般采用单臂（见图10-6）或双臂旋转式刮泥机，排泥可采用刮泥板或虹吸排泥。

平流式沉淀池一般设计往复行车式或链条式刮泥机（见图10-7），排泥可采用刮泥板或虹吸排泥。

四、生物反应池

生物反应池是利用活性污泥（或生物膜）微生物代谢活动去除污水中碳源有机物、脱氮和除磷等的核心单元，通过活性污泥辅以搅拌（厌氧、缺氧）、曝气、污泥回流、混合液回流和污泥排放等措施实现。根据污水中有机物去除、脱氮和除磷需求，可将生物反应池设置为单一的功能分区或多个功能分区的组合。以兼具脱氮除磷为目标的典型代表工艺之一为A/A/O工艺，一般分为厌氧区、缺氧区和好氧区。污水进入厌氧区与回流污泥混合，在此完成大分子有机物的降解和聚磷菌的释磷；污水随后进入缺氧区，反硝化细菌利用水中的有机物将混合液（由好氧区末端回流而来）中的硝酸盐通过反硝化反应实现脱氮，并同步去除部分有机物；污水最后进入好氧区，通过硝化反应将氨氮氧化为硝酸盐氮，同步实现聚磷菌的过量吸磷，磷主要通过剩余污泥的排除得以去除。

经预处理后的原污水对大多数污染物有不同程度的去除，故生物反应池的设计进水水质与原水不同。经沉砂池、初沉池处理后，原污水中的污染物去除率可参考表10-9选取。

表 10-9　初沉池对不同污染物的去除率

污染物	去除率/%	污染物	去除率/%	污染物	去除率/%
BOD_5	20～30	COD	30～40	SS	50～60
TN	10～15	NH_3-N	0	TP	5～10

1. 厌氧区

生物反应池厌氧区池容可按式(10-19) 计算：

$$V_p=\frac{t_pQ}{24} \tag{10-19}$$

式中　V_p——厌氧池容积，m^3；

t_p——厌氧池停留时间，h，宜为 1.5～2.0h；

Q——生物反应池的设计流量，m^3/d。

2. 缺氧区

缺氧池容积采用反硝化动力学计算时，可按式(10-20)、式(10-21)、式(10-22) 计算：

$$V_n=\frac{0.001Q(N_k-N_{te})-0.12\Delta X_V}{K_{de}X} \tag{10-20}$$

$$K_{de(T)}=K_{de(20)}1.08^{(T-20)} \tag{10-21}$$

$$\Delta X_V=Y\frac{Q(S_0-S_e)}{1000} \tag{10-22}$$

式中　V_n——缺氧池容积，m^3；

Q——生物反应池的设计流量，m^3/d；

N_k——生物反应池进水总凯氏氮浓度，mg/L；

N_{te}——生物反应池出水总氮浓度，mg/L；

ΔX_V——排出生物反应池系统的微生物量，kg MLVSS/d；

K_{de}——脱氮速率，kg NO_3-N/kg MLSS · d，宜根据试验确定，无试验资料时，20℃下的 K_{de} 值可采用（0.03～0.06）kg NO_3-N/kg MLSS · d，并按上式进行温度修正，$K_{de(T)}$ 和 $K_{de(20)}$ 分别代表 T℃（设计温度）和 20℃时的脱氮速率；

X——生物反应池内混合液悬浮固体平均浓度，g MLSS/L；

Y——污泥产率系数，kg VSS/kg BOD_5，宜根据试验确定，无试验资料时，可取 0.3～0.6；

T——设计污水温度，℃；

S_0——生物反应池进水五日生化需氧量浓度，mg/L；

S_e——生物反应池出水五日生化需氧量浓度，mg/L。

3. 好氧区

(1) 好氧区容积计算　可按式(10-23)、式(10-24)、式(10-25) 计算：

$$V_O=\frac{Q(S_0-S_e)\theta_{co}Y_t}{1000X} \tag{10-23}$$

$$\theta_{co}=F\frac{1}{\mu} \tag{10-24}$$

$$\mu=0.47\frac{N_a}{K_n+N_a}e^{0.098(T-15)} \tag{10-25}$$

式中 V_O——好氧区容积，m^3；

Q——生物反应池的设计流量，m^3/d；

S_0——生物反应池进水五日生化需氧量浓度（BOD_5），mg/L；

S_e——生物反应池出水五日生化需氧量浓度（BOD_5），mg/L；

θ_{co}——好氧区设计污泥龄，d；

Y_t——污泥总产率系数，kg MLSS/kg BOD_5，无试验资料时，系统有初沉池时宜取0.3～0.6，无初沉池时宜取0.8～1.2；

X——生物反应池内混合液悬浮固体平均浓度，g MLSS/L；

F——安全系数，一般取1.5～3.0；

μ——硝化细菌比生长速率，d^{-1}；

N_a——生物反应池中氨氮浓度，mg/L；

K_n——硝化作用中氮的半速率常数，mg/L；

T——设计污水温度,℃；

0.47——指15℃时硝化细菌最大比生长速率（d^{-1}）（注：对于工业废水占比较大的城市污水，硝化细菌最大比生长速率取值应根据水质适当减小）。

（2）曝气量计算　生物反应池中好氧区的供氧应根据去除的BOD_5（五日生化需氧量）、氨氮的硝化和除氮等要求，按式(10-26）计算：

$$Q_2=0.001aQ(S_0-S_e)-c\Delta X_V+b\left[0.001Q(N_K-N_{Ke})-0.12\Delta X_V\right]-0.62b\left[0.001Q(N_t-N_{Ke}-N_{oe})-0.12\Delta X_V\right] \tag{10-26}$$

式中 Q_2——污水需氧量，kg O_2/d；

a——碳的氧当量，当含碳物质以BOD_5计时，应取1.47；

Q——生物反应池的进水流量，m^3/d；

S_0——生物反应池进水五日生化需氧量浓度（BOD_5），mg/L；

S_e——生物反应池出水五日生化需氧量浓度（BOD_5），mg/L；

c——常数，细菌细胞的氧当量，应取1.42；

ΔX_V——排出生物反应池系统的微生物量，kg/d；

b——常数，氧化每千克氨氮所需的氧当量，kg O_2/kgN，应取4.57；

N_K——生物反应池进水总凯氏氮浓度，mg/L；

N_{Ke}——生物反应池出水总凯氏氮浓度，mg/L；

N_t——生物反应池进水总氮浓度，mg/L；

N_{oe}——生物反应池出水硝态氮浓度，mg/L。

当采用鼓风曝气方式供氧时，可将标准状态下的污水需氧量换算为标准状态下的供气量，按式(10-27）计算：

$$G_s=\frac{Q_s}{0.28E_A} \tag{10-27}$$

式中 G_s——标准状态下（0.1MPa、20℃）下的供气量，m^3/h；

Q_s——标准状态下生物反应池污水需氧量，kg O_2/h；

0.28——标准状态下每立方米空气的含氧量，kg O_2/m^3；

E_A——曝气器氧的利用率,%。

4. 混合液回流、污泥回流及剩余污泥

（1）混合液回流、污泥回流　混合液回流是将好氧池经充分硝化的混合液回流至缺氧区，进行反硝化反应，完成生物脱氮。污泥回流是将沉淀池内的污泥回流至生物反应池前端，用以保持一定的悬浮固体浓度，即保持一定的微生物数量。污水的生物脱氮效率与总回流比有关，如式(10-28) 所示：

$$r=\frac{R+I}{R+I+1} \tag{10-28}$$

式中 r——脱氮效率；

R——污泥回流比；

I——混合液回流比；

混合液回流比一般为 100%～400%，污泥回流比一般为 50%～100%。总回流比过大，会使生物反应池由推流式趋于完全混合式，污泥性状变差。

(2) 剩余污泥 可采用污泥龄计算，也可根据污泥产率系数、衰减系数及不可生物降解和惰性悬浮物计算。

① 采用污泥龄计算，如式(10-29)：

$$\Delta X=\frac{VX}{\theta_c} \tag{10-29}$$

式中 ΔX——剩余污泥量，kg SS/d；

V——生物反应池的容积，m^3；

X——生物反应池内混合液悬浮固体浓度，g MLSS/m^3；

θ_c——污泥龄，d。

② 采用污泥产率系数、衰减系数及不可生物降解和惰性悬浮物计算，如式(10-30)：

$$\Delta X=YQ(S_0-S_e)-K_dVX_V+fQ(SS_0-SS_e) \tag{10-30}$$

式中 Y——污泥产率系数，kg VSS/kg BOD_5，20℃时宜取 0.3～0.8；

Q——设计平均日污水量，m^3/d；

S_0——生物反应池进水五日生化需氧量，kg/m^3；

S_e——生物反应池出水五日生化需氧量，kg/m^3；

K_d——衰减系数，d^{-1}；

V——生物反应池容积，m^3；

X_V——生物反应池内混合挥发性悬浮固体平均浓度，g MLVSS/L；

f——SS 的污泥转换率，g MLSS/g SS，可取 0.5～0.7；

SS_0——生物反应池进水悬浮物浓度，kg/m^3；

SS_e——生物反应池出水悬浮物浓度，kg/m^3。

5. 生物反应池设计要点

(1) 生物反应池超高，当采用鼓风曝气时为 0.5～1.0m；当采用机械曝气时，操作平台应高出水面 0.8～1.2m。

(2) 廊道式生物反应池池宽与有效水深之比宜为 1∶1～2∶1，在此条件下曝气装置沿一侧布置时，能形成良好的旋流前进的水力条件。

(3) 廊道式生物反应池有效水深宜为 4～6m。当占地受限时，也可将有效水深增加至 6m 以上。

(4) 采用鼓风曝气时，供气量应大于 $3m^3/m^3$ 污水；采用表面曝气时功率不低于 25W/m^3 污水；搅拌器的混合功率为 2～8W/m^3 污水；氧化沟所需功率不宜小于 15W/m^3 污水。

(5) 污水及回流污泥进入厌氧区、混合液回流至缺氧区，应采用淹没入流方式，尽量避免复氧。

6. 主要工艺设备

（1）曝气设施　好氧池（或曝气池）的曝气主要是维持生化反应的需氧量并使混合液含有一定量的剩余DO（需氧量，一般要求为2～3mg/L）；同时曝气使混合液始终保持悬浮状态，不致产生沉淀，使池内平均流速维持在0.25m/s。常用的曝气设备一般分为鼓风曝气和机械曝气。

① 鼓风曝气　一般采用鼓风机（如离心式鼓风机、罗茨鼓风机等），包括风机、风管系统、充氧装置（曝气头、板、盘等）。同一供气系统应选用同一类型鼓风机，当工作风机不大于3台时，备用1台；工作风机不小于4台时，备用2台。

风管接入曝气池时，管顶应高于水面至少0.5m，避免负压回水；风管中空气流速一般选用：a. 干、支管为10～15m/s；b. 竖管、小支管：4～5m/s；

曝气器可满池均匀布置，亦可沿池长分段渐减布置。

采用鼓风曝气的好氧池的长宽比一般为（8∶1）～(16∶1)。

② 机械曝气　主要是表面曝气。表面曝气机叶轮直径和生物反应池直径（或正方形的一边）之比：倒伞或混流型可分为（1∶3)～(1∶5)；水泵型可为（1∶3.5)～(1∶7)。

叶轮淹没深度一般在10～100mm。

（2）搅拌、推流设施　缺氧池、厌氧池应采用机械搅拌（推流）设备来保证池内污泥混合均匀、防止沉降。混合功率一般为6～8W/m^3。机械搅拌（推流）设备选型和布置宜通过试验或计算流体动力学（CFD）软件模拟。

（3）污泥回流及剩余污泥设施　混合液回流采用回流污泥泵将好氧区末端混合液通过管（渠）抽送至缺氧池前端，混合液回流泵一般采用潜水泵，所需的扬程较低（1m以内)。

污泥回流采用水泵将二次沉淀后的活性污泥通过管（渠）将污泥抽送至厌氧池（或部分送至缺氧池），污泥回流泵一般采用潜污泵、转子泵、螺杆泵或泥浆泵等。

不同含水率的污泥管路特性与污水不同，输送污泥的水泵扬程一般采用以下权宜经验公式计算确定：污泥含水率为99%～99.5%时（如混合液回流），污泥管路水头损失与污水接近；污泥含水率大于98%～99%时（如二沉池回流及剩余污泥），污泥管路水头损失可按清水的2～4倍确定；初沉污泥经浓缩后，含水率可降低至90%～92%，当通过100mm和150mm管道时，水头损失一般是污水的6～8倍。

五、二次沉淀池

二次沉淀池（以下简称二沉池）的功能是既要保证出水的水质，又要保证污泥的回流，因此，二沉池的设计至关重要。初沉池和二沉池的工作状态完全不同，初沉池中的沉淀基本属于离散颗粒沉淀，而二沉池则属于絮凝和拥挤沉淀。此外，由于二沉池的污泥浓度较高，密度与水存在明显差异，沉淀过程属于典型的异重流，而这种异重流（底层异重流）有利于沉淀，因此，在细部结构的设计上应注意与初沉池的差别。

二沉池设计流量为生物反应池的进水流量，并应考虑污泥回流量后的水量校核二沉池水力表面负荷。

二沉池的池型、沉淀面积、池深等的设计计算及工艺设备等同初沉池。

二沉池设计参数见表10-10。

表 10-10 二沉池的设计数据

沉淀池类型		沉淀时间 /h	表面负荷 /[$m^3/(m^2 \cdot h)$]	每人每日污泥量 /[g/(人·d)]	污泥含水率 /%	固体负荷 /[$kg/(m^2 \cdot d)$]
二沉池	生物膜法后	1.5～4.0	1.0～2.0	10～26	96.0～98.0	≤150
	活性污泥法后	1.5～4.0	0.6～1.5	12～32	99.2～99.6	≤150

二沉池的排泥量为剩余污泥量与回流污泥量之和。

六、高密度沉淀池

高密度沉淀池是混凝沉淀工艺的总结与发展，该工艺将澄清技术与污泥浓缩技术结合起来，能够进一步去除二级出水中的 SS、TP 以及部分 COD 等污染物。高密度沉淀池分为反应区、沉淀区、出水区三个区域，如图 10-8 所示。在反应区，搅拌机以达到 10 倍进水的内循环率进行搅拌，将水中原有的悬浮物重新形成大的易于沉降的絮凝体。在沉淀区，易于沉淀的絮凝体快速沉降，而微小絮体被斜管捕获，最终高质量的出水通过池顶集水槽收集排出。

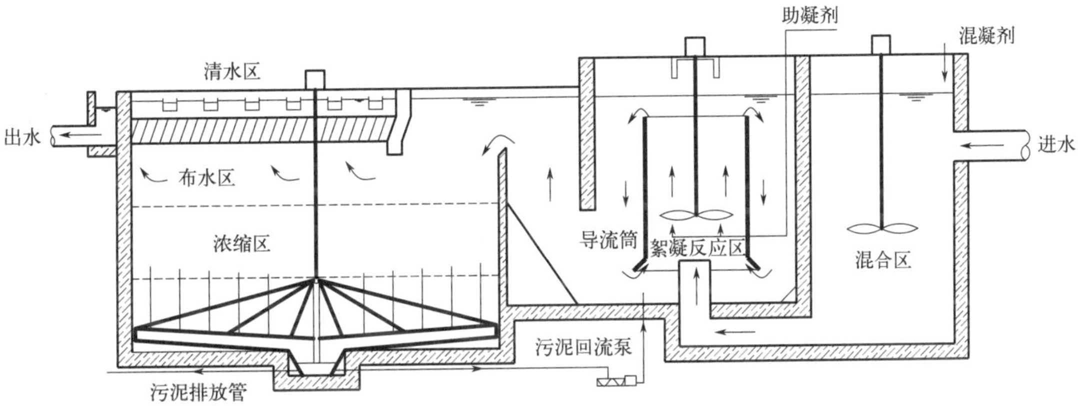

图 10-8 高密度沉淀池结构示意图

污水首先进入快速混合池，与投加的混凝剂进行快速混合，混凝剂可采用铝盐或铁盐。混合之后，污水流入絮凝反应池，投加高分子絮凝剂，通常采用聚丙烯酰胺，并与沉淀池回流的污泥进行慢速搅拌，完成絮凝反应，循环固体加速絮凝过程并促进密实、均匀的絮体颗粒形成。随后水流经推流区从絮凝池进入污泥浓缩区，清水通过斜管/斜板流入池顶集水槽；大部分悬浮固体在泥水分离区直接分离，剩余的絮凝颗粒在斜板/斜管中被拦截沉淀。底部设带栅条的浓缩刮泥机，浓缩后污泥一部分回流到快速混合池出水端，其余污泥则排放。

高密度沉淀池的主要工艺设计参数如下。

(1) 表面水力负荷宜为 6～13$m^3/(m^2 \cdot h)$。

(2) 混合时间宜为 0.5～2.0min，絮凝时间宜为 8～15min。

(3) 污泥回流量宜占进水量的 3%～6%。

七、 V型滤池

V 型滤池是法国公司 DEGREMONT 开发的一种气、水反冲洗重力式快滤池，一般使用单一较均匀的石英砂滤料，滤层具有孔隙大、截污能力强、过滤周期长、滤速高和水头损失小的优点。鉴于良好的过滤效果和成熟的运行经验，越来越多地应用于污水深度处理中。其主要工作过程包含进水和配水、过滤、反冲洗、出水等工序。图 10-9 与图 10-10 为典型 V 型滤池的平面和剖面图。

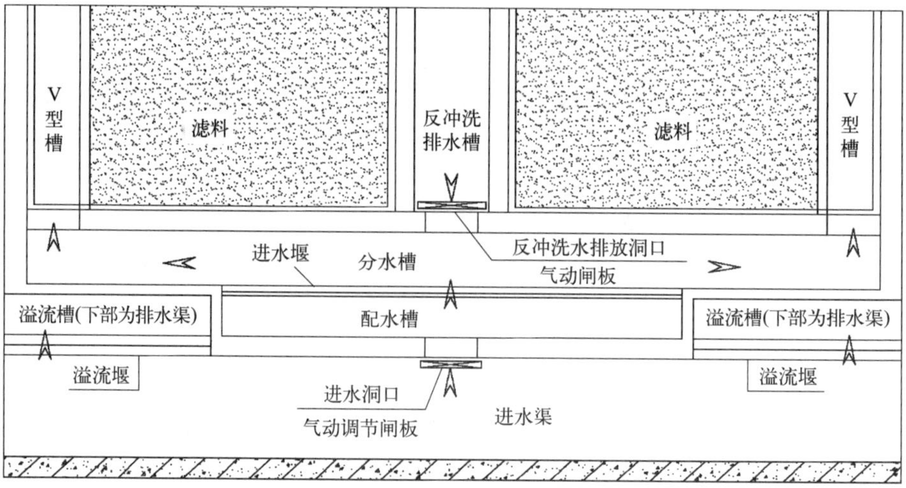

图 10-9 V 型滤池平面图

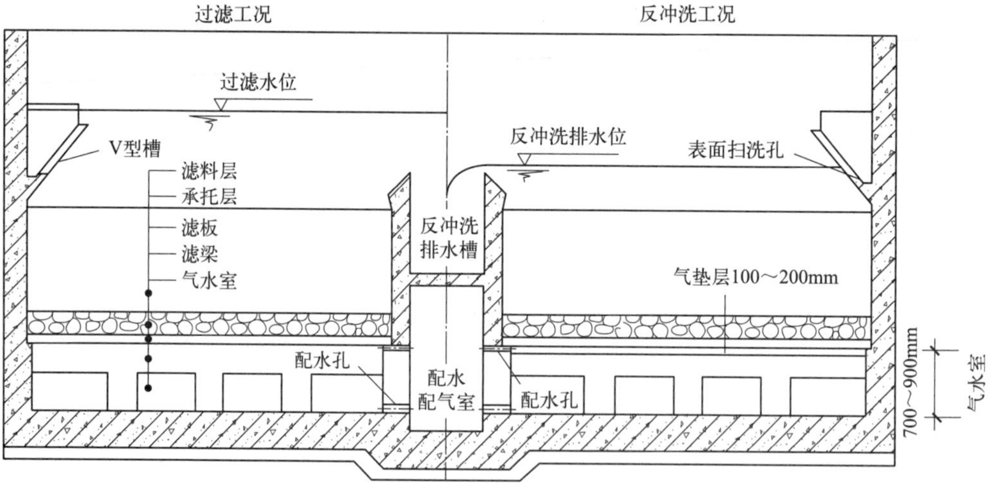

图 10-10 V 型滤池剖面图

V 型滤池的主要工艺设计参数及设计要点如下。

(1) 主要运行控制参数

① 滤速 7～20m/h，一般为 10～15m/h。

② 过滤周期一般为 24～48h。

③ 反冲洗控制参数。反冲洗过程一般持续10～15min，气水反冲洗强度及冲洗时间详见表10-11。

表10-11　气水反冲洗强度及冲洗时间

程序	冲洗强度/[L/(m²·s)]	冲洗时间/min
单独气冲	15～20	2～3
气冲加水冲	气冲13～17;水冲2.5～3.0	4～5
单独水冲	4～6	2～3
表冲	1.4～2.3	全程

（2）滤料、承托层

① 滤层厚度一般为0.95～1.50m。

② 滤料有效粒径 d_{10} 为0.95～1.35mm，不均匀系数 K_{80} 为1.2～1.6，$K_{40}\leqslant 1.4$ 为宜。

（3）反冲洗水泵扬程与鼓风机风压的计算

① 反冲洗水泵的扬程采用式(10-31）计算：

$$H_p=H_0+h_1+h_2+h_3+h_4+h_5 \tag{10-31}$$

式中　H_p——水泵扬程，m；

H_0——滤池反冲洗排水槽排水位至水泵吸水池水面的高度，m；

h_1——水泵吸水管口至滤池输水管道的水头损失，m；

h_2——滤池配水系统的总水头损失，m；

h_3——承托层的水头损失，m；

h_4——滤料层的水头损失，m；

h_5——富余水头，m。

② 反冲洗鼓风机出口静压采用式(10-32）计算：

$$H_A=h_1+h_2+h_3+h_4+h_5 \tag{10-32}$$

式中　H_A——鼓风机出口静压，m；

h_1——输气管路的压力损失，m；

h_2——滤池配气系统的压力损失，m；

h_3——滤板下反冲洗水层的水压，m；

h_4——鼓风机出流至输气管路起端压力损失，m；

h_5——富余压力，m。

八、消毒池

1. 一般说明

消毒是保证污水安全排放或回用的最后环节。尽管在污水处理过程中，水中的微生物和可能的致病菌已绝大部分被杀灭（氧化）或随着沉淀物一起被去除，但经二级处理或深度处理的城市污水中仍可能含有一些游离的微生物（致病菌），其排放仍可能对水体的卫生安全（尤其是排放水体作为饮用水源或其他可能与人类接触的用途时）造成威胁。因此，消毒是污水（尤其是城市污水、医院污水、屠宰废水等含有人类及动物代谢物的污水）处理必须的最终处理单元。尤其是随着新的或一些未知病原传染病的频繁发生，污水消毒的重要性日益受到重视。

图 10-11　接触池示意图

污水消毒常用的消毒剂为氯系消毒剂，主要为液氯、次氯酸钠及二氧化氯。

消毒过程在接触池中进行。接触池有水平隔板式、垂直隔板式和搅拌池等，由于水平隔板式（又称廊道式）流态稳定，不易短流和形成涡流，且阻力较小，因此为最常见的接触池池型（见图 10-11）。

消毒设备主要有消毒剂的配制及投加设备。

2. 主要设计参数

设计流量：按设计最大流量设计。

接触时间：不小于 30min。

廊道内水流速度：0.2～0.4m/s。

3. 工艺尺寸

① 接触池容积 V　如式(10-33) 所示：

$$V=QT \tag{10-33}$$

式中　Q——设计流量，m^3/d；

T——设计停留时间，d。

② 接触池面积 A　如式(10-34) 所示：

$$A=V/H \tag{10-34}$$

式中　H——池深，m。

③ 廊道宽 b　如式(10-35) 所示：

$$b=\frac{Q}{vH} \tag{10-35}$$

式中　v——廊道内设计流速，m/s，一般不小于 0.3m/s。

④ 池宽 B　如式(10-36) 所示：

$$B=(n+1)b \tag{10-36}$$

式中　n——隔板数。

⑤ 池长 L　如式(10-37) 所示：

$$L=A/B \tag{10-37}$$

九、加药（消毒）系统

1. 一般说明

加药系统主要由加药设备和混合设备组成，加药设备置于加氯间，因此，加药系统设计包括设备计算、选型以及加药间设计等。典型次氯酸钠溶液投加系统图如图 10-12 所示。

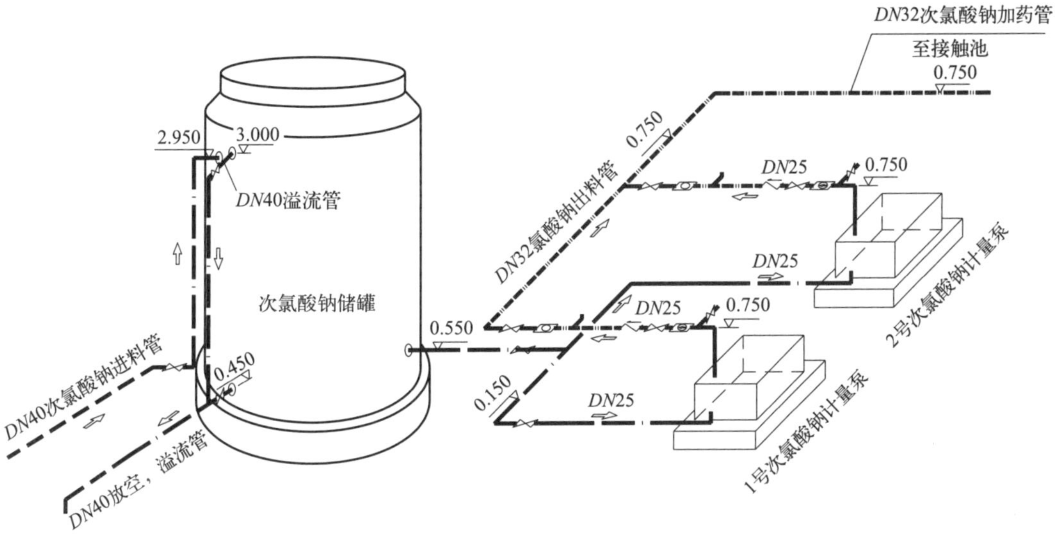

图 10-12　次氯酸钠溶液投加系统图

2. 主要设计参数

没有试验资料时，消毒剂投加浓度按有效氯 5～10mg/L 考虑。加药泵的数量不少于 2 台，互为备用，或单独备用。

3. 加药（氯）间

加药（氯）间的设计应在加药设备确定后，依据所选加药（氯）设备的具体要求进行。

加药（氯）的尺寸及布置应满足各种加药（氯）设备及附件的安装和检修要求。

4. 加药（氯）设备

加药（氯）泵及附属系统目前均为成套设备供应，设计时可根据加氯量选择相关成套设备。设备选型可参考有关设计手册、产品样本或直接咨询设备厂家。

5. 混合装备

次氯酸钠溶液经加药（氯）泵计量输送到水中后，需尽快与污水混合接触，以达到设计的消毒效果。

如果污水在进入接触池前需要提升，则可将水射器的出水管与提升泵的出水管路相连接，进行管道混合。管道混合一般效果较好，为首选的混合方式。

如果污水是重力流入接触池，通常在接触池的进水处设置混合段，水射器出水直接注入混合段，混合可采用机械搅拌混合（设置搅拌器）或水力混合（设置横向隔板）。混合段水力停留时间一般按 1min 设计。

十、污泥回流系统

1. 一般说明

污泥回流的作用是保证曝气池所需的污泥浓度。污泥回流的方式有空气提升、螺旋提升和水泵提升。早期的污泥回流主要采用前两种方式，随着潜污泵技术的提高、工作性能的完善以及检修维护的方便，污水处理厂通常采用地下式潜污泵房实现污泥回流。

2. 主要设计参数

污泥回流比 α：50%～100%；

设计流量 Q_h 的计算如式(10-38) 所示：

$$Q_h = \alpha Q \tag{10-38}$$

式中　Q——生物反应池设计流量，m^3/d。

3. 构筑物工艺尺寸

污泥回流系统的主要构筑物为污泥回流泵房。污泥回流泵房与提升泵房相同。泵房通常设计为地下式，潜污泵直接置于集泥池。

集泥池的容积按最大 1 台泵 5min 的流量计算。

集泥池水深一般为 2～3m，水深确定后，即可计算出集泥池的面积。

依据确定出的集泥池面积，按水泵布置的原则确定相应的泵位，通常情况下集泥池面积可满足水泵布置的要求，如果不满足时，可增大集泥池的容积。

4. 工艺设备

污泥回流系统的工艺设备主要有污泥泵和相应的吊装设备。

污泥泵的流量为最大设计污泥回流量。

污泥泵的扬程为集泥池的最低水位与生物池水位之差再加上污泥回流管路的沿程及局部水头损失。

十一、污泥浓缩池

1. 一般说明

剩余污泥的含水率一般高达 99%～99.5%，在消化前必须进行浓缩，降低含水率，减少污泥体积，同时增加含固率，减小污泥消化时加热污泥的能量消耗，降低运行费用。通常将剩余污泥与初沉污泥混合进行污泥浓缩，由于两者密度及性质的差异，初沉污泥的混入将会增加剩余污泥的浓缩效果。一般浓缩后污泥的含水率可降至 97%左右。

污泥浓缩的方式有重力浓缩和气浮浓缩。如果选择厌氧消化进行污泥稳定，一般采用重力浓缩；当采用好氧消化进行污泥稳定时，两者均可选择。本书主要论述重力浓缩池，如图 10-13 所示，其他浓缩参考有关设计手册。

重力浓缩分为连续式和间歇式。一般大中型污水处理厂均选择连续式。当采用生物除磷污水处理工艺时，不宜采用重力浓缩进行污泥处理。

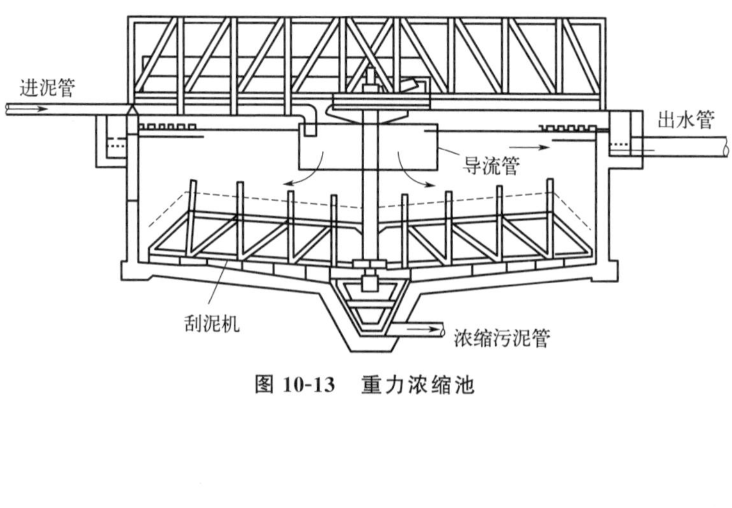

图 10-13　重力浓缩池

2. 主要设计参数

设计污泥量 Q：初沉污泥量＋剩余污泥量。

浓缩时间 T：不小于 12h。

污泥固体负荷 G：30～60kg/m^2 · d。

有效水深 h_2：4m。

采用栅条浓缩机时，外缘线速度：1～2m/min。

3. 工艺尺寸

① 浓缩池面积 A 计算如式(10-39) 所示：

$$A=\frac{Qc_0}{G} \tag{10-39}$$

式中 c_0——污泥固体浓度，kg/m^3。

② 浓缩池直径 D 计算如式(10-40) 所示：

$$D=\sqrt{\frac{4A}{\pi}} \tag{10-40}$$

③ 浓缩池深度 H 计算如式(10-41) 所示：

$$H=h_1+h_2+h_3+h_4+h_5 \tag{10-41}$$

式中 h_1——超高，0.3m；

h_2——有效水深，4m；

h_3——缓冲层高度，0.3m；

h_4——池底坡度造成的深度，池底坡度 i 可取 5%；

h_5——污泥斗高度，m。

4. 工艺设备

浓缩池的工艺设备为刮泥机。其结构和工作方式同沉淀池，所不同的是为了促使污泥中游离水的释放，以提高浓缩速度和效果，浓缩池刮泥机一般配备栅条。

十二、污泥厌氧消化池

1. 工艺原理

污泥消化是使污泥实现减量化、稳定化、无害化和资源化的重要环节。

污泥消化分为好氧消化和厌氧消化两种方式。厌氧消化是传统的消化方法，其原理是通过厌氧微生物的作用将污泥中的有机物、储存在微生物体内的有机物以及部分生物体转化为甲烷，从而达到污泥稳定；好氧消化则是通过供氧在好氧条件下对污泥进行稳定。

厌氧消化可以降低污泥中有机质的含量，使污泥稳定、易于脱水，产生的污泥气可资源利用，因此污泥厌氧消化对提高污水厂能量自给率、碳减排意义重大，已成为国际上应用较为广泛的污泥减量化、稳定化和资源化方法。与厌氧消化相比，好氧消化速率快，所需的时间短，构筑物较小，好氧消化受温度的影响相对较小，效果较为稳定，而且工艺简单，管理方便，无异味，无压力容器等。因此，对城市污水的污泥稳定处理可根据实际情况进行选择。

本章节的设计计算以厌氧消化系统为主。污泥厌氧消化工艺按消化级数可分为单级和多级消化，按消化温度可分为中温和高温消化，按消化相数可分为单相和两相消化，按消化固体浓度可分为常规浓度和高含固浓度消化。

2. 主要设计参数

常规浓度中温厌氧消化池的设计应符合下列规定。

多级消化池的第一级或单级消化池的消化温度：33℃～38℃。

消化时间：20～30d。

有机负荷：重力浓缩后的污泥宜为 0.6～1.5kg VSS/(m^3·d)；机械浓缩后的污泥不应大于 2.3kg VSS/(m^3·d)；

高含固浓度厌氧消化池、以热水解作为消化预处理时的消化池的设计相关规定参考 GB 50014—2021 的 8.3.8 和 8.3.9 进行。

3. 工艺尺寸

(1) 池容　池容 V 的计算如式(10-42) 所示：

$$V=Q/\eta \tag{10-42}$$

式中　Q——设计污泥流量，m^3/d；

V——消化池池容，m^3；

η——污泥投配率。

(2) 池型　消化池的池型有圆筒形（图 10-14)、椭圆形和蛋形（图 10-15）等。从结构上讲，蛋形最好，但相应的造价也最高；圆筒形结构形状简单，构筑方便，是目前应用较广的消化池池型。以下计算以圆筒形为例。

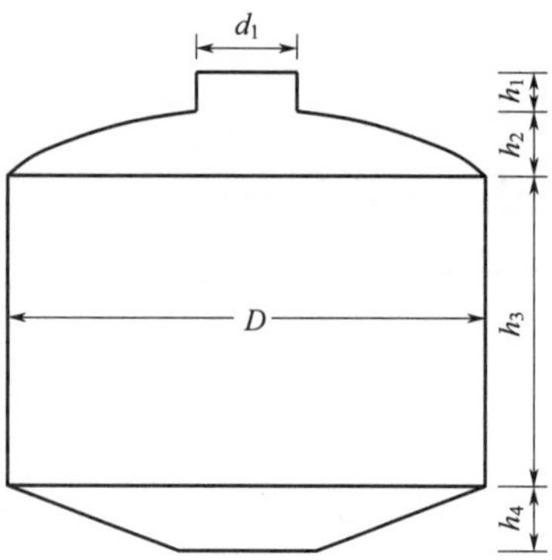

图 10-14　圆筒形厌氧消化池

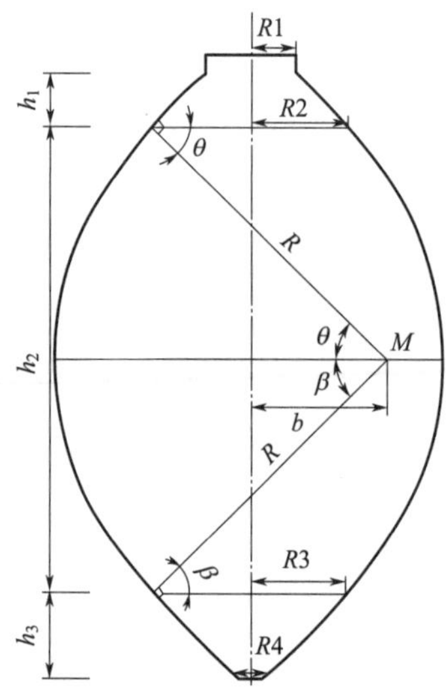

图 10-15　蛋形厌氧消化池

(3) 结构计算

① 圆筒形厌氧消化池

集气罩容积 V_1 如式(10-43) 所示：

$$V_1=\frac{\pi d_1^2}{4}h_1 \tag{10-43}$$

弓形部分容积 V_2 如式(10-44) 所示：

$$V_2=\frac{\pi}{24}h_2(3D^2+4h_2^2) \tag{10-44}$$

圆柱部分容积 V_3 如式(10-45) 所示：

$$V_3=\frac{\pi D^2}{4}h_3 \tag{10-45}$$

下锥体部分容积 V_4 如式(10-46) 所示：

$$V_4=\frac{1}{3}\pi h_4\left[\left(\frac{D}{2}\right)^2+\frac{D}{2}\times\frac{d_2}{2}+\left(\frac{d_2}{2}\right)^2\right] \tag{10-46}$$

消化池的有效容积 V 如式(10-47) 所示：

$$V=V_3+V_4 \tag{10-47}$$

设计一般采用试算法，即首先确定各部分尺寸，然后按以上各式计算消化池池容，逐步调整，直至两者接近为止。

② 蛋形厌氧消化池计算　见第十一章十三节设计案例。

(4) 热工计算　通过热工计算确定加热量，以便选择锅炉等加热设备。

4. 工艺设备

消化池的工艺设备主要为搅拌设备。

机械搅拌时，搅拌桨功率 N 按式(10-48) 计算：

$$N=\frac{QH}{75\eta} \tag{10-48}$$

式中　Q——流经搅拌桨导流筒的流量，m^3/h；

H——搅拌桨工作压力，一般取 1m 水柱；

η——螺旋桨效率。

沼气搅拌时，压缩机压力 H 按式(10-49) 计算：

$$H=H_0+\sum h_i \tag{10-49}$$

式中　H_0——消化池有效水深，m；

$\sum h_i$——沼气管路沿程和局部阻力之和，m。

沼气流量 Q 按式(10-50) 计算：

$$Q=bV \tag{10-50}$$

式中　b——搅拌每立方米污泥所需的沼气量，$m^3/m^3\cdot h$，无试验资料时取 0.05～0.2；

V——有效池容，m^3。

十三、储泥池

1. 一般说明

储泥池的作用是调节消化池排泥和污泥脱水两个单元的污泥平衡。储泥池的体积越大，储泥时间越长，脱水间的工作灵活性越大。

储泥池一般设计为圆形，内置搅拌机，防止污泥结块和沉淀影响污泥从储泥池到脱水机间的输运。

2. 主要设计参数

设计流量：脱水污泥量（或消化池排泥量）。

停留时间：12～24h。

有效水深：4～6m。

3. 工艺尺寸

① 储泥池容积 V 如式(10-51)：

$$V=QT \tag{10-51}$$

式中 Q——设计流量，m^3/d；

T——停留时间，d。

② 储泥池直径 D 如式(10-52)：

$$D=\sqrt{\frac{4}{\pi H}V} \tag{10-52}$$

式中 H——储泥池深，m。

4. 工艺设备

搅拌机的功率按 $5\sim10W/m^3$ 的池容计算。搅拌机可选择立式（垂直搅拌轴）或潜水推进器式。

十四、污泥脱水

1. 一般说明

污泥脱水是将污泥的含水率降至60%或80%以下的操作，污泥经脱水后，一般形成泥饼，体积大幅减小，以便于最终的处置。

在脱水前要对污泥进行调理，改善污泥的脱水性能。工程上调理的主要方法为投加絮凝剂。调理用絮凝剂一般采用高分子絮凝剂。

污泥脱水方法有自然干化和机械脱水。城镇污水处理厂由于场地的限制，污泥脱水主要采用机械脱水。

机械脱水的方式有真空过滤、板框压滤、带式压滤和离心过滤等。板框压滤为间歇操作，一般适用于中小型污水处理厂；大中型污水处理厂目前普遍采用带式过滤或离心过滤。

污泥脱水系统设计包括絮凝剂的选择、药量计算、配（加）药系统、过滤机的选型、加药间和脱水间设计等。

2. 主要设计参数

设计流量：污泥消化池的排泥量。

絮凝剂：PAM（或改性产品）。

投加量：剩余污泥干固体的0.3%～0.5%。

3. 工艺尺寸

（1）溶药池计算

溶药池数量：不少于2个。

溶药池容积 V 如式(10-53) 所示：

$$V=\frac{W}{1000n\alpha} \tag{10-53}$$

式中 W——日投药量，kg/d；

n——每天的配药次数；

α——溶药浓度，一般为2%～4%。

（2）溶药池形式　大型污水处理厂的溶药池可采用混凝土结构，而中小型污水处理厂一般采用成套的加药设备，有关设备的设计和选型可参考有关手册。

目前常见的溶药池形式如图10-16所示。

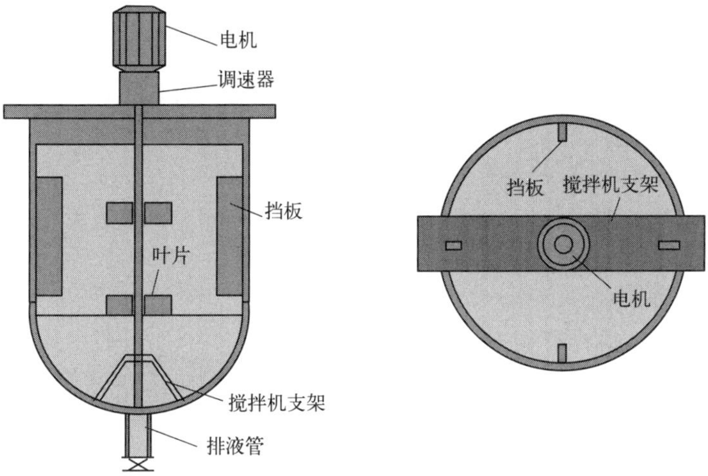

图 10-16　溶（配）药罐结构形式

（3）加药间　设计应满足加药设备的安装、运行和维修等要求，有关设计要求及计算参考《给水排水设计手册》（第 5 册　城镇排水）。

4. 工艺设备

加药间的工艺设备包括加药池搅拌机、加药泵、计量设备以及起吊设备等。

搅拌机的搅拌功率按 $0.1kW/m^3$ 进行选择。

加药泵通常选用专用加药泵（柱塞泵），泵的选择按所需的流量和扬程进行。

第四节　总体布置与水力计算

一、处理单元布置要求

1. 水力学计算要求

（1）设计原则

① 依据水力特性（连续性、不可压缩性）确定构筑物形式。

② 水力学稳定性原则，即尽量减小锐角，设置导流，减小涡流等。

③ 阻力（水头损失）最小原则，从而使得构筑物的能量消耗最低。

④ 满足工艺要求（如最小沉速、最小混合强度等）。

（2）沉淀池

① 水流稳定性高（FLUODE 数大）。

② 接近层流，有利于沉淀过程的进行。

③ 减少涡流，最大限度地提高有效沉淀容积。

（3）生物反应池

① 混合均匀，从而使活性污泥与基质以最短的时间接触，这是从生物反应池的基本功能出发所必须考虑的。

② 生物反应池的流速应大于污泥的最小沉速，防止活性污泥的沉淀，这一点在使用

氧化沟时要特别考虑。通常活性污泥的最小沉速为0.3m/s，考虑污泥性质的差异，设计时还需引入一个大于1的校正系数。

③ 减少涡流，最大限度地提高生物反应池的有效工作容积，以使实际水力停留时间与设计水力停留时间相同或接近，满足处理要求。

（4）混合池

① 在保证不破坏矾花或活性污泥结构的前提下，应尽量提高混合强度，满足混合效果。

② 采用机械搅拌时，混合池一般采用圆形或矩形倒角。

2. 阻力计算要求

从流体力学的角度讲，只要有流体的流动必然有水头损失；反过来，要想使流体流动，必须提供相应的水头（即能量），水头的来源可以是坡度或落差等。城市污水处理中的处理单元分为无外加能量和有外加能量两种，下边分别论述。

（1）无外加能量处理单元的阻力计算

此类处理单元（构筑物）包括平流式沉砂池、沉淀池，水力反应池，接触（消毒）池等，其阻力计算按明渠的水力计算进行。平流式沉砂池和沉淀池由于流速和湿周很小（或水力半径很大），其阻力一般可忽略不计。而反应池或接触池，由于流速和湿周均较大（或水力半径较大），必须进行计算确定。

（2）有外加能量处理单元的阻力计算

此类处理单元（构筑物）包括曝气沉砂池、生物反应池、搅拌池等。以搅拌供给能量的圆形搅拌池，池内水头损失由搅拌机供给，因此，无须考虑水头损失，此时，进、出水水位按相同设计。曝气沉砂池和生物反应池等处理单元，通常由于空气的流动方向（垂直）和水流的流动方向（水平）不同（图10-17），空气的加入反而增加了水流的阻力，且空气量越大，增加的阻力越大。

(a) 无曝气　　(b) 有曝气

图10-17　曝气沉砂池和曝气池水力条件图

二、压力流管道计算

在污水处理厂的污水及污泥的输送过程中，一般采用无压流，但某些特定场合，如污水或污泥经泵房提升、倒虹管等则必须采用压力流。

压力管道的水头损失按式(10-54)计算：

$$h_1=\frac{f}{D}\times\frac{v^2}{2g}L \tag{10-54}$$

式中　h_1——水头损失，m；

f——摩擦系数；

D——设计管径，m；

v——水流速度，m/s；

L——管道计算长度，m。

压力管道的水头损失 h_1 也可通过水力计算表查得。

三、重力流管道计算

重力流管道的有关计算按式(10-55)、式(10-56) 进行：

$$Q=vA \tag{10-55}$$

$$v=\frac{1}{n}R_h^{2/3}i^{1/2} \tag{10-56}$$

式中 Q——进水流量，m^3/s；

v——水流流速，m/s；

A——过水断面，m^2；

n——粗糙系数；

R_h——水力半径，m；

i——水力坡度（明渠的渠底坡度），$i=h_1/L$。

四、明渠流计算

污水处理厂内构筑物之间的连接以及构筑物的进水渠或出水集水渠广泛采用混凝土或钢筋混凝土明渠。明渠有关计算按式(10-57)、式(10-58) 进行：

$$Q=vA \tag{10-57}$$

$$v=\frac{1}{n}R_h^{2/3}i^{1/2} \tag{10-58}$$

式中 Q——进水流量，m^3/s；

v——水流流速，m/s；

A——过水断面，m^2；

n——粗糙系数；

R_h——水力半径，m；

i——水力坡度（明渠的渠底坡度），$i=h_1/L$。

污水处理厂内的明渠一般为矩形。按照流体力学理论，明渠的水深为渠宽的一半时，其水力半径最小，因此，阻力损失最小。但这种结构不适合于工程实际，通常明渠设计时采用的水深和渠宽比为 0.5～1.0，一般流量较大时取较小的数值（接近于最佳断面），而流量较小时取较大的数值。

五、堰流计算

水力学上的堰流按堰顶宽度分为宽顶堰、薄壁堰，按出流方式又可分为自由出流和淹没出流，按堰口结构还可分为矩形堰和三角堰。污水处理厂最常用的是自由流薄壁矩形堰和三角堰。

1. 自由流薄壁矩形堰

自由流薄壁矩形堰流量与堰上水头的水力计算示意见图 10-18。

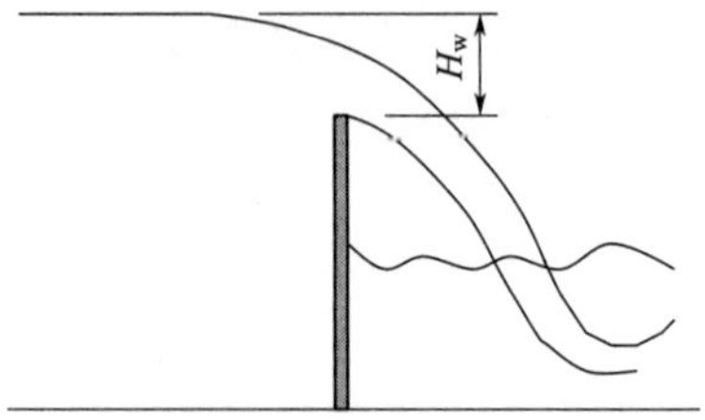

图 10-18　自由流薄壁矩形堰水力计算示意图

自由流薄壁矩形堰流量与堰上水头的水力计算关系如式(10-59)：

$$Q=mBH^{3/2}\sqrt{2g} \tag{10-59}$$

式中　Q——过堰流量，m^3/s；

B——堰宽，m；

H——堰上水头，m；

m——流量系数。

2. 自由流薄壁三角堰

自由流薄壁三角堰流量与堰上水头的水力计算示意见图 10-19。

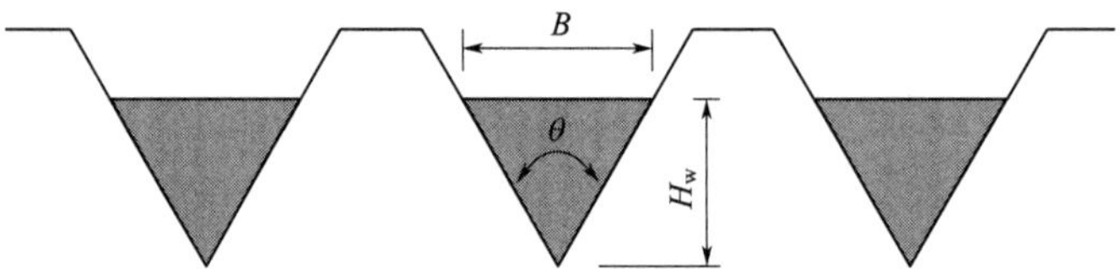

图 10-19　三角堰水力计算示意图

自由流薄壁三角堰流量与堰上水头的计算关系如式(10-60)：

$$Q=\frac{8}{15}C_d\tan\frac{\theta}{2}H_w^{5/2}\sqrt{2g} \tag{10-60}$$

式中　Q——过堰流量，m^3/s；

θ——三角堰的角度，°；

H_w——堰上水头，m；

C_d——流量系数，一般可取 0.62。

三角堰堰上水头 H_w（水深）和堰宽 B 之间的关系如式(10-61)：

$$\frac{B}{2H_w}=\tan\frac{\theta}{2} \tag{10-61}$$

六、孔口自由出流

孔口自由出流示意见图 10-20。

孔口自由出流一般应用于池体放空（外接短管）等场合，其流量与孔口水头的关系如式(10-62)：

$$Q=\mu A\sqrt{2gH} \tag{10-62}$$

式中　H——孔口水头，m；

A——孔口面积，m^2；

μ——流量系数。

七、孔口淹没出流

孔口淹没（非自由）出流示意见图 10-21。

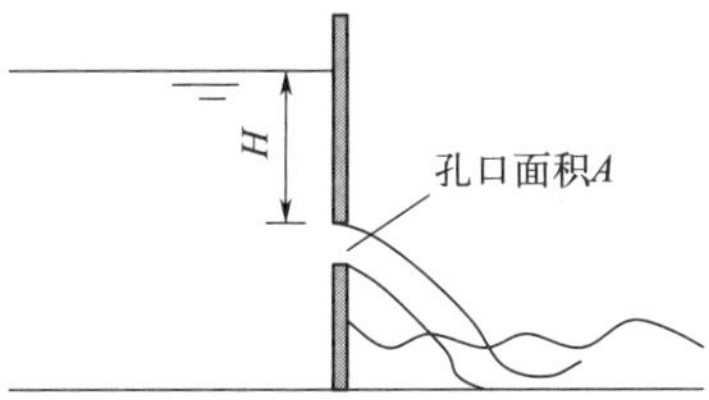

图 10-20　孔口自由出流示意

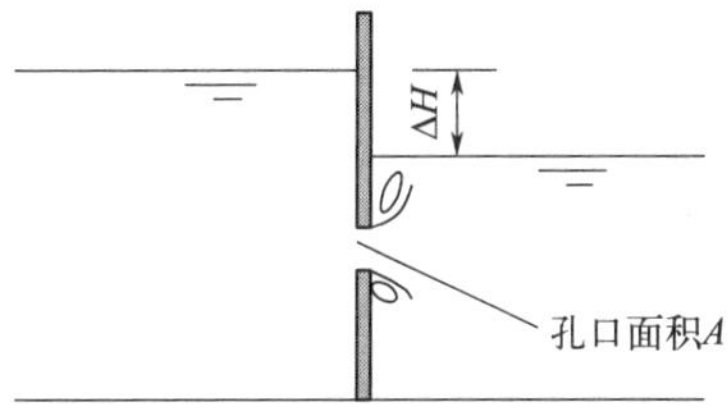

图 10-21　孔口淹没（非自由）出流

孔口淹没（非自由）出流一般应用于淹没配水等场合，其流量与水头损失的关系如式(10-63)：

$$Q=\mu A\sqrt{2g\Delta H} \tag{10-63}$$

式中　ΔH——淹没孔口出流水头，m；

A——孔口面积，m^2；

μ——流量系数。

八、沿程进水集水槽

沿程进水经常应用于沉淀池的进水集水槽，其水力计算示意见图 10-22。集水槽计算的核心是在已知沿程流量的条件下，确定集水槽起始端水深 H 和末端水深 y_c。

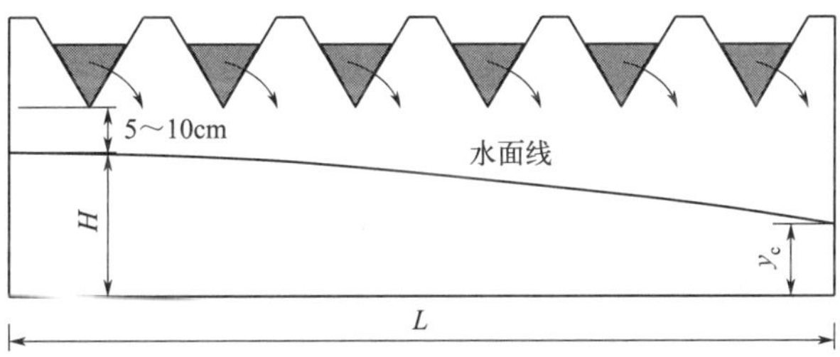

图 10-22　沿程进水集水槽水力计算示意图

当集水槽末端为自由泄水时，通过选择池宽 b，依据式(10-64)、式(10-65) 可确定水槽起始端水深 H 和末端水深 y_c：

$$y_c=\left[\frac{(qL)^2}{b^2g}\right]^{1/3} \tag{10-64}$$

$$H=\left(y_c^2+\frac{2q^2L^2}{gb^2y_c}\right)^{0.5} \tag{10-65}$$

式中　b——水槽宽，m；

q——单位水槽的进水量，$m^3/s\cdot m$，$q=Q/L$。

九、其他水头损失计算

其他管道附件（弯头、三通、阀门等）的水头损失可参照有关的设计手册进行计算或估算。

以上为毕业设计工艺设计计算的主要内容。除此之外，毕业设计中还要对污水处理厂的附属部分包括锅炉房、维修间、办公楼等进行设计，从而形成完整的毕业设计，该部分的设计应遵照有关国家标准进行［《城市污水处理工程项目建设标准》（建标 198—2022)］。

有关污水处理厂的平面及高程布置见本书第十一章参考有关书籍、手册。

第五节　建设及运行成本

一、工程总投资

工程总投资一般包含工程直接费和其他费，前者主要是与施工过程中耗费的构成工程实体的各项费用，包括人工费、材料费（如混凝土、钢材、各类设备）、施工机械使用费（如土方工程）等，后者是与工程建设非直接相关的支出，如前期管理费（如咨询费、代理费等）、技术服务费（如勘察、设计等）及配套设施及行政性收费。

在项目前期，工程投资一般以国家或相关部门制定的技术经济指标作为估算依据，或者以已建设的同类工程造价指标为基础，结合工程的具体条件适当调整。参照《污水处理厂工艺设计手册》（第三版）并结合近年来各地污水处理厂建设投资情况，将常规情况下不同类型污水处理厂对应的单位投资列于表 10-12，供估算参考。

表 10-12　污水处理厂单位水量投资估算表

规模/($\times10^4 m^3/d$)		单位水量投资/(元/m^3)
一级处理污水厂	20 以上	1866～2199
	10～20	2199～2508
	5～10	2508～2910
	2～5	2910～3401
	1～2	3401～4188
二级处理污水厂	20 以上	2620～3057
	10～20	3057～3542
	5～10	3542～4049
	2～5	4049～4882
	1～2	4882～5673

续表

规模/($\times 10^4 m^3/d$)		单位水量投资/(元/m^3)
三级(深度)处理污水厂	20 以上	3468～4013
	10～20	4013～4581
	5～10	4581～5253
	2～5	5253～6379
	1～2	6379～7501

注：1. 综合指标不包含征地拆迁，外部供电、供水、供热、厂外管道等。

2. 综合指标上限适用于工程条件复杂、工艺较为复杂、技术要求较高的情况，反之则接近下限值。

二、处理成本计算

污水处理厂的运行费用包括电费、资源费、药剂费、职工工资福利、大修基金、日常检修维护费、折旧费、摊销费、管理费等，其总和除以处理水量即为单位处理成本（元/m^3 污水）。

1. 外购原材料 E_1

主要包含消毒药剂、混凝药剂、碳源、粉末活性炭等。

（1）消毒药剂　消毒方式一般为加氯消毒、紫外线消毒、臭氧消毒。加氯消毒一般以有效氯计算投加量，成品次氯酸钠溶液在 10%～13%（污水厂投加次氯酸钠溶液一般以 10%有效氯来计），根据《室外排水设计标准》，污水厂出水加氯量可采用 5～15mg/L，按照式(10-66）计算次氯酸钠投加量。

$$W(\mathrm{kg/d})=0.001\times\frac{aQ}{bc} \tag{10-66}$$

式中　Q——需消毒的水量（m^3/d，计算总的消毒药剂消耗量时采用平均流量，计算加药设施如加药泵、加药管路等时应采用峰值流量）；

a——有效氯投加量，mg/L；

b——次氯酸钠溶液的浓度，%；

c——有效氯含量，%（取 95.3%）。

当有效氯投加量为 10mg/L 时：采用 10%有效氯含量的次氯酸钠溶液（可按 1000 元/t 计），可得出单位消毒药剂消耗成本为 0.01 元/m^3；采用现场制备二氧化氯作为消毒药剂时，单位消毒药剂消耗成本为 0.04～0.06 元/m^3。

（2）混凝药剂　一般为 PAC（聚合氯化铝）及 PAM（聚丙烯酰胺），主要用于二级处理的化学除磷、深度处理（沉淀或过滤）前的混凝以及污泥脱水前的调理等。用于沉淀前的 PAC 投加一般采用 10%有效含量，投加量为 7～10mg/L，可按 700 元/t 计；PAM 则为现场制备，投加量一般为 0.3～0.6mg/L，购买原材料制备成本可按 30000 元/t 计（PAM 按有效成分计）。

① 按照式(10-67）计算 PAC 投加量（溶液质量）：

$$W(\mathrm{kg/d})=0.001\times\frac{aQ}{c} \tag{10-67}$$

式中 Q——设计水量，m^3/d，计算总 PAC 消耗量时采用平均流量，计算加药设施（如加药泵、加药管路等）时应采用峰值流量；

a——有效 PAC 投加量，mg/L；

c——PAC 溶液有效含量，%。

② 按照式（10-68）计算 PAM 投加量（有效质量）：

$$W(\mathrm{kg/d})=0.001aQ \tag{10-68}$$

式中 Q——设计水量，m^3/d，计算总 PAM 消耗量时采用平均流量，计算加药设施（如加药泵、加药管路等）时应采用峰值流量；

a——有效 PAM 投加量，mg/L。

（3）碳源投加量　一般按照所投加碳源对应的 COD 值计算，计算公式如式(10-69)：

$$\mathrm{COD_m}=5N \tag{10-69}$$

式中 COD_m——必须投加的外部碳源（以 COD 计），mg/L；

5——1kg 硝态氮反硝化需要的外部碳源量（以 COD 计），kg COD/kg NO_3^--N；

N——需要外部碳源反硝化去除的 NO_3^--N 量，mg/L。

注：理论上消耗 2.86kg BOD_5 可反硝化 1kg 硝态氮，但实际工程中反硝化速率很难达到理论值，系数按 5 计。

以 20%乙酸钠溶液为例，根据上式计算得出乙酸钠的质量除以有效浓度，即可得出乙酸钠溶液的体积。常用的乙酸钠溶液浓度与密度对应情况见表 10-13。

表 10-13　乙酸钠溶液浓度与密度对应表

浓度/%	10	20	30	40
密度/(kg/m^3)	1.08	1.16	1.23	1.29

有效含量为 20%的乙酸钠溶液可按市场价 1700 元/t 进行计算。

2. 外购动力及供水费用 E_2

污水处理厂的外购动力主要为电力，电耗按照工艺正常运行所需的设备功率和设备数量计算，同时还有办公、照明等日常电耗。其中工艺运行中提升水泵、曝气鼓风机、污泥脱水设备、滤池反冲洗泵等主要耗电设施计算所使用的水量为平均水量。

污水处理厂的自来水消耗主要为生活用水设备冲洗及绿化浇洒，具备再生水利用条件的可采用再生水满足设备冲洗和绿化浇洒。自来水消耗量按照人均生活用水定额和设备冲洗、绿化浇洒等指标计算，水价按 5.8 元/m^3 计算。

3. 污泥外运费 E_3

根据工艺运行产生的污泥量进行计算。外运污泥一般为非绝干污泥，故需将绝干污泥（DS）量转化为相应含水率外运污泥量，外运污泥单价可按 80～120 元/t 估算。

4. 工资福利 E_4

污水厂配置人员分为管理人员、运行人员和其他专业人员。管理人员包括厂长、副厂长、主管工程师等；运行人员包括运行班组长、操作员等，负责污水处理设备的日常运行和维护；其他专业人员包括检测人员、维修人员、安全岗及生态环境保护人员等。各岗位人员数量可按污水处理厂规模，参考表 10-14 配置。

表 10-14 岗位人员配置表

序号	岗位	人员数量			
		Ⅳ类	Ⅲ类	Ⅱ类	Ⅰ类
1	运行管理岗	≥3	≥4	≥5	≥5
2	污水处理岗	≥8	≥9	≥11	≥14
3	污泥处理岗	≥2	≥3	≥4	≥6
4	维修岗	≥2	≥3	≥5	≥8
5	安全生产岗	≥1	≥1	≥2	≥2
6	化验岗	≥2	≥3	≥3	≥3

注：1. 人员数量配置是基于城镇污水处理厂出水执行《城镇污水处理厂污染物排放标准》(GB 18918—2002) 一级 A 标准及处理工艺采用常规三级处理工艺进行配置，若出水执行标准及工艺不同，可适当调整。

2. 污水处理厂规模分类详见表 10-12。

员工福利存在地区差异，可根据污水处理厂所在地区按 40000～100000 元/(人·年) 计算。

5. 日常检修维护费 E_5

按固定资产原值的 1%计取。

6. 修理费 E_6

按固定资产原值的 2%计取。

7. 固定资产折旧费 E_7

折旧费采用平均年限法，折旧年限 20 年，净残值率 4%，年平均折旧费为（固定资产原值×96%）/20 年。

8. 无形及延递资产摊销费 E_8

无形资产是指企业拥有或者控制的没有实物形态的可辨认非货币性资产，例如专利、商标和版权等；递延资产是指不能全部计入当年损益，应在以后年度内较长时期摊销的费用支出，包括开办费和长期待摊费用等，可进行适当估算。

摊销费采用平均年限法，摊销年限 10 年，净残值率 0%，年平均摊销为固定资产原值/10 年。

9. 其他费用 E_9

其他费用是除生产销售费用、工资及福利费用、折旧费、摊销费、修理费外的费用，采用总成本之和的 10%。即：

$$\text{年总成本费用}=E_1+E_2+E_3+E_4+E_5+E_6+E_7+E_8+E_9$$

$$\text{年经营成本费用}=E_1+E_2+E_3+E_4+E_5+E_6+E_9$$

第十一章

设计实例三——某城镇污水处理厂工艺设计

第一节　设计任务书

一、设计题目

某城镇污水处理厂工艺设计。

二、设计资料

1. 设计规模

近期 $Q=20\times10^4\,m^3/d$，远期预留 $20\times10^4\,m^3/d$。

2. 设计进水水质

该厂服务区域实测污水量和水质如图 11-1 至图 11-5 所示。

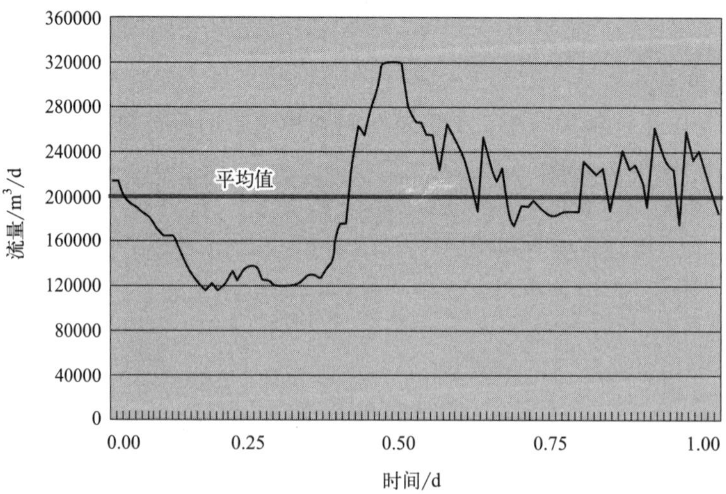

图 11-1　最高日水量随时间变化图

结合当地其他污水处理工程实际进水水质，设计进水水质，详见表 11-1。

表 11-1　设计进水水质一览表

COD /(mg/L)	BOD_5 /(mg/L)	SS /(mg/L)	NH_3-N /(mg/L)	TN /(mg/L)	TP /(mg/L)	pH
650	270	400	48	65	6	6～9

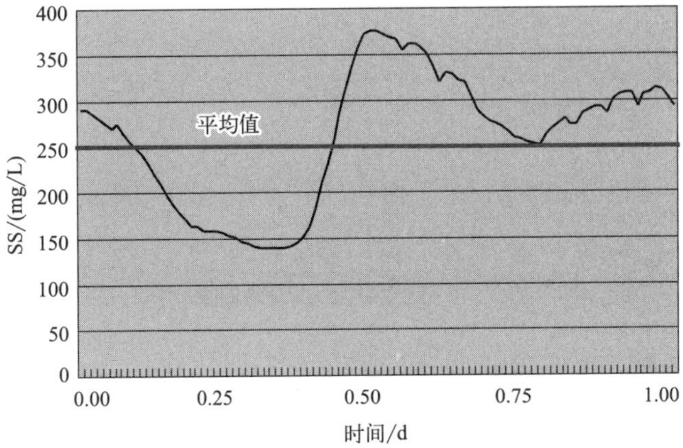

图 11-2　最高日 SS 随时间变化图

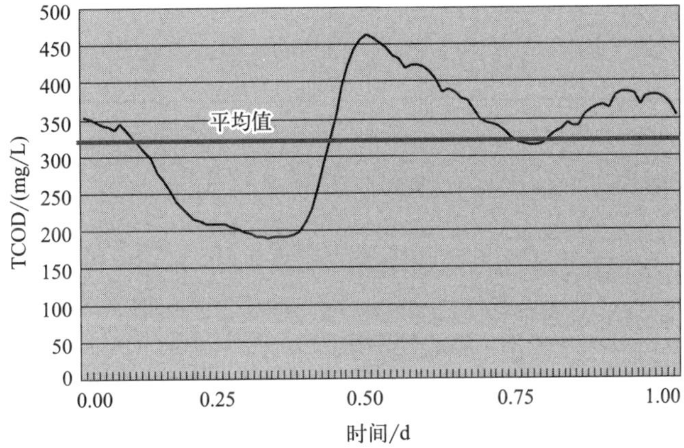

图 11-3　最高日 TCOD 随时间变化图

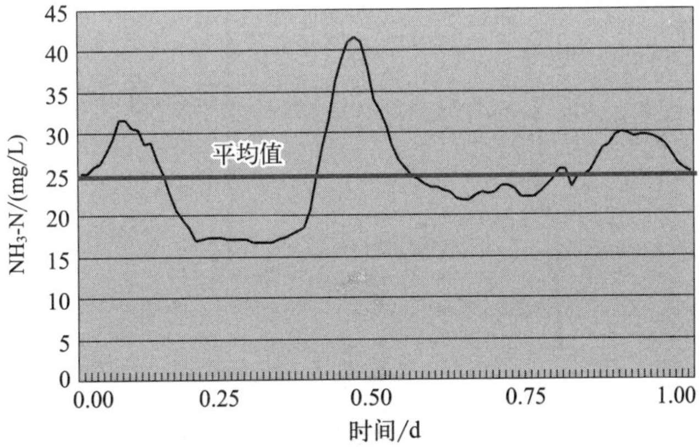

图 11-4　最高日 NH_3-N 随时间变化图

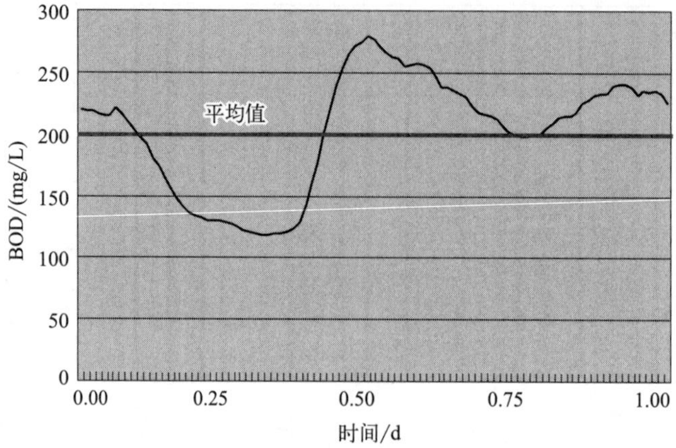

图 11-5　最高日 BOD 随时间变化图

3. 设计出水水质

根据某市城镇污水处理厂排放标准要求，设计出水水质见表 11-2。

表 11-2　设计出水水质一览表

COD /(mg/L)	BOD_5 /(mg/L)	SS /(mg/L)	NH_3-N /(mg/L)	TN /(mg/L)	TP /(mg/L)	pH
30	6	10	1.5	12	0.3	6～9

4. 厂址

符合城市排水规划，厂区用地红线图见图 11-6。

图 11-6　污水处理厂厂区用地红线图

5. 工程地质和气候

厂址区域地质良好，适合城镇污水处理厂工程建设。年平均气温 13.0～13.7℃，最冷 1 月份平均气温－1.2～0.0℃。

三、设计内容

（1）工艺流程选择；
（2）构筑物工艺设计计算；
（3）水力高程设计计算；
（4）总平面及高程布置；
（5）附属构筑物设计。

四、设计成果

（1）设计计算说明书（不少于 3.0 万字）；
（2）工艺设计图（不少于八张图，折合 A1 图幅）；
（3）采用计算机 CAD 绘图。

五、设计要求

（1）工艺流程选择合理，设计参数取值适当；
（2）计算说明书条理清楚，字迹工整，计算准确，并附设计计算对应示意图；
（3）图纸表达清晰准确，符合工程制图标准。

六、设计期限

设计周期为 13 周。

七、主要参考文献

[1] 彭党聪，王磊，杨永哲．水污染控制工程［M］．4 版．北京：冶金工业出版社，2025.
[2] 北京市市政工程设计研究总院有限公司．给水排水设计手册　第 5 册：城镇排水［M］．3 版．北京：中国建筑工业出版社，2017.
[3] 王社平，高俊发．污水处理厂工艺设计手册［M］．3 版．北京：化学工业出版社，2024.
[4] 刘振江，崔玉川．城市污水厂处理设施设计计算［M］．3 版．北京：化学工业出版社，2020.
[5] 中华人民共和国住房和城乡建设部．GB 50014—2021　室外排水设计标准．北京：中国计划出版社，2021.
其他相关专业参考书籍可根据具体书目补充著录。

第二节 工艺流程选择

本节要求学生结合污水处理基础理论、教材，以及查阅的各种资料对现有的城市污水主要处理方法进行综述，在此基础上，结合设计任务书要求的设计进、出水水质，确定污水处理工艺和污泥处理工艺。

一、污水处理工艺流程设计

污水生物处理以污水中所含污染物作为营养源，利用微生物的代谢作用使污染物被降解，污水得以净化。因此，对污水成分的分析以及判断污水能否采用生物处理是设计污水生物处理工程的前提。

污水可生化性是指污水中所含的污染物通过微生物的生命活动改变污染物的化学结构，从而改变污染物的化学和物理性能。研究污染物可生化性的目的在于了解污染物质的分子结构能否在生物作用下分解为环境所允许的结构形态，以及是否有足够快的分解速度。对污水进行可生化性分析只研究可否采用生物处理，并不研究分解成什么产物，有机污染物被生物污泥吸附而去除也是可以的。因此在停留时间较短的处理设备中，某些物质来不及被分解，允许其随污泥排放处理。事实上，生物处理并不要求将有机物全部分解成 CO_2、H_2O 和硝酸盐等，而只要求将水中污染物去除以达到环境所允许的程度。

污水生物处理所参考的指标如下。

1. BOD_5/COD

BOD_5 和 COD 是污水生物处理工程中常用的两个水质指标，用 BOD_5 和 COD 值评价污水的可生化性是广泛采用的一种最为简易的方法，一般情况下，BOD_5 和 COD 值越大，说明污水可生物处理性越好。综合国内外的研究成果，参照表 11-3 所列的数据来评价污水的可生物降解性能。

表 11-3 污水可生化性评价参考数据

BOD_5/COD	>0.45	0.3～0.45	0.2～0.3	<0.2
可生化性	好	较好	较差	差

本工程设计进水水质 BOD_5/COD=270/650=0.42，可生化性较好。因此，采用生物处理方法进行处理是较为经济合理的方法。

2. BOD_5/TN

该指标是鉴别能否采用生物脱氮工艺的主要指标，由于反硝化细菌是在分解有机物的过程中进行反硝化脱氮的，在不投加外来碳源的条件下，污水中必须有足够的有机物（碳源），才能保证反硝化反应的顺利进行。一般认为，BOD_5/TN 大于 3，即可认为污水碳源可供反硝化细菌利用。

本工程设计进水 NH_3-N 浓度为 48mg/L，TN 浓度为 65mg/L。

本工程设计 BOD_5/TN＝4.2＞3，属于碳源较为丰富的类型，采用生物脱氮工艺时，可保证反硝化反应的顺利进行。

3. BOD_5/TP

该指标是鉴别能否采用生物除磷工艺的主要指标，较高的 BOD_5 负荷可以取得较好的除磷效果，进行生物除磷的低限是 BOD_5/TP＝20，有机基质不同对除磷效果也有影响。一般小分子易降解的有机物诱导磷释放的能力较强，高分子难降解的有机物诱导磷释放的能力较弱。而磷释放得越充分，其摄取量也就越大，本工程中 BOD_5/TP＝45，可以采用生物除磷工艺。

根据污水厂处理规模、进水水质和处理程度的要求，确定本工程生物处理采用 A^2/O 工艺，深度处理采用高密度沉淀池＋V 型滤池＋次氯酸钠消毒工艺。该污水处理工艺既能有效去除有机污染物（COD、BOD_5），又能达到污水脱氮除磷的效果。

A^2/O 工艺具有成本低、去除率高、处理效果稳定、操作简单等优势，被国内外污水处理厂普遍采用。其工艺原理基本为：通过微生物在好氧条件下的硝化过程＋缺氧条件下的反硝化作用，去除污水中的有机物及脱氮；通过聚磷菌厌氧释放磷＋好氧吸收磷的过程，将磷转移至剩余污泥中，排放剩余污泥达到除磷的目的。

生物池内设置厌氧区、缺氧区和好氧区。在厌氧区，聚磷菌厌氧释磷的过程能为下一步好氧吸收磷创造条件。在缺氧区，反硝化细菌通过反硝化反应，达到脱氮的目的。在厌氧区和缺氧区内设置有潜水搅拌机，可保证池内污水、污泥的充分混合，并使污泥始终处于悬浮状态，防止污泥沉降。在好氧区内进行充氧曝气，完成碳氧化反应、硝化反应及磷的过量吸收，以降解污水中的 COD、BOD_5、NH_3-N 以及 TP。深度处理工艺采用高密度沉淀池＋V 型滤池＋次氯酸钠消毒工艺，在高密度沉淀池中通过投加 PAC 和 PAM 进一步去除污水中的各类污染物，V 型滤池主要是实现 SS 等的进一步去除，确保出水水质稳定达标。

本工程设计案例的污水处理工艺流程如图 11-7 所示。

由图 11-7 可看出：原污水通过城镇污水干管接入污水处理厂后，首先进入进水渠道——粗格栅间，在此拦截污水中较大颗粒及漂浮物；随后进入污水提升泵房，由潜水污水泵提升至出水井；经细格栅进一步去除水中较细的杂质，再进入曝气沉砂池去除污水中的砂粒；然后经曝气沉砂池出水井进入辐流式初沉池，在初沉池内，污水中较大的悬浮颗粒、胶体能够有效降解，以初沉污泥的形式排至污泥处理区进行处理，根据国内外污水处理厂实际运转经验，初沉池可去除原污水中 50％的 SS 及 25％的 BOD_5，本工程污水厂初沉池可按此数据进行设计；初沉池出水随后进入 A^2/O 生物池，在此完成碳氧化、硝化、反硝化及生物除磷等各种生化处理过程，去除（降解）水中的 BOD_5、COD、TN、NH_3-N、TP 等有机污染物质；生物池出水经管道进入二沉池配水井进水渠道，并由配水井均匀分配至周边进水、周边出水的辐流式二沉池，混合液在二沉池内沉淀澄清，使出水中各项污染物指标达标；各二沉池出水集中汇至配水井出水渠道，经管道进入高密度沉淀池和 V 型滤池进行深度处理，V 型滤池出水经管道送至消毒接触池，同次氯酸钠溶液进行充分混合，杀灭水中的细菌、病毒及其他有毒有害微生物后，经出水巴氏计量槽计量后，最终排入厂外 B 河水体。

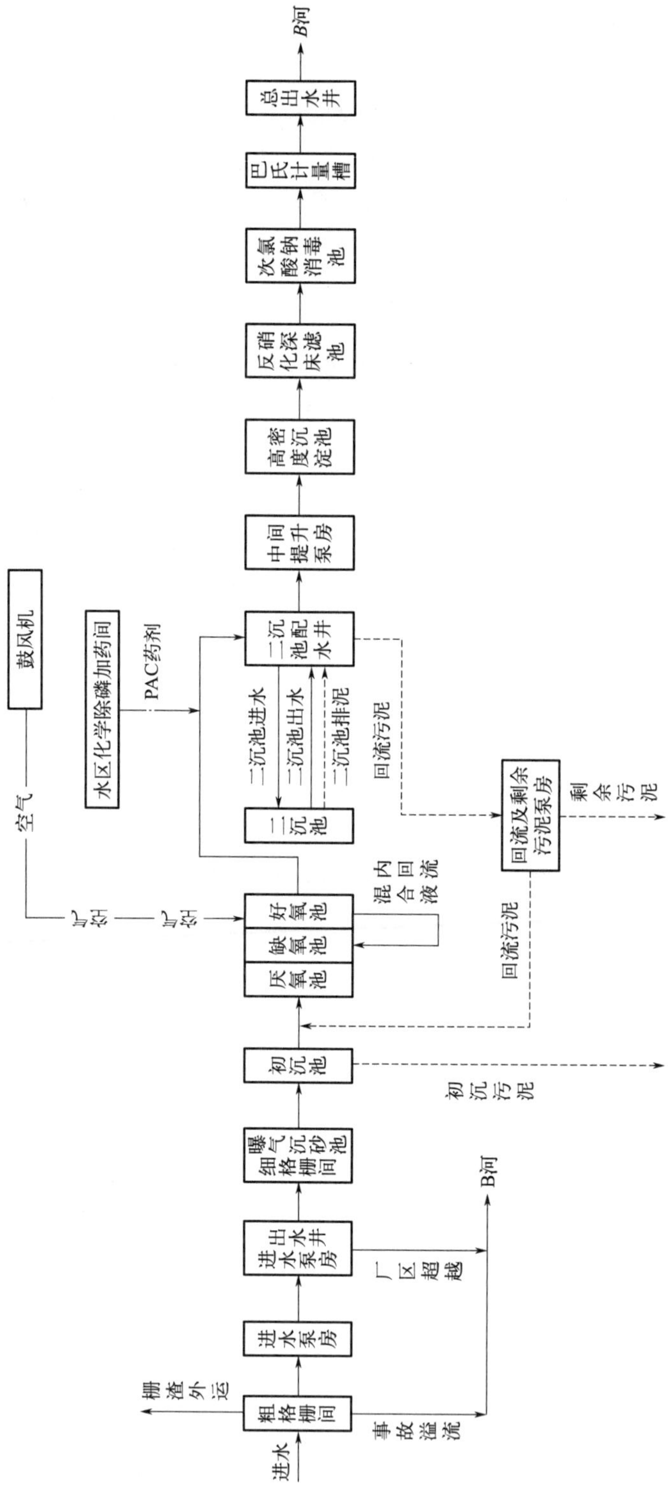

图 11-7　本工程设计案例的污水处理工艺流程图

二沉池污泥由池底污泥管道进入配水井内的污泥渠道，通过回流污泥管排至回流及剩余污泥泵房，在该泵房内设置有回流污泥泵及剩余污泥泵。回流污泥经泵提升后，通过污泥渠道进入 A^2/O 生物池缺氧区前部；剩余活性污泥由泵提升后，经管道排至污泥处理区进行处理。

二、污泥处理工艺流程设计

污泥处理采用浓缩、消化及脱水工艺。初沉污泥同剩余污泥一起送至污泥浓缩机房进行浓缩处理，浓缩后污泥进入污泥预加热池进行加热，加热后污泥经管道送至污泥消化反应器进行厌氧消化处理。

污泥厌氧消化是污泥中的有机物质在无氧的条件下被甲烷细菌分解成甲烷和二氧化碳的过程。主要构筑物是一体化高效厌氧消化反应器。厌氧消化是污泥处理的基本方法，污泥通过厌氧消化使污泥中的有机物被分解，可使污泥稳定化，大部分病原菌或蛔虫卵被杀灭，使污泥达到无害化，同时，该方法可产生大量高热值的沼气，作为能源被利用，实现了污泥的资源化。消化后的污泥经管道送至污泥调理池，再次投加石灰等化学药剂；加药后污泥经污泥泵送至板框脱水机进行脱水，脱水后的污泥外运。

消化过程中产生的沼气将用于沼气发电机发电，所产生的电能用于厂区机电设备用电，多余部分沼气将由废气燃烧器烧掉。

本工程设计污泥处理工艺流程如图 11-8 所示。

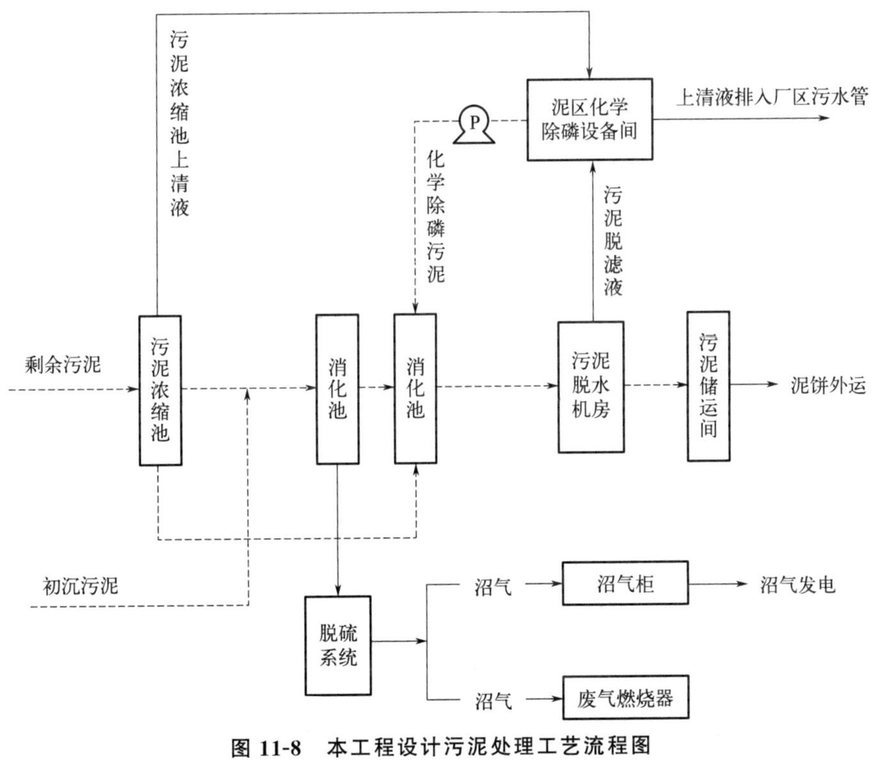

图 11-8 本工程设计污泥处理工艺流程图

本工程污水处理厂污水、污泥处理工艺流程详见图 11-9。

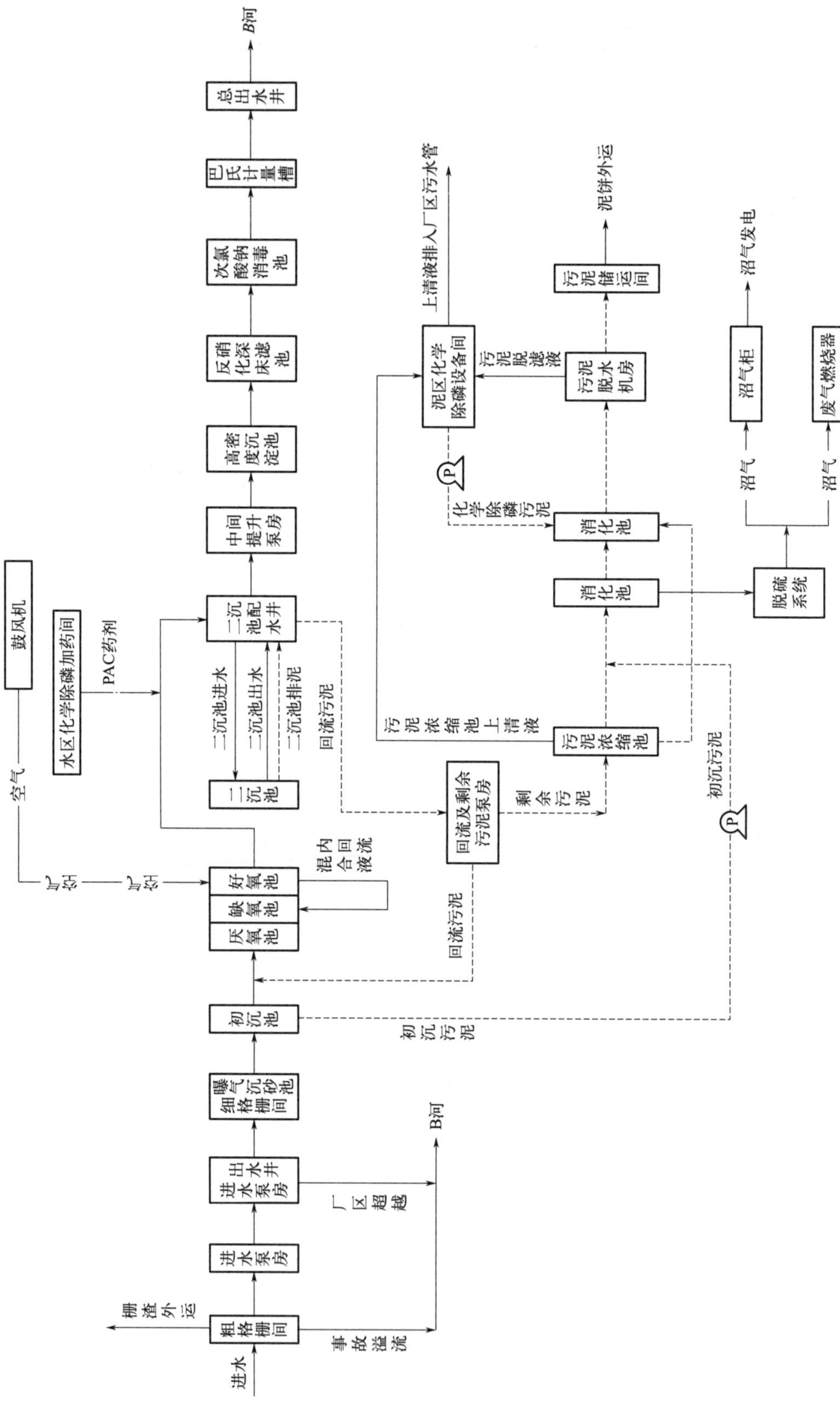

图 11-9 本工程设计污水、污泥处理工艺流程图

第三节　构筑物设计计算

根据《室外排水设计标准》（GB 50014—2021）条文 4.1.15，结合工程实际建设运行经验，一级处理综合变化系数 K_Z 取 1.5，二级处理、深度处理及污泥处理综合变化系数 K_Z 取 1.3。

则一级处理设计流量为：

$$Q_{max}=40\times10^4\times1.5=600000(m^3/d)=25000.0(m^3/h)=6.94(m^3/s)$$

二级处理、深度处理及污泥处理设计流量为：

$$Q_{max}=40\times10^4\times1.3=520000(m^3/d)=21666.66(m^3/h)=6.02(m^3/s)$$

一、粗格栅间

1. 已知条件

粗格栅间土建按远期设计日平均污水量 Q 为 $4\times10^5m^3/d$。

2. 设计计算

(1) 栅槽宽度　设置 6 道格栅，按同时工作设计（近期装备 3 台格栅），则每道格栅过栅流量：

$$Q_1=\frac{Q_{max}}{6}=\frac{6.94}{6}=1.16(m^3/s)$$

栅条间隙数 n 如式(11-1)（《给水排水设计手册第 5 册：城镇排水》表 5-2）

$$n=\frac{Q_1\sqrt{\sin\alpha}}{bhv} \tag{11-1}$$

式中　Q_1——每道格栅过栅流量，m^3/s；

α——格栅倾角，取 $\alpha=75°$；

b——栅条间隙宽度，mm，取 $b=20mm$；

n——栅条间隙数，个；

h——栅前水深，m，取 $h=1.2m$；

v——过栅流速，m/s，取 $v=0.8m/s$。

则：

$$n=\frac{Q_1\sqrt{\sin\alpha}}{bhv}=\frac{1.16\times\sqrt{\sin75°}}{0.02\times1.2\times0.8}=59.4(个)，取\ n\ 为\ 60\ 个$$

栅条宽度 $S=10mm$（《给水排水设计手册第 5 册：城镇排水》表 5-1）。

栅槽宽度 B 的表达式为：

$B=S(n-1)+bn$（《给水排水设计手册第 5 册：城镇排水》表 5-2）

代入数据，则 B 为：

$$B=0.01\times(60-1)+0.02\times60=1.79(m)，取\ 1.8m$$

(2) 格栅设备选型　主要从有关设计手册和环保设备生产厂家的产品样本中选取。本设计选择江苏天雨环保集团 YZG2.0 型移动抓斗式格栅，其提升功率 2.2kW，张闭耙功率 1.5kW，行走功率 0.75kW，安装示意图见图 11-10。

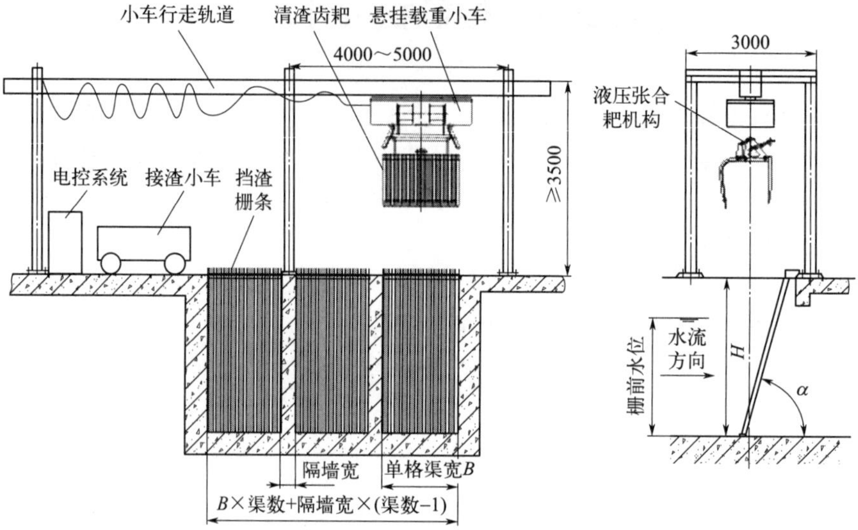

图 11-10　移动抓斗式格栅安装示意图（单位：mm）

（3）通过格栅的水头损失　如式(11-2) 及式(11-3) 所示：

$$h_1 = h_0 k \tag{11-2}$$

$$h_0 = \xi \frac{v^2}{2g} \sin\alpha \tag{11-3}$$

式中　h_1——污水通过格栅的水头损失，m；

h_0——计算水头损失，m；

g——重力加速度，m/s^2；

k——系数，格栅受污物堵塞时水头损失增大倍数，一般采用 3；

ξ——阻力系数，其值与栅条断面形状有关，格栅断面形状为锐边矩形（$\beta=2.42$），则 $\xi=\beta\left(\frac{S}{b}\right)^{\frac{4}{3}}=2.42\times\left(\frac{0.01}{0.02}\right)^{\frac{4}{3}}=0.96$。

代入参数可得

$$h_0 = 0.96\times\frac{0.8^2}{2\times9.8}\sin75^\circ = 0.03(\text{m})$$

$$h_1 = 0.03\times3 = 0.09(\text{m})$$

格栅前后均设置闸门，水流过闸门的水头损失按 0.02m/处计。

通过粗格栅单元的总水头损失为 0.13m。

（4）栅后槽总高度　如式(11-4)：

$$H = h + h_1 + h_2 \tag{11-4}$$

式中　H——栅后槽总高度，m；

h——栅前水深，m，根据工程情况本次取值 1.2m；

h_2——栅前渠道超高，一般采用 0.50m。

代入参数可得：

$$H = 1.2+0.09+0.5 = 1.79(\text{m})$$

计算所得栅后槽总高度仅为理论计算的最低高度，实际工程中应结合进厂干管埋深和粗格栅间布置等因素综合确定。

(5) 远期每日栅渣量 如式(11-5)：

$$W=\frac{Q_{max}W_1\times 86400}{K_Z\times 1000} \tag{11-5}$$

式中 W——每日栅渣量，m^3/d；

W_1——单位栅渣量，$m^3/10^3m^3$ 污水，格栅间隙为 1.5～10mm 时，W_1 为 0.120～0.150，格栅间隙为 10～25mm 时，W_1 为 0.050～0.120，格栅间隙为 25～100mm 时，W_1 为 0.004～0.050，本次设计栅条间隙取 20mm，W_1 取 $0.07m^3/10^3m^3$ 污水；

K_Z——污水综合变化系数，取 1.5。

代入参数值可得：

$$W=\frac{6.94\times 0.07\times 86400}{1.5\times 1000}=28.0(m^3/d)$$

二、进水泵房

1. 水泵选择

进水泵房土建按远期设计，流量为 $6.94m^3/s$，设置 8 台潜污泵，6 用 2 备。设备安装按近期设计，选用 4 台潜污泵，3 用 1 备。则单台流量为：

$$Q_1=\frac{Q_{max}}{6}=\frac{6.94}{6}=1.156(m^3/s)=4162(m^3/h)$$

所需的扬程为 21m（见水力计算和高程布置）。

设计选择上海连成集团 600 WQ4200-21 型潜污泵，泵的参数见表 11-4。

表 11-4 600 WQ4200-21 型潜污泵参数

排出口径/mm	流量/(m^3/h)	转速/(r/min)	配机功率/kW	效率	质量/kg
600	4200	745	315	82%	4000

2. 集水池

(1) 容积 按一台泵最大流量时停留时间为 6min 的出流量设计，则集水池的有效容积 V：

$$V=Qt=\frac{4200}{60}\times 6=420(m^3)$$

(2) 面积及平面尺寸 取有效水深 H 为 1.2m，则面积 F：

$$F=\frac{V}{H}=\frac{420}{1.2}=350(m^2)$$

集水池宽度按水泵布置情况取 21.4m，则集水池长度 L：

$$L=\frac{F}{B}=\frac{350}{21.4}=16.4(m)$$

集水池平面尺寸：$L\times B=16.4m\times 21.4m$。

3. 集水池内水泵布置

潜污泵直接置于集水池内，布置应根据《给水排水设计手册第 5 册：城镇排水（第三版)》3.1.8节内容要求。

粗格栅和进水泵房平面图和剖面图详见图11-11。

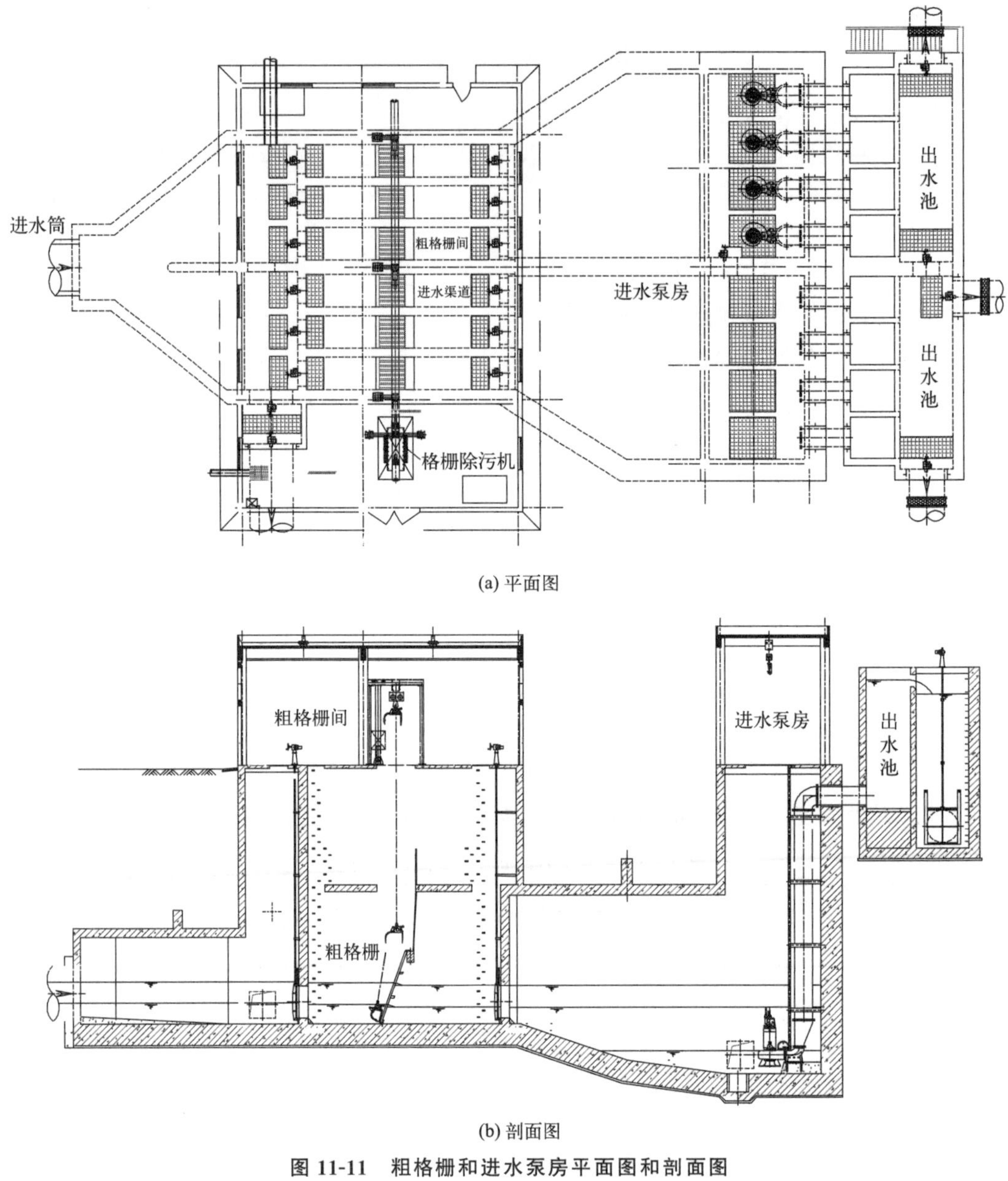

(a) 平面图

(b) 剖面图

图11-11 粗格栅和进水泵房平面图和剖面图

三、细格栅

1. 主要设计参数

设计流量：近期日平均污水量 Q 为 $2\times10^5\,m^3/d$；总变化系数 k_t 为1.5，则设计流量为 $3\times10^5\,m^3/d$；

栅条宽度 S：10mm。

栅条间隙宽度 b：5mm。

过栅流速：0.8m/s。

栅前渠道流速：0.6m/s。

栅前渠道水深：1.85m。

格栅倾角：70°。

数量：共 4 座。

栅渣量：栅条间隙为 5mm，单位栅渣量 W_1 按 1000m^3 污水产渣 0.14m^3（机械清渣）计。

2. 设计计算

（1）格栅尺寸

① 栅条间隙数 n：

$$n=\frac{Q_1\sqrt{\sin\alpha}}{bhv}=\frac{3.47\sqrt{\sin 70^\circ}}{4\times 0.005\times 1.85\times 0.8}=98.5(\text{个})$$

取 n 为 99。

② 栅格宽度 B：

$B=S(n-1)+bn+0.2=0.01\times(99-1)+0.005\times 99+0.2=1.68(\text{m})$，取 1.8m

（2）格栅选择　根据栅格宽度，本设计选取江苏天雨环保集团 XQ2.0 型循环式齿耙清污机，相关技术参数见表 11-5。

表 11-5　XQ2.0 型循环式齿耙清污机技术参数

设备净宽 B_1/mm	渠宽 B/mm	栅条间隙 b/mm	功率/kW
1800	2000	5	1.8

（3）栅渠长度 L　采用机械格栅，栅前和栅后一般各设置与格栅长度相等的直线段，以保证栅前和栅后水流的均匀性，栅渠总长为 3 倍格栅长度。

3. 水头损失

格栅断面为迎水，背水面均为半圆形的矩形断面（$\beta=1.67$）。格栅水头损失 h_1 计算如下：

$$h_1=\beta\left(\frac{S}{b}\right)^{\frac{4}{3}}\frac{v^2}{2g}\sin\alpha\times k=1.67\times\left(\frac{0.01}{0.005}\right)^{\frac{4}{3}}\times\frac{0.8^2}{2\times 9.8}\times\sin 70^\circ\times 3=0.38(\text{m})$$

取 h_1 为 0.38m。

4. 栅渣量计算

每日栅渣量：

$$W=\frac{Q_{\max}W_1\times 86400}{K_Z\times 1000}=\frac{3.47\times 0.14\times 86400}{1.5\times 1000}=28.0(\text{m}^3/\text{d})$$

四、曝气沉砂池

1. 设计参数

设计流量 $Q_{\max}$：近期污水量 3.47m^3/s，共设置 2 座曝气沉砂池，每座池子分为两格，每格设计流量为 0.8675m^3/s。

水平流速：0.06m/s。

停留时间：5.0min。

设计有效水深 3.0m。

每米池长曝气量：10L/(m·s) 空气。

2. 设计计算

(1) 总有效容积　如式(11-6) 所示：

$$V=60Q_{max}t \tag{11-6}$$

式中　Q_{max}——设计流量，m^3/s；

t——设计流量时的停留时间，min。

代入参数值可得：

$$V=0.8675\times5.0\times60=260.25(m^3)$$

(2) 水流断面面积　如式(11-7) 所示：

$$A=\frac{Q_{max}}{v_1} \tag{11-7}$$

式中　v_1——设计流量时的水平流速，m/s。

代入参数值可得：

$$A=\frac{0.8675}{0.06}=14.46(m^2)$$

(3) 池总宽度　如式(11-8) 所示：

$$B=\frac{A}{h_2} \tag{11-8}$$

式中　h_2——设计有效水深，m。

代入参数值可得：

$$B=\frac{14.46}{3.0}=4.8(m)\text{，取 }5.0m$$

(4) 池长　如式(11-9) 所示：

$$L=\frac{V}{A}=\frac{260.25}{14.46}=18.0(m) \tag{11-9}$$

(5) 每小时所需空气量　如式(11-10) 所示：

$$q=\frac{60dL}{1000} \tag{11-10}$$

式中　d——每米池长所需要的曝气量，m^3/min。

代入参数值可得：

$$q=\frac{60\times10\times18}{1000}=10.8(m^3/min)$$

曝气沉砂池所需总曝气量为 $10.8\times4=86.4m^3/min$，设计选择 3 台鼓风机，2 用 1 备，每台鼓风机曝气量为 $21.6m^3/min$。根据计算结果，从《给水排水设计手册第 11 册：常用设备》中选择 RS21 型罗茨鼓风机，鼓风机参数见表 11-6。

表 11-6　RS21 型罗茨鼓风机技术参数

口径 /mm	转速 /(r/min)	进口流量 /(m^3/min)	排气压力 /kPa	所需轴功率 /kW	所配电极功率/kW	外形尺寸 /m
125	2000	23.5	39.2	20.3	30	$B\times L\times H=1.6\times2.0\times1.9$

细格栅和曝气沉砂池平面图和剖面图详见图 11-12。

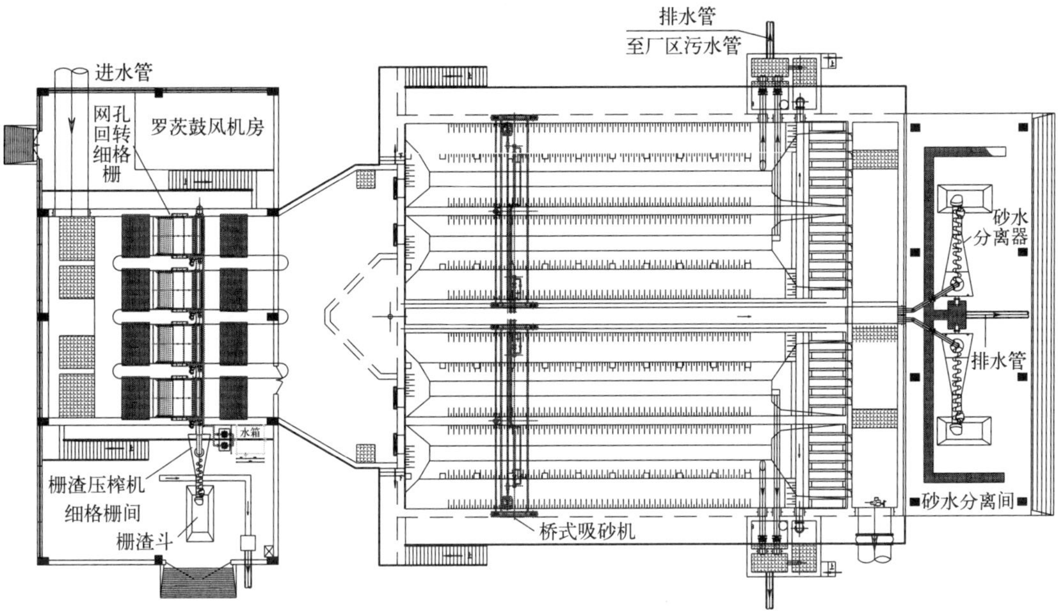

(a) 平面图

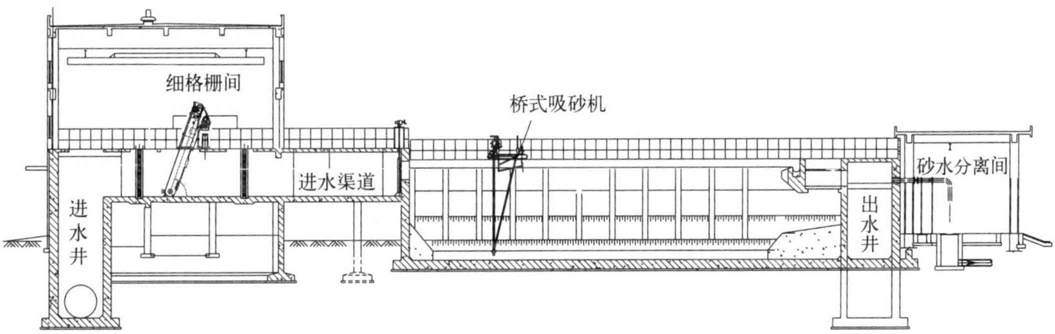

(b) 剖面图

图 11-12　细格栅和曝气沉砂池平面图和剖面图

五、初次沉淀池

1. 池型选择

常用的初沉池有平流式、辐流式和竖流式三种，各自的优缺点及适用范围如表 11-7 所示。

表 11-7　平流式、辐流式和竖流式沉淀池比较

池型	优点	缺点	适用条件
平流式	①沉淀效果好 ②对冲击负荷和温度变化的适应能力强 ③施工简易，造价较低	①配水不易均匀 ②采用多斗排泥时，每个泥斗需单独设排泥管排泥，操作量大	①适用于地下水位高及地质较差地区 ②适用于大、中、小型污水处理厂

续表

池型	优点	缺点	适用条件
辐流式	①多为机械排泥，运行效果好，管理较简单 ②排泥设备已趋定型	机械排泥设备复杂，对施工质量要求高	①用于地下水位较高地区 ②用于大、中型污水处理厂
竖流式	①排泥方便，管理简单 ②占地面积小	①池子深度大 ②对冲击负荷和温度变化的适应能力较差 ③造价较高 ④池径不宜过大，否则布水不均	适用于中、小型污水处理厂

本次设计采用平流式初次沉淀池。

2. 设计参数

设计流量 Q 为 $3.47m^3/s$，共设置 10 座初次沉淀池，每池设计流量 Q'为 $0.347m^3/s$。

沉淀时间 t：2.0h。

表面负荷 q'：$2.0m^3/(m^2 \cdot h)$。

水平流速：6.5m/s。

污泥含水率：98%。

出水堰口负荷：$2.1L/(s \cdot m)$。

3. 初次沉淀池尺寸

(1) 单池总表面积 A

$$A=\frac{Q' \times 3600}{q'}=\frac{0.347 \times 3600}{2}=624.6(m^2)$$

(2) 沉淀部分有效水深 h_2

$$h_2=q't=2.0 \times 2=4.0(m)$$

(3) 沉淀部分有效容积 V'

$$V'=Q't \times 3600=0.347 \times 2 \times 3600=2498.4(m^3)$$

(4) 池长 L'

$$L'=vt \times 3.6=6.5 \times 2 \times 3.6=46.8(m)，取 L'=50m$$

(5) 池宽 B

$$B=\frac{A}{L'}=\frac{624.6}{50}=12.5(m)$$

初沉池平面图和剖面图详见图 11-13。

六、生物反应池

1. 设计参数

设计流量 $Q=2.6 \times 10^5 m^3/d$，即 $3.01m^3/s$，设置 2 个系列 A^2/O 生物反应池，每系列包括 2 座生物反应池，共建 A^2/O 生物反应池 4 座。

2. 设计尺寸

(1) 好氧区容积计算　如式 (11-11)、式(11-12) 和式(11-13) 所示：

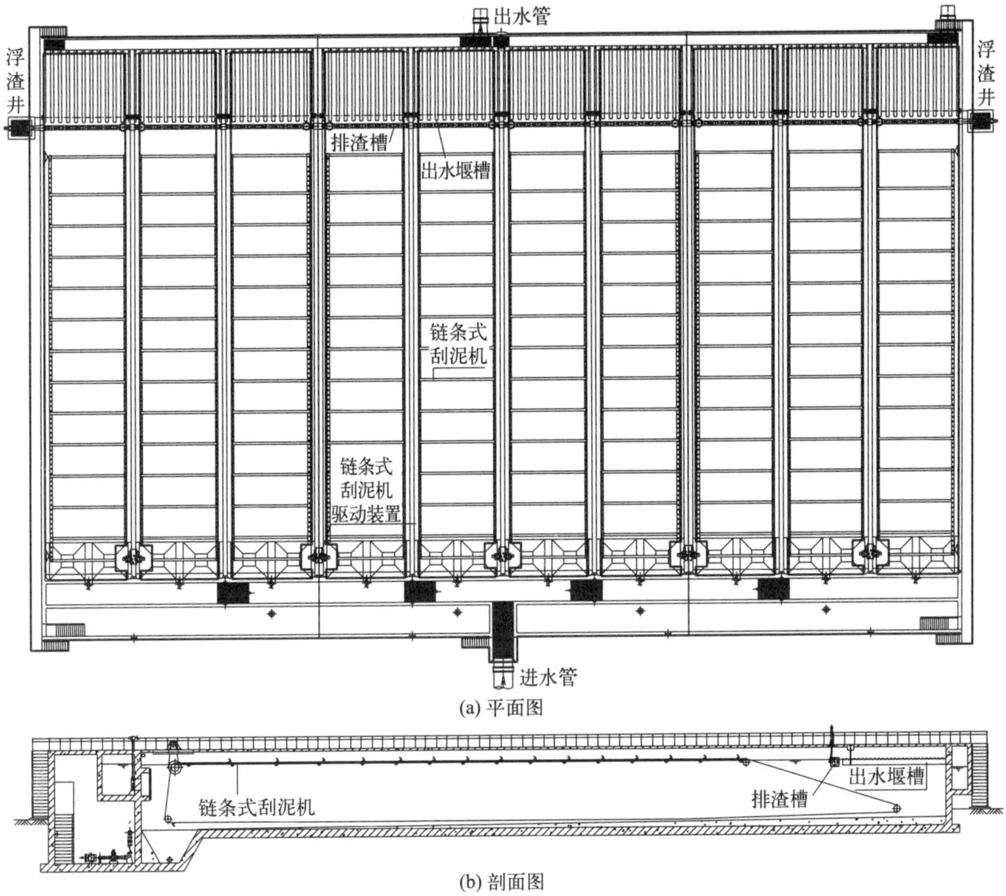

图 11-13　初沉池平面图和剖面图

$$V_o=\frac{Q(S_0-S_e)\theta_{co}Y_t}{1000X} \tag{11-11}$$

$$\theta_{co}=F\frac{1}{\mu} \tag{11-12}$$

$$\mu=0.47\frac{N_a}{K_n+N_a}e^{0.098(T-15)} \tag{11-13}$$

式中　V_o——好氧区容积，m^3；

Q——生物反应池的设计流量（m^3/d），单个生物反应池设计流量 $65000m^3/d$；

S_0——生物反应池进水五日生化需氧量浓度（BOD_5），mg/L，预处理对 BOD_5 的去除率按 20%考虑，S_0 取 216mg/L；

S_e——生物反应池出水五日生化需氧量浓度（BOD_5），mg/L，生物反应池对 BOD_5 的去除率按 90%考虑，S_e 取 21.6mg/L；

θ_{co}——好氧区设计污泥龄，d；

Y_t——污泥总产率系数，kg MLSS/kg BOD_5，无试验资料时且系统有初沉池时宜取 0.3～0.6，无初沉池时宜取 0.8～1.2，本工程取 0.6；

X——生物反应池内混合液悬浮固体平均浓度，g MLSS/L，本工程取 3.5g MLSS/L；

F——硝化安全系数，一般取 1.5～3.0，本工程取 2.6；

μ——硝化细菌比生长速率，d^{-1}；

N_a——生物反应池中氨氮浓度，mg/L，取1.5mg/L；

T——设计污水温度,℃，根据××市冬季实际进水温度12～14℃，本工程取12℃；

K_n——硝化作用中氮的半速率常数，mg/L，和温度有关 $K_n = K_{n(15)} \times e^{0.118(T-15)}$，其中 $K_{n(15)}$ 为标准水温15℃时硝化细菌的半速率常数，取0.5mg/L，则 $K_n = 0.5 \times e^{0.118\times(12-15)} = 0.35$mg/L；

0.47——15℃时，硝化细菌最大比生长速率，d^{-1}。

代入数据可得：

$$\mu = 0.47 \times \frac{1.5}{0.35+1.5} e^{0.098\times(12-15)} = 0.284(d^{-1})$$

$$\theta_{co} = 3.0 \times \frac{1}{0.284} = 9.155(d)$$

$$V_o = \frac{65000\times(216-21.6)\times 9.155\times 0.6}{1000\times 3.5} = 19831(m^3)$$

（2）缺氧区容积计算　采用硝化、反硝化动力学计算式，可按式(11-14)、式(11-15)及式(11-16)计算。

$$V_n = \frac{0.001Q(N_k - N_{te}) - 0.12\Delta X_V}{K_{de}X} \tag{11-14}$$

$$K_{de(T)} = K_{de(20)} 1.08^{(T-20)} \tag{11-15}$$

$$\Delta X_V = Y \frac{Q(S_0 - S_e)}{1000} \tag{11-16}$$

式中　V_n——缺氧池容积，m^3；

Q——生物反应池的设计流量，m^3/d，单个生物反应池设计流量65000m^3/d；

N_k——生物反应池进水总凯氏氮浓度，mg/L，取50mg/L；

N_{te}——生物反应池出水总氮浓度，mg/L，取12mg/L；

ΔX_V——排出生物反应池系统的微生物量，kg MLVSS/d；

$K_{de(T)}$——脱氮速率，kg NO_3^--N/kg MLSS·d，宜根据试验资料确定，当无试验资料时，20℃的 $K_{de(20)}$ 值可采用（0.03～0.06）kg NO_3^--N/kg MLSS·d，并按式(11-15)进行温度修正，$K_{de(T)}$ 和 $K_{de(20)}$ 分别代表 T℃（设计温度）和20℃时的脱氮效率，本工程 $K_{de(20)}$ 取0.05kg NO_3^--N/kg MLSS·d；

X——生物反应池内混合液悬浮固体平均浓度，g MLSS/L，取3.5g MLSS/L；

Y——污泥产率系数，kg VSS/kg BOD_5，宜根据试验确定，无试验资料时，可取0.3～0.6，本工程取0.6；

S_0——生物反应池进水五日生化需氧量浓度，mg/L，取216mg/L；

S_e——生物反应池出水五日生化需氧量浓度，mg/L，取21.6mg/L。

代入数据可得：

$$\Delta X_V = 0.6 \times \frac{65000\times(216-21.6)}{1000} = 7582(\text{kg MLVSS/d})$$

$$K_{de(T)} = 0.05 \times 1.08^{(12-20)} = 0.027(\text{kg } NO_3^-\text{-N/kg MLSS}\cdot d)$$

$$V_n = \frac{0.001\times 65000\times(50-12) - 0.12\times 7582}{0.027\times 3.5} = 16510(m^3)$$

（3）厌氧区容积计算　生物反应池厌氧区池容可按式(11-17)计算。

$$V_P=\frac{t_P Q}{24} \tag{11-17}$$

式中　V_P——厌氧池容积，m^3；

t_P——厌氧池停留时间，h，宜为1～2h，本工程取2h；

Q——生物反应池的设计流量，m^3/d，为$65000m^3/d$。

代入数据可得：

$$V_P=\frac{2\times 65000}{24}=5417(m^3)$$

（4）曝气量计算　生物反应池中好氧区的供氧应根据去除的BOD_5、氨氮的硝化和除氮等要求计算，如式(11-18)：

$$Q_2=0.001aQ(S_0-S_e)-c\Delta X_V+b[0.001Q(N_K-N_{Ke})-0.12\Delta X_V]-0.62b[0.001Q(N_t-N_{Ke}-N_{oe})-0.12\Delta X_V] \tag{11-18}$$

式中　Q_2——污水需氧量，kg O_2/d；

a——碳的氧当量，当含碳物质以BOD_5计时，取1.47；

Q——生物反应池的设计流量，m^3/d，为$65000m^3/d$；

S_0——生物反应池进水五日生化需氧量浓度（BOD_5），mg/L，取216mg/L；

S_e——生物反应池出水五日生化需氧量浓度（BOD_5），mg/L，取21.6mg/L；

c——常数，细菌细胞的氧当量，应取1.42；

ΔX_V——排出生物反应池系统的微生物量，kg/d，为7582kg MLVSS/d；

b——常数，氧化每千克氨氮所需的氧当量，kg O_2/kg N，取4.57；

N_K——生物反应池进水总凯氏氮浓度，mg/L，取50mg/L；

N_{Ke}——生物反应池出水总凯氏氮浓度，mg/L，取1.5mg/L；

N_t——生物反应池进水总氮浓度，mg/L，取50mg/L；

N_{oe}——生物反应池出水硝态氮浓度，mg/L，取10.5mg/L。

代入数据可得：

$$\begin{aligned}Q_2&=0.001\times 1.47\times 65000\times(216-21.6)-1.42\times 7582+4.57\times\\&[0.001\times 65000\times(50-1.5)-0.12\times 7582]-0.62\times 4.57\times\\&[0.001\times 65000\times(50-1.5-10.5)-0.12\times 7582]\\&=13637(kg\ O_2/d)\end{aligned}$$

（5）剩余污泥　剩余污泥量的计算如式(11-19)所示：

$$\Delta X=YQ(S_0-S_e)-K_d VX_V+fQ(SS_0-SS_e) \tag{11-19}$$

式中　ΔX——剩余污泥量，kg SS/d；

Y——污泥产率系数，kg VSS/kg BOD_5，20℃时宜取0.3～0.8，本工程取0.6；

Q——设计平均日污水量，m^3/d，为$50000m^3/d$；

S_0——生物反应池进水五日生化需氧量，kg/m^3，取$0.246kg/m^3$；

S_e——生物反应池出水五日生化需氧量，kg/m^3，取$0.0216kg/m^3$；

K_d——衰减系数，d^{-1}，取$0.04d^{-1}$；

V——生物反应池的容积，m^3，根据前述计算为$41758m^3$（厌氧池$5417m^3$＋缺氧池 16510m^3+好氧池 198.31m^3)；

X_V——生物反应池内混合挥发性悬浮固体平均浓度(g MLVSS/L)，取 3.5×0.6g MLVSS/L；

f——SS 的污泥转换率(0.5～0.7)，g MLSS/g SS，取 0.6g MLSS/g SS；

SS_0——生物反应池进水悬浮物浓度，kg/m^3，预处理对悬浮物的去除率按 50%考虑，取 0.240kg/m^3；

SS_e——生物反应池出水悬浮物浓度，kg/m^3，生物反应池对悬浮物的去除率按 90%考虑，取 0.024kg/m^3。

代入数据可得：

$$\Delta X = 0.6\times50000\times(0.216-0.0216)-0.04\times41758\times3.5\times0.6+0.6\times50000\times(0.240-0.024)=8804.3(\text{kg SS/d})$$

对应含水率 99.3%的污泥量为 1257.75m^3/d。

生物反应池平面图和剖面图详见图 11-14。

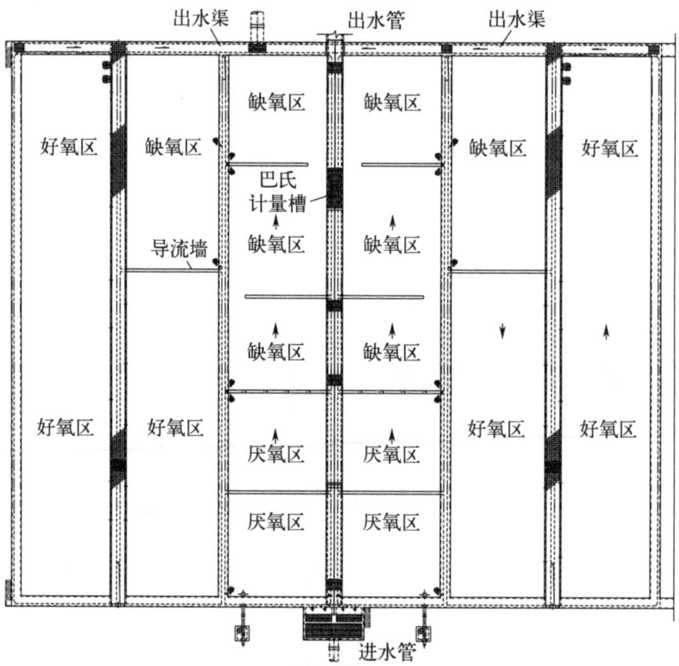

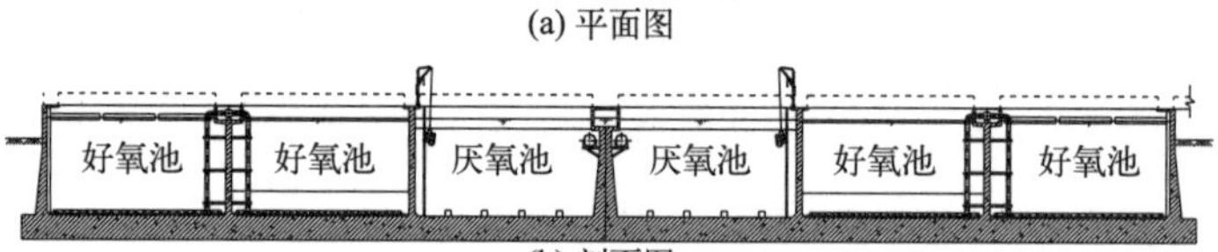

图 11-14 生物反应池平面图和剖面图

七、二次沉淀池

1. 设计参数

设计流量 Q：3.01m^3/s，共设置 8 座周边进水周边出水辐流式二次沉淀池，每池设

计流量 Q' 为 0.376m^3/s。

沉淀时间 t：3.0h。

固体负荷 q_2'：150kg/(m^2·d)，《室外排水设计标准》(GB 50014—2021) 条文 7.5.1 规定固体负荷不大于 150kg/(m^2·d)。

表面水力负荷 q'：1.2m^3/(m^2·d)，《室外排水设计标准》(GB 50014—2021) 条文 7.5.1 规定表面水力负荷为 0.6～1.5m^3/(m^2·d)。

污泥回流比 R：80%。

混合液悬浮物浓度 N_w：3.5kg/m^3。

污泥停留时间 t'：1h。

底层污泥浓度 ρ_u：9.0g/L。

2. 设计尺寸

(1) 沉淀部分水面面积 F

$$F=\frac{Q'}{q'}\times 3600=\frac{0.376}{1.2}\times 3600=1128(m^2)$$

(2) 沉淀池直径 D

$$D=\sqrt{\frac{4F}{\pi}}=\sqrt{\frac{4\times 1128}{3.14}}=37.9(m)\text{，取 }38m$$

(3) 校核堰口负荷 q'

$$q_1'=\frac{Q'}{\pi D}=\frac{0.376\times 1000}{3.14\times 38}=3.15[L/(s\cdot m)]$$

《室外排水设计标准》GB 50014—2021 条文 7.5.8 规定二次沉淀池的出水堰最大负荷不宜大于 1.7L/(m·s)，当二次沉淀池采用周边进水、周边出水的辐流沉淀池时，出水堰最大负荷可适当放大。

(4) 校核固体负荷 q_2'

$$q_2'=\frac{(1+R)Q'N_w\times 86400}{F}=\frac{(1+80\%)\times 0.376\times 3.5\times 86400}{1128}=181.44[kg/(m^2\cdot d)]$$

《室外排水设计标准》GB 50014—2021 条文 7.5.1 规定当二次沉淀池采用周边进水、周边出水的辐流沉淀池时，固体负荷不宜超过 200kg/(m^2·d)。

(5) 澄清区高度 h_2'

$$h_2'=\frac{Q't\times 3600}{F}=\frac{0.376\times 3.0\times 3600}{1128}=3.6(m)$$

(6) 污泥区高度 h_2''

$$h_2''=\frac{(1+R)Q'N_w t'\times 3600}{0.5(N_w+\rho_u)F}$$

$$=\frac{(1+80\%)\times 0.376\times 3.5\times 1.0\times 3600}{0.5\times(3.5+9.0)\times 1128}=1.2(m)$$

(7) 池边水深 h_2

$$h_2=h_2'+h_2''+0.3=3.6+1.2+0.3=5.1(m)$$

(8) 沉淀池总高度 H　如式(11-20) 所示：

$$H=h_1+h_2+h_3+h_4 \tag{11-20}$$

式中　h_1——池子超高，m，取 0.5m；

h_3——池中心与池边落差，m，取 0.04m；

h_4——污泥斗高度，m，取 1.66m。

代入参数后得：

$$H=0.5+5.1+0.04+1.66=7.3(\mathrm{m})$$

二次沉淀池平面图和剖面图详见图 11-15。

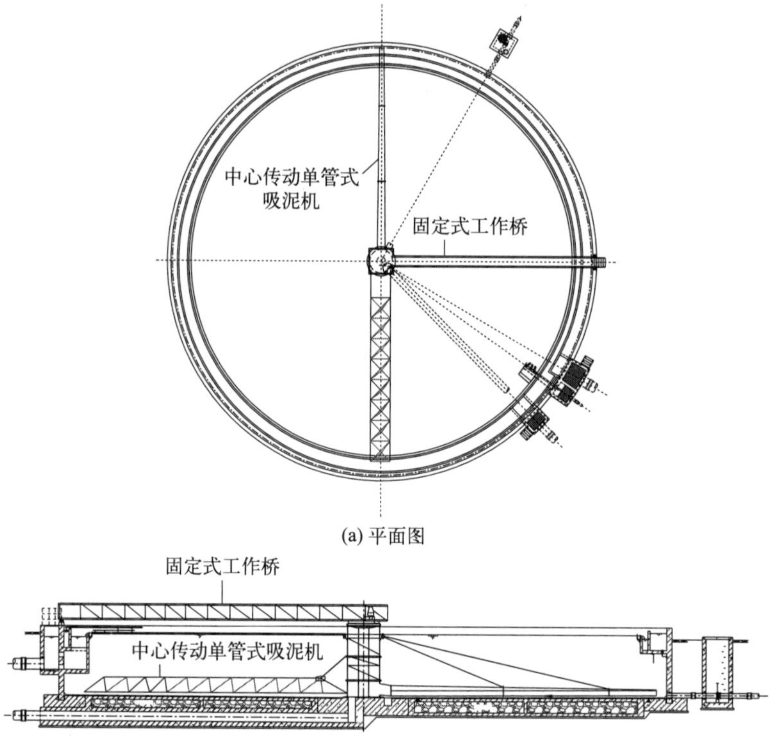

图 11-15　二次沉淀池平面图和剖面图

八、高密度沉淀池

1. 设计参数

设计流量 Q 为 $3.01\mathrm{m}^3/\mathrm{s}$，共设置 4 座高密度沉淀池，每池设计流量 Q_s 为 $0.753\mathrm{m}^3/\mathrm{s}$。

清水区表面负荷：$20\mathrm{m}^3/(\mathrm{m}^2\cdot\mathrm{h})$。

2. 尺寸

(1) 沉淀池

① 清水区　斜管结构占用面积按 4%计，沉淀池清水区面积 F_1 为：

$$F_1=1.04\frac{Q_s}{q}\times3600=1.04\times\frac{0.7525}{20}\times3600=140.87(\mathrm{m}^2)$$

根据高密度沉淀池总体布局和工程经验，斜管区分为两部分，中间为出水渠。斜管区平面尺寸取值 11.24m×2m，中间出水渠宽度 1.4m，出水渠壁厚度为 0.3m。沉淀区长度 $L_1=15.0\mathrm{m}$。

② 进水区 絮凝区来水经淹没式溢流堰向下进入沉淀区的进水区，进水区宽度 B_1 为：

$$B_1=15-11.24-0.4=3.36(\text{m})$$

进水区流速 V_j 为：

$$V_j=\frac{Q_s}{B_1L_1}=\frac{0.753}{3.36\times15}=0.0149(\text{m/s})$$

③ 池体高度 超高 $H_1=0.4$m；根据《室外给水设计标准》（GB 50013—2018），斜管沉淀池清水区高度 $H_2=1.0$m；斜管倾角 60°，斜管长度 0.75m，斜管区高度 $H_3=0.75\times\sin60°=0.65$m；根据 GB 50013—2018，斜管沉淀池配水区高度 $H_4=1.5$m；污泥回流比 R_1 按设计流量的 2%计，污泥浓缩时间 t_n 取 8h，污泥浓缩区高度 H_5 为：

$$H_5=\frac{R_1Q_st_n}{F_1}=\frac{0.02\times0.753\times8\times3600}{140.96}=3.08(\text{m/s})\text{，取 }3.1\text{m/s}$$

贮泥区高度：$H_6=0.98$m。

则沉淀池总高 H 为：

$$H=H_1+H_2+H_3+H_4+H_5+H_6=0.4+1.0+0.65+1.5+3.1+1=7.65(\text{m})$$

（2）絮凝池

参照 GB 50013—2018，导流筒内流速控制在 0.5～0.6m/s，导流筒外流速控制在 0.1～0.3m/s，出口区流速控制在 0.05～0.1m/s。

① 絮凝室尺寸 絮凝区水深 $H_7=7.25$m，反应时间 t_2 取 10min，絮凝室面积 F_2 为：

$$F_2=\frac{Q_st_2}{H_7}=\frac{0.753\times10\times60}{7.25}=62.3(\text{m}^2)$$

本次设计絮凝室尺寸为 5.85m×8.25m=48.26（m^2）。

② 导流筒 絮凝回流比 R_2 取 13.5，导流筒内设计流量 Q_n 为：

$$Q_n=\frac{1}{2}(R_2+1)Q_S=\frac{1}{2}\times(13.5+1)\times0.753=5.46(\text{m}^3/\text{s})$$

导流筒内流速 V_1 取 0.57m/s，导流筒直径 D_1 为：

$$D_1=\sqrt{\frac{4Q_n}{\pi v_1}}=\sqrt{\frac{4\times5.46}{3.14\times0.57}}=3.49(\text{m})\text{，取 }3.5\text{m}$$

导流筒下部喇叭口高度 $H_8=1.07$m，角度 60°，导流筒下缘直径 D_2 为：

$$D_2=D_1+2H_8\cot60°=3.5+2\times1.07\times0.577=4.73(\text{m})$$

③ 过水洞 絮凝室出口过水洞 v_6 取 0.065m/s，过水洞宽度 $B_3=5.85$m，高度 H_{10} 为：

$$H_{10}=\frac{Q_s}{B_3v_6}=\frac{0.753}{5.85\times0.065}=1.98\text{m，取 }2.00\text{m}$$

④ 出口区 出口区长度 L_2 为 5.85m，出口区上升流速 $v_7=0.074$m/s，出口区宽度 B_3' 为：

$$B_3'=\frac{Q_s}{L_2v_7}=\frac{0.753}{5.85\times0.074}=1.75(\text{m})$$

出口区停留时间

$$t_3=\frac{L_2B_3'H_7}{60Q_s}=\frac{5.85\times1.75\times7.25}{60\times0.753}=1.65(\text{min})$$

⑤ 搅拌机　提升水量 $Q_T = Q_n = 5.46$（m^2/s），提升扬程 H_T 取 0.15m，水的密度 γ 为 1000kg/m^3，搅拌机传动系统效率 η 取 0.75，搅拌轴功率 $N_{絮}$ 为：

$$N_{絮} = \frac{Q_T H_T \gamma}{102\eta} = \frac{5.85 \times 0.15 \times 1000}{102 \times 0.75} = 10.7(\mathrm{kW})$$

据此絮凝搅拌机电机功率取 11kW，查询设计手册及设备样本选型后桨叶直径为 3.5m。

⑥ 絮凝区 $\overline{G}T$ 值　絮凝区总停留时间 T：$T = t_2 + t_3 = 10 + 1.65 = 11.65(\mathrm{min}) = 699(\mathrm{s})$。水温按 10℃计，动力黏度 $\mu = 1.305 \times 10^{-3}$ Pa·s。絮凝区 $\overline{G}T$ 值为：

$$\overline{G}T = \sqrt{\frac{1000 N_{絮} T}{\mu Q_s}} = \sqrt{\frac{1000 \times 11 \times 699}{1.305 \times 10^{-3} \times 0.753}} = 8.84 \times 10^4 < 10 \times 10^4$$

（3）混合池

① 混合池尺寸　混合池长 $L_3 = 5.85$m，宽 $B_4 = 3.075$m，水深 $H_{11} = 7.25$m。

② 水力停留时间 t_1

$$t_1 = \frac{L_3 B_4 H_{11}}{Q_s} = \frac{5.85 \times 3.075 \times 7.25}{0.753} = 173.20(\mathrm{s}) = 2.88(\mathrm{min})$$

③ 搅拌机轴功率 $N_{混}$　混合室 G 取 170s^{-1}，搅拌机轴功率 $N_{混}$ 为：

$$N_{混} = \frac{\mu Q_s t_1 G^2}{1000} = \frac{1.305 \times 10^{-3} \times 0.753 \times 173.2 \times 170^2}{1000} = 4.92(\mathrm{kW})$$

据此混合池搅拌机电机功率取 5.5kW，查询设计手册及设备样本选型后桨叶直径为 1.25m。

九、 V 型滤池

1. 设计参数

设计流量 Q：260000m^3/d=3.01m^3/s。

V 型滤池数量：2 座。

设计反冲洗周期：$T = 24$h。

滤速：取 $v = 8$m/h。

滤池冲洗时间：$t = 11\mathrm{min} = 0.18$h。

2. 设计尺寸

（1）滤池面积与尺寸

① 滤池的实际工作时间：$T' = 24 - 0.18 = 23.82$（h）。

② 滤池过滤面积：$F = \dfrac{Q}{vT'} = \dfrac{260000}{8 \times 23.82} = 1364.40$（m^2）。

③ 每个过滤单元面积 f：全厂设 2 座滤池，采用双格滤池形式，每座滤池设 $n = 6$ 格，则 f 为：

$$f = \frac{F}{n} = \frac{1364.40}{12} = 56.85(\mathrm{m}^2)$$

④ 单格滤池滤床平面尺寸：L(长)$\times W$(宽)$= 8.0\mathrm{m} \times 7.0\mathrm{m} = 56\mathrm{m}^2$。

⑤ 滤池实际面积：$F' = 24 \times 8.0\mathrm{m} \times 7.0\mathrm{m} = 1344$（m^2）。

⑥ 实际滤速：$v'=\frac{Q}{F'T'}=\frac{260000}{1344\times 23.82}=8.12(\mathrm{h})$。

⑦ 强制滤速 $v_{强}$：按照滤池 1 格反冲洗，即全厂停用 1 格计，则强制滤速

$$v_{强}=\frac{v'n}{(n-1)}=\frac{8.12\times 12}{12-1}=8.86(\mathrm{m/h})<12\mathrm{m/h}$$

满足要求。

(2) 滤池高度

① 气水室高度：$H_1=0.9\mathrm{m}$。

② 滤板厚度：$H_2=0.1\mathrm{m}$。

③ 粗砂层厚度：$H_3=0.05\mathrm{m}$。

④ 滤料层厚度：$H_4=1.20\mathrm{m}$。

⑤ 滤床上水深：$H_5=1.20\mathrm{m}$。

⑥ 进水总渠超高：$H_6=0.35\mathrm{m}$。

⑦ 进水系统水头损失（含过堰跌差）：$H_7=0.4\mathrm{m}$。

⑧ 总高：$H=4.20\mathrm{m}$。

(3) 滤池反冲洗系统

① 单格滤池气水同时反冲洗时的反冲洗水量 $q_{水1}$ 为：

$$q_{水1}=2.5[\mathrm{L/(m^2\cdot s)}]\times 56\mathrm{m^2}=140\mathrm{L/s}=0.14\mathrm{m^3/s}。$$

② 单个滤池单独水反冲洗时反冲洗水量 $q_{水2}$ 为：

$$q_{水2}=5[\mathrm{L/(m^2\cdot s)}]\times 56\mathrm{m^2}=280\mathrm{L/s}=0.28\mathrm{m^3/s}。$$

③ 单个滤池气水同时反冲洗时反冲气量 $q_{气1}$ 为：

$$q_{气1}=4[\mathrm{L/(m^2\cdot s)}]\times 56\mathrm{m^2}=224\mathrm{L/s}=0.224\mathrm{m^3/s}。$$

④ 单个滤池单独气反冲洗时反冲气量 $q_{气2}$ 为：

$$q_{气2}=15[\mathrm{L/(m^2\cdot s)}]\times 56\mathrm{m^2}=840\mathrm{L/s}=0.84\mathrm{m^3/s}。$$

十、接触消毒池和巴氏计量槽

1. 设计参数

设计流量 Q：$3.01\mathrm{m^3/s}$，设置 1 座消毒接触池。

接触时间 t：30min。

有效水深 h：4.0m。

廊道水流速度 v：0.15m/s。

2. 尺寸

(1) 接触池容积 V

$$V=Qt\times 60=3.01\times 30\times 60=5418(\mathrm{m^3})$$

(2) 接触池表面积 A

$$A=\frac{V}{h}=\frac{5418}{4.0}=1354.5(\mathrm{m^2})$$

(3) 接触池廊道宽度 b

$$b=\frac{Q}{hv}=\frac{3.01}{4.0\times 0.15}=5.0(\mathrm{m})$$

（4）接触池长度 L

$$L=\frac{A}{b}=\frac{1354.5}{5.0}=270.9(\mathrm{m})$$

（5）巴氏计量槽　与接触消毒池合建，依据设计手册，当测量范围为 0.095～3.6m^3/s 时，喉道宽取 2.1m，则喉道长度取 0.60m，进口段长度取 2.25m，出口段长度取 0.92m。

计量槽总长：$L_0=0.6+2.25+0.92=3.77$m。

上游水位通过超声液位计自动计量，并转换为相应的流量。

行进渠道长度：行进渠道为顺直平坦的矩形明渠，其长度至少为渠宽的 10 倍，即 $2.1\times10=21(\mathrm{m})$。

十一、污泥泵房

设置 2 座回流及剩余污泥泵房，单座设计污泥回流量为 Q：5.0～10.0×$10^4 m^3/d$，剩余污泥量 2515.5m^3/d。

1. 设计参数

污泥回流比：正常回流比为 50%，泵房回流能力按 100%计。

回流及剩余污泥浓度：7000mg/L。

回流及剩余污泥含水率：99.3%。

2. 污泥泵

污泥回流和剩余污泥排放分别独立运行，便于操作。

单座泵房回流污泥泵：3 台（2 用 1 备，其中 1 台配套变频器），潜水轴流泵，单台流量 $Q_{回}=2100.0m^3/h$，扬程 $H=5.50$m，电机功率 $P\leqslant53.0$kW，单泵重量 $T\leqslant1000.0$kg，泵体高度 $h\leqslant2.0$m。

单座泵房剩余污泥泵：3 台（2 用 1 备），离心式潜水污水泵，单台流量 $Q_{剩}=55m^3/h$，扬程 $H=16.0$m，电机功率 $P\leqslant5.5$kW，单泵重量 $T\leqslant200.0$kg。

3. 集泥池

（1）容积　按一台泵最大流量时 6min 的出流量设计，则集泥池的有效容积 V 为：

$$V=\frac{Q}{t}=\frac{2100}{60}\times6=210(\mathrm{m}^3)$$

（2）面积　有效污泥深度 H 取 2.9m，则集泥池面积 F 为：

$$F=\frac{V}{H}=\frac{210}{2.9}=72.4(\mathrm{m}^2)$$

集泥池长度取 9.0m，则宽度 B 为：

$$B=\frac{F}{L}=\frac{72.4}{9.0}=8.04(\mathrm{m})\text{，取 }8.5\mathrm{m}$$

集泥池平面尺寸：$L\times B=9.0\mathrm{m}\times8.5\mathrm{m}$。

集泥池底部保护水深为 1.5m，则实际水深为 4.4m。

4. 泵位及安装

污泥泵均安装于集泥池内，回流污泥泵安装于导流筒内，剩余污泥泵设置有导轨及耦合装置。

十二、污泥浓缩池

由于初沉池污泥含水率大约为95%，可以不经过浓缩直接进行消化处理，因此，污泥浓缩仅处理剩余活性污泥，工程设置2座圆形辐流式浓缩池。

1. 设计参数

单座设计流量 Q_w：2515.5m^3/d。

污泥浓度 c：7000mg/L。

污泥固体负荷 M：55kg/(m^2·d)，《室外排水设计标准》（GB 50014—2021）条文8.2.1第1条规定污泥固体负荷宜采用30～60kg/(m^2·d)。

浓缩后含水率：97%，《室外排水设计标准》（GB 50014—2021）条文8.2.1第3条规定浓缩后污泥含水量可为97.0%～98.0%。

有效水深 h_1：4m《室外排水设计标准》（GB 50014—2021）条文8.2.1第4条规定有效水深宜为4m。

2. 设计尺寸

（1）面积 A

$$A=\frac{Q_w c}{M\times 1000}=\frac{2515.5\times 7000}{55\times 1000}=320.2(m^2)$$

（2）直径 D

$$D=\sqrt{\frac{4A}{\pi}}=\sqrt{\frac{4\times 320.2}{3.14}}=20.2(m)，取21m$$

（3）校核浓缩时间 T

$$T=\frac{0.785D^2h_1\times 24}{Q_w}=\frac{0.785\times 21^2\times 4\times 24}{2515.5}=13.2(h)，大于12h$$

（4）总高度　取超高 h_2 为0.3m，缓冲层高度 h_3 为0.3m，总高度 H 为：

$$H=h_1+h_2+h_3=4.0+0.3+0.3=4.6(m)$$

3. 浓缩后污泥体积

污泥浓缩前含水率 P_1 为99.3%，浓缩后含水率 P_2 取97%，则浓缩后每日产生污泥体积 V：

$$V=\frac{Q_w(1-P_1)}{1-P_2}=\frac{2515.5(1-99.3\%)}{1-97\%}=586.95(m^3)$$

两座污泥浓缩池每日共产生浓缩污泥586.95×2=1173.9（m^3）。

4. 浓缩设备

采用中心传动栅条式污泥浓缩机，池径 D=21.0m，电机功率 P=1.5kW。

十三、污泥消化系统

1. 设计参数

污泥量 Q_0：初沉污泥为529.6m^3/d，污泥含水率96%；经浓缩后的剩余污泥量为1173.9m^3/d，污泥含水率97%，投入消化池的原污泥总计1703.5m^3/d。

污泥投配率：5%。

消化温度：33～38℃（计算温度为35℃），《室外排水设计标准》（GB 50014—2021）条文8.3.7第1条规定多级消化池的第一级或单级消化池的消化温度宜为33～38℃。

停留时间 t_d：20d，《室外排水设计标准》（GB 50014—2021）条文8.3.7第2条规定消化时间宜为20～30d。

2. 消化池尺寸

（1）消化池总有效容积 V 为：

$$V=Q_0 t_d=1703.5\times 20=34070(\mathrm{m}^3)$$

采用3座卵形污泥消化池，则单池有效容积 V_s 为：

$$V_s=\frac{V}{3}=\frac{34070}{3}=11356.7(\mathrm{m}^3)$$

（2）消化池尺寸　采用卵形污泥消化池，最大内径 D 取25m。集气罩直径 d_1 取2m，半径 r_1 取1m，集气罩高度 h_4 取2m，池底锥底直径 d_2 取2m，半径 r_2 取1m，上锥角采用10°，下锥角采用2.5°，集气罩安全保护高度 h_4 取2m。在消化池的顶部设有排泥室、浮渣室及上清液室，便于消化池的运行管理。

① 池顶圆锥体高度 h_1：

$$h_1=(D/2-d_1/2)\tan a=(25/2-2/2)\times\tan 10°=2(\mathrm{m})$$

② 池顶圆截锥部分体积 V_1：

$$V_1=1/3\pi h_1(R^2+Rr_1+r^2)=1/3\times 3.14\times 2\times(12.5^2+12.5\times 1+1^2)=355.5(\mathrm{m}^3)$$

③ 池底圆截锥部分高度 h_3：

$$h_3=(D/2-d_2/2)\tan a_1=(25/2-2/2)\times\tan 2.5°=0.5(\mathrm{m})$$

④ 池底圆截锥部分体积 V_3：

$$V_3=1/3\pi h_3(R^2+Rr_2+r_2{}^2)=1/3\times 3.14\times 0.5\times(12.5^2+12.5\times 1+1^2)=88.9(\mathrm{m}^3)$$

⑤ 池圆柱部分体积 V_2：

$$V_2=V_0-V_3=11820-88.8=11731.2(\mathrm{m}^3)$$

⑥ 池圆柱高度 h_2：

$$h_2=4V_2/(\pi D^2)=4\times 11731.2\div(3.14\times 25^2)=23.9(\mathrm{m})\text{，取 }24\mathrm{m}$$

⑦ 消化池总高度 H：

$$H=h_1+h_2+h_3+h_4=2+24+0.5+2=28.5(\mathrm{m})$$

（3）消化池各部分表面积计算

① 集气罩表面积 F_4：

$$F_4=\frac{\pi}{4}d_1{}^2+\pi d_1 h_1=3.14\div 4\times 2^2+3.14\times 2\times 2=15.7(\mathrm{m}^2)$$

② 上盖表面积 F_1：

$$F_1=\frac{\pi(4h_1{}^2+d^2)}{4}=\frac{3.14\times(4\times 2^2+25^2)}{4}=503.2(\mathrm{m}^2)$$

③ 地面以上池壁面积 F_2：

$$F_2=\pi d h_5=3.14\times 25\times 23=1805.5(\mathrm{m}^2)\text{（其中地面以上为 }23\mathrm{m}\text{）}$$

④ 地面以下池壁面积 F_3：

$$F_3=\pi d h_6=3.14\times 25\times 1=78.5(\mathrm{m}^2)$$

⑤ 下椎体表面积 F_5：

$$F_5=\frac{\pi(4h_3^2+d^2)}{4}=\frac{3.14\times(4\times0.5^2+25^2)}{4}=491.4(\mathrm{m}^2)$$

⑥ 消化池总面积 F：

$$F=F_1+F_2+F_3+F_4+F_5=503.2+1805.5+78.5+15.7+491.4=2894.3(\mathrm{m}^2)$$

(4) 中温污泥消化系统热平衡计算　采用三座消化池，均采用中温一级消化工艺，单座消化池每日投入消化池的新鲜污泥量 v' 为 567.8m³/d，消化温度 T_D 为 36℃，污泥的年平均温度 T_s 为 17.4℃，日平均最低温度为 14.4℃；处理厂所在地年平均气温 T_{A1} 为 14.6℃，冬季室外最低日平均气温 T_{A2} −0.5℃；土壤全年平均温度 T_{A3} 为 13.3℃，冬季计算温度 T_{A4} 为 9.8℃。

① 提高新鲜污泥温度的耗热量

全年平均耗热量 $\overline{Q}_1$ 为：

$$\overline{Q}_1=V'/24\times(T_D-T_S)\times1000=567.8/24\times(36-17.4)=4.40\times10^5(\mathrm{kcal/h})$$

最大耗热量为 Q_1' 为：

$$Q_1'=\frac{V'}{24}\times(T_D-T_S)=567.8/24\times(36-14.4)=5.11\times10^5(\mathrm{kcal/h})$$

② 消化池池体的耗热量，消化池各部分传热系数采用如下数据。

池盖：$K=0.8\mathrm{W/(m^2\cdot ℃)}$。

池壁（在地面以上部分）：$K=0.7\mathrm{W/(m^2\cdot ℃)}$。

池壁（在地面以下部分）及池底：$K=0.52\mathrm{W/(m^2\cdot ℃)}$。

a. 池盖热损失 Q_{21}

池盖面积 $F_{盖}$ 为：$F_{盖}=F_4+F_1=503.2+15.7=518.9\ (\mathrm{m}^2)$

全年平均耗热量 $\overline{Q}_{21}$ 为：

$$\overline{Q}_{21}=F_{盖}K(T_D-T_{A1})\times1.2=518.9\times0.8\times(36-14.6)\times1.2=10660.28(\mathrm{W})$$

最大耗热量 Q_{21}' 为：

$$\begin{aligned}Q_{21}'&=F_{盖}K(T_D-T_{A2})\times1.2\\&=518.9\times0.8\times[36-(-0.5)]\times1.2=18182.256(\mathrm{W})\end{aligned}$$

b. 池壁（地面以上）热损失 Q_{22}

池壁面积为 $F_2=1805.5\ (\mathrm{m}^2)$。

池壁在地面以上部分，全年平均耗热量 $\overline{Q}_{22}$ 为：

$$\overline{Q}_{22}=F_2K(T_D-T_{A1})\times1.2=1805.5\times0.7\times(36-14.6)\times1.2=32455.668(\mathrm{W})$$

最大耗热量 Q_{22}' 为：

$$Q_{22}'=F_2K(T_D-T_{A2})\times1.2=1805.5\times0.7\times[36-(-0.5)]\times1.2=55356.63(\mathrm{W})$$

c. 池壁（地面以下）的热损失 Q_{23}

池壁面积为 $F_3=78.5(\mathrm{m}^2)$。

池壁在地面以下部分，全年平均耗热量 $\overline{Q}_{23}$ 为：

$$\overline{Q}_{23}=F_3K(T_D-T_{A3})\times1.2=78.5\times0.52\times(36-13.3)\times1.2=1111.937(\mathrm{W})$$

最大耗热量 Q_{23}' 为：

$$Q_{23}'=F_3K(T_D-T_{A4})\times1.2=78.5\times0.52\times(36-9.8)\times1.2=1283.38(\mathrm{W})$$

d. 池底的热损 Q_{24}

池底面积为 $F_5=491.4(m^2)$。

全年平均耗热量为：

$$\overline{Q}_{24}=F_5K(T_D-T_{A3})\times1.2=491.4\times0.52\times(36-13.3)\times1.2=6960.58(W)$$

最大耗热量为：

$$Q'_{24}=F_5K(T_D-T_A)\times1.2=491.4\times0.52\times(36-9.8)\times1.2=8033.8(W)$$

e. 每座消化池的总热损失

全年平均耗热量为：

$$\overline{Q}_2=\overline{Q}_{21}+\overline{Q}_{22}+\overline{Q}_{23}+\overline{Q}_{24}=10660.28+32455.668+1111.937+6960.58=51188.465(W)=0.51\times10^5(kcal/h)$$

最大耗热量为：

$$Q'_2=Q'_{21}+Q'_{22}+Q'_{23}+Q'_{24}=18182.256+55356.63+1283.38+8033.8=82856.066(W)=0.83\times10^5(kcal/h)$$

③ 输泥管道与热交换器耗热量 Q_3　可简化计算取前两项热损耗和的 5%～15%，设计取 15%。

输泥管道与热交换器全年平均耗热量 $\overline{Q}_3$ 为：

$$\overline{Q}_3=(\overline{Q}_1+\overline{Q}_2)\times15\%=(4.58\times10^5+0.51\times10^5)\times15\%=0.76\times10^5(kcal/h)$$

输泥管道与热交换器最大耗热量 Q'_3 为：

$$Q'_3=(Q_1+Q_2)\times15\%=(5.31\times10^5+0.83\times10^5)\times15\%=0.92\times10^5(kcal/h)$$

④ 每座消化池总耗热量

全年平均耗热量 $\overline{Q}_T=\overline{Q}_1+\overline{Q}_2+\overline{Q}_3=4.58\times10^5+0.51\times10^5+0.76\times10^5=5.85\times10^5(kcal/h)$

最大耗热量 $Q'_{max}=Q'_1+Q'_2+Q'_3=5.31\times10^5+0.83\times10^5+0.92\times10^5=7.06\times10^5(kcal/h)$

⑤ 消化池总耗热量

全年平均耗热量 $Q_T=n\times\overline{Q}_T=3\times5.85\times10^5=1.75\times10^6(kcal/h)$

最大耗热量 $Q_{max}=n\times Q'_{max}=3\times7.06\times10^5=2.12\times10^6(kcal/h)$

（5）锅炉容量计算　设计选用常压热水锅炉，其中锅炉进水温度 T 取 5℃，锅炉内热水温度 T_4 取 90℃，锅炉热效率 η 取 80%。锅炉容量 G_w 为：

$$G_w=Q_{max}/[(T_4-T)\gamma_{水}\eta]=(2.12\times10^6)/[(90-5)\times1.0\times80\%]=31177(kg/h)$$

十四、贮泥池

（1）消化污泥量

剩余污泥量：1173.9m^3/d，含水率为 97%。

初沉污泥量：529.6m^3/d，含水率为 96%。

消化后污泥的含水率为 92%，则消化后污泥量 Q 为：

$$Q=\frac{1173.9\times(1-97\%)+529.6\times(1-96\%)}{1-92\%}=705.0(m^3/d)$$

(2) 贮泥池容积 设计贮泥池周期 $t=6h$，则储泥池容积 V 为：

$$V=\frac{Qt}{24}=\frac{705.0\times6}{24}=176.25(m^3/d)$$

(3) 贮泥池尺寸 取贮泥池有效深度 H 为 3m，则贮泥池面积 A 为：

$$A=\frac{V}{H}=\frac{176.25}{3}=58.75(m^2)$$

设计矩形贮泥池 1 座，$B\times L=10m\times6m$。

(4) 搅拌设备 为防止污泥在贮泥池中沉淀，贮泥池内设置搅拌设备。设置液下搅拌机一台，电机功率 $P=3.3kW$，叶轮直径 $D\geqslant370mm$，中速搅拌。

十五、脱水机房

1. 设计参数

脱水前污泥量 $Q_f=705.0m^3/d$，污泥含固率 $C_f=8\%$。

脱水后污泥含水量：不大于 80%。

采用离心脱水机，24h 连续工作。

2. 设计尺寸

(1) 小时处理能力 Q_h

$$Q_h=\frac{Q_f C_f\times1000}{t}=\frac{705.0\times8\%\times1000}{24}=2350.0(kg\ DS/h)$$

(2) 设备选型 选用 4 台离心脱水机，3 用 1 备，则单台离心脱水机固体负荷 F 为：

$$F=\frac{Q_h}{N}=\frac{2350.0}{3}=783.3(kg\ DS/h)$$

依据设计手册和设备样本选型确定，离心脱水机的电机功率 $P=45.0+7.5=52.5$ (kW)。

十六、附属建筑物

污水处理厂除污水处理和污泥处理所必需的构筑物外，还包括诸如办公楼、维修间、仓库、锅炉房以及其他附属设施和生活服务设施。

第四节 平面布置

污水处理厂厂区平面布置遵循国家有关标准和规范进行。

本设计将污水处理厂厂区平面按功能区划分，并进行相关布置。厂区分为办公生活服务区、污水处理区、污泥处理区三大部分，各区既相互独立，又有机联系，既能最大限度地减小占地和管道连接，又便于管理。

污水处理厂平面布置详见图 11-16。

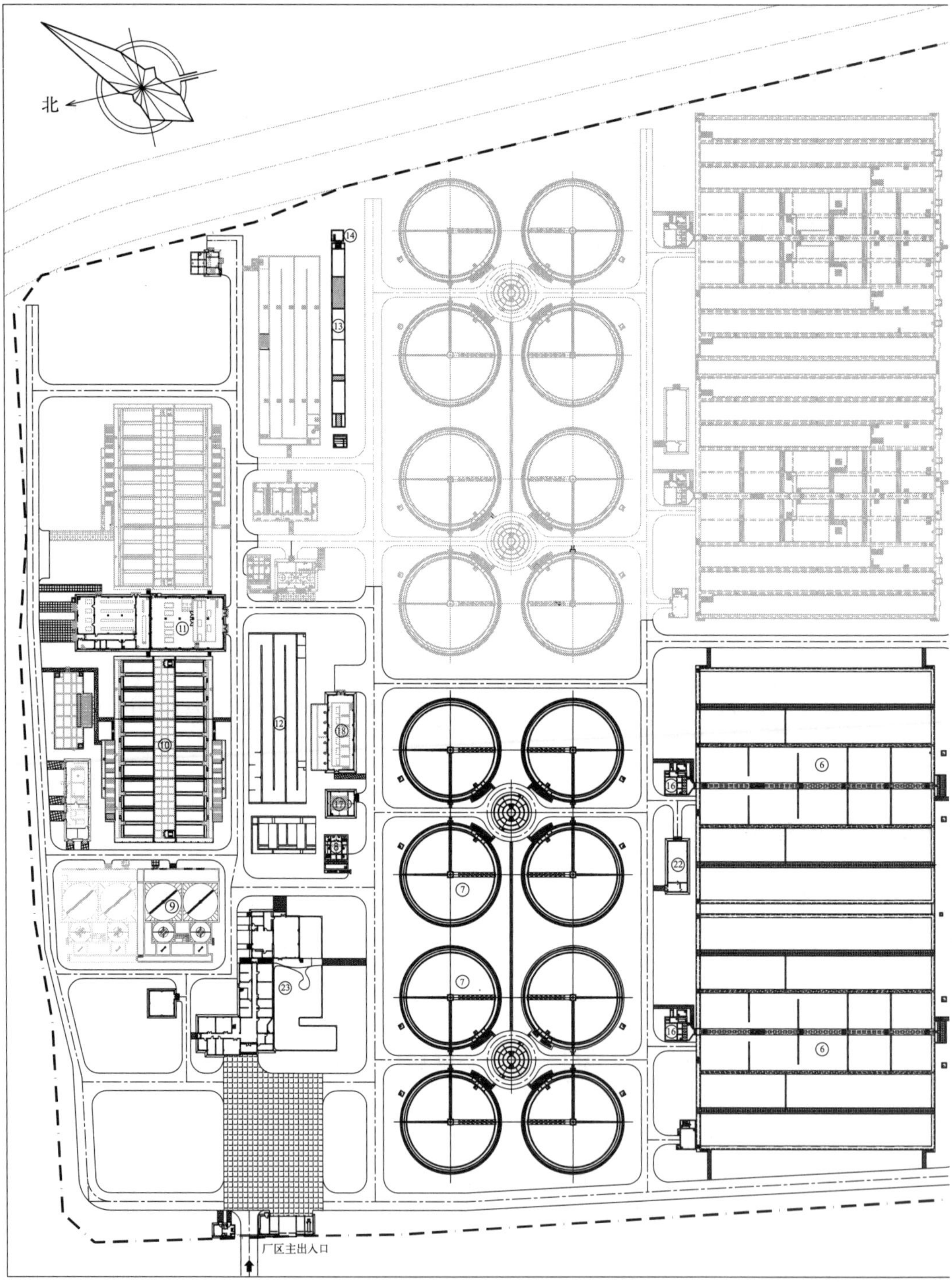

图 11-16　污水处理厂

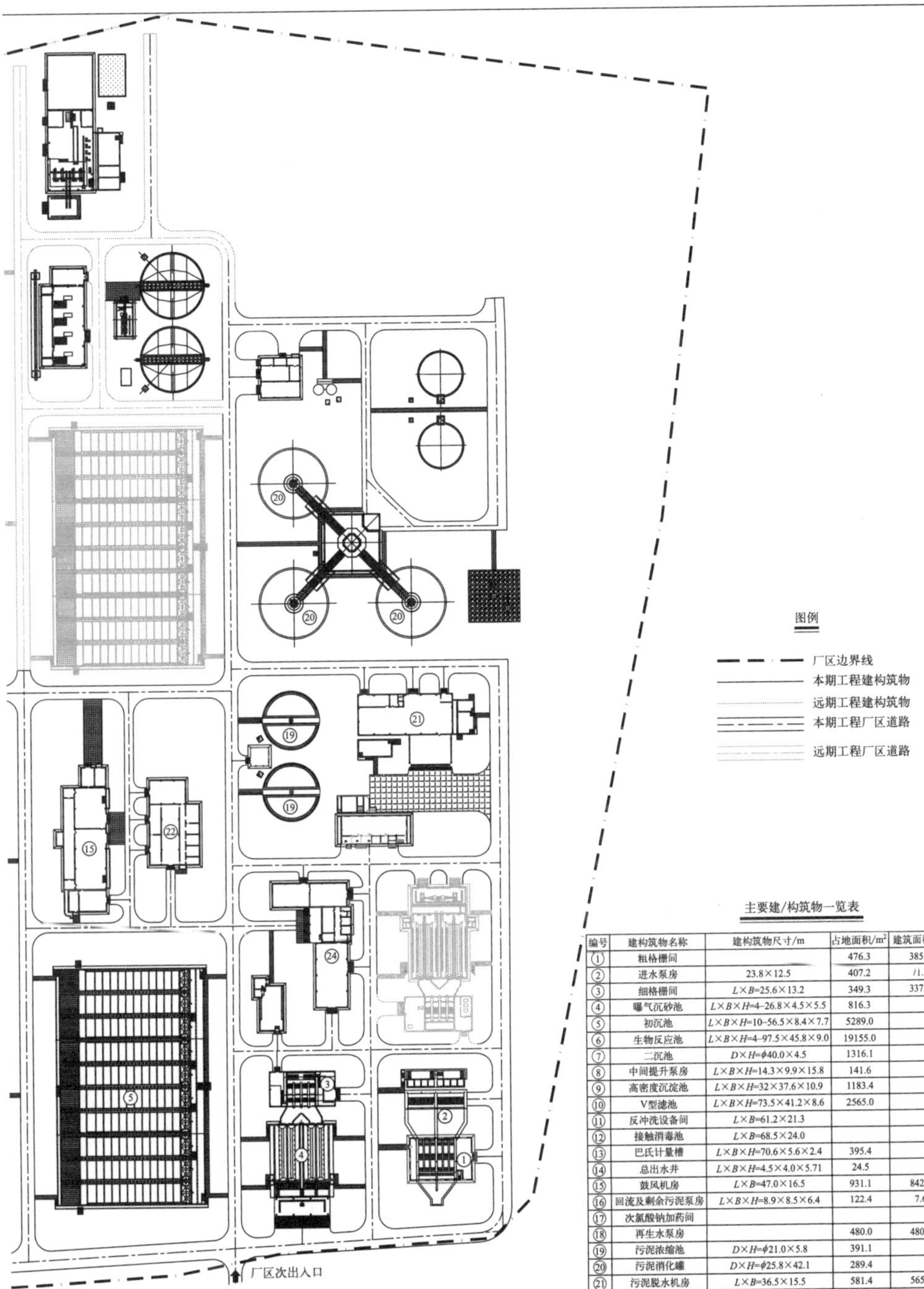

主要建/构筑物一览表

编号	建构筑物名称	建构筑物尺寸/m	占地面积/m²	建筑面积/m²	单位	数量
①	粗格栅间		476.3	385.6	座	1
②	进水泵房	23.8×12.5	407.2	/1.7	座	1
③	细格栅间	$L\times B$=25.6×13.2	349.3	337.9	座	1
④	曝气沉砂池	$L\times B\times H$=4–26.8×4.5×5.5	816.3		座	1
⑤	初沉池	$L\times B\times H$=10–56.5×8.4×7.7	5289.0		座	1
⑥	生物反应池	$L\times B\times H$=4–97.5×45.8×9.0	19155.0		座	2
⑦	二沉池	$D\times H$=ϕ40.0×4.5	1316.1		座	8
⑧	中间提升泵房	$L\times B\times H$=14.3×9.9×15.8	141.6		座	1
⑨	高密度沉淀池	$L\times B\times H$=32×37.6×10.9	1183.4		座	1
⑩	V型滤池	$L\times B\times H$=73.5×41.2×8.6	2565.0		座	1
⑪	反冲洗设备间	$L\times B$=61.2×21.3			座	1
⑫	接触消毒池	$L\times B$=68.5×24.0			座	1
⑬	巴氏计量槽	$L\times B\times H$=70.6×5.6×2.4	395.4		座	1
⑭	总出水井	$L\times B\times H$=4.5×4.0×5.71	24.5		座	1
⑮	鼓风机房	$L\times B$=47.0×16.5	931.1	842.0	座	1
⑯	回流及剩余污泥泵房	$L\times B\times H$=8.9×8.5×6.4	122.4	7.6	座	2
⑰	次氯酸钠加药间				座	1
⑱	再生水泵房		480.0	480.0	座	1
⑲	污泥浓缩池	$D\times H$=ϕ21.0×5.8	391.1		座	2
⑳	污泥消化罐	$D\times H$=ϕ25.8×42.1	289.4		座	3
㉑	污泥脱水机房	$L\times B$=36.5×15.5	581.4	565.8	座	1
㉒	总/分变电室		618.0/187.4	596.4/179.2	座	2
㉓	综合办公楼		1139.5	2850.7	座	1
㉔	机修间		325.3	526.9	座	1

平面布置图

第五节 水力计算及高程计算

一、水力计算

污水处理厂水力计算包括管道设计和相应的构筑物水头损失及管道水头损失计算。

构筑物水头损失在各构筑物设计完成的基础上，根据相关的具体设计可确定相应的水头损失，也可按照有关的设计规范进行估算。本设计采用估算的方法，污水处理构筑物的水头损失选择见表 11-8。

管道设计包括管材的选择、管径及流速确定。除进出水管道采用钢筋混凝土管道外，其余工艺管道均采用钢管。

考虑到城市污水处理厂水量变化较大，各管道内的流速设计控制在 1.3～1.5m/s 的范围，以便当水量减小时，管内流速不致过小，形成沉淀；当水量增大时，管内流速又不致过大，增加管道水头损失，造成能量浪费。

在流速和管材确定后，根据各管段负担的流量，依据水力计算表确定各管段的管径、水力坡度，然后根据管段长度（由平面图确定）确定相应的沿程水头损失。

局部水头损失的计算在工艺管道设计完成后，按局部阻力计算公式进行计算，也可根据沿程损失进行估算。

二、高程计算

通过高程计算确定各个处理构筑物的运行水面高程，结合地坪高程确定相应构筑物的埋深。此外，通过高程计算，确定提升泵房水泵的扬程。

提升泵房后的构筑物高程计算方法为沿受纳水体逆推计算；提升泵房前的构筑物高程计算顺推。两者的差值加上泵房集水池最高水位与最低水位的差值即为提升泵的扬程。

污水处理厂设计水力及高程计算结果见表 11-8。

污水处理厂水力流程详见图 11-17。

表 11-8　水力及高程计算表

序号	构筑物名称	构筑物水头损失/m	流量/(m^3/s)		与下一级构筑物之间的连接管				总水头损失/m	入口处水面标高/m	出口处水面标高/m	地面标高/m	入口处水面与地面的高程差/m
			总流量	单管流量	长度/m	管径(mm)×管道根数	沿程水头损失/m	局部水头损失/m					
1	粗格栅间	0.20	3.47	3.47	—	—	—	—	0.20	364.950	364.700	376.640	−11.69
2	进水泵房	0.00	3.47	3.47	—	—	—	—	16.9①	364.700	381.600	376.680	−11.93
3	泵房出水井	0.76	3.47	3.47	35	DN1600×1	0.06	—	0.82	381.600	380.840	376.690	4.91
4	细格栅间	0.35	3.47	3.47	—	—	—	—	0.35	380.800	380.450	376.390	4.41
5	曝气沉砂池	0.43	3.47	3.47	35	DN1600×1	0.06	0.18	0.67	380.430	380.000	376.540	3.89
6	初沉池	0.56	3.47	1.735	30	DN1000×2	0.31	0.04	0.91	379.760	379.200	376.300	3.46
7	生物反应池	1.08	6.02	3.01	15	DN1600×2	0.04	0.13	1.25	378.850	377.770	376.500	2.35
8	二沉池配水井	0.34	6.02	0.753	29	DN1000×8	0.23	0.11	0.68	377.600	377.260	376.850	0.75
9	二沉池	0.32	3.01	0.377	20	DN800×8	0.13	0.08	0.53	376.920	376.600	376.900	0.02
10	二沉池配水井	0.00	3.01	3.01	30	DN1600×1	0.04	0.08	4.73	376.390	376.390	376.850	−0.46
11	中间提升泵房	0.64	3.01	3.01	90	DN1600×1	0.12	0.92	8.40①	375.170	383.570	376.800	−1.63
12	高密度沉淀池	0.77	3.01	3.01	15	DN1600×1	0.02	0.85	1.64	382.650	381.880	376.650	6.00
13	V 型滤池	3.60	3.01	3.01	15	DN1600×1	0.02	0.60	4.22	381.030	377.430	376.860	4.17
14	接触消毒池	0.26	3.01	3.01	90	DN1600×1	0.12	0.53	0.91	376.830	376.570	376.600	0.23
15	巴氏计量槽	0.65	3.01	3.01	10	DN1600×1	0.01	0.12	0.78	376.040	375.390	376.220	−0.18
16	总出水井	—	3.01	3.01	80	DN1600×1	0.10	0.05	—	375.270		376.150	−0.88
17	受纳水体 B 河	—	—	—	—	—	—	—	—	373.870		378.330②	−4.46

①数值为选用水泵净扬程；②数值为河道堤防路面高程。

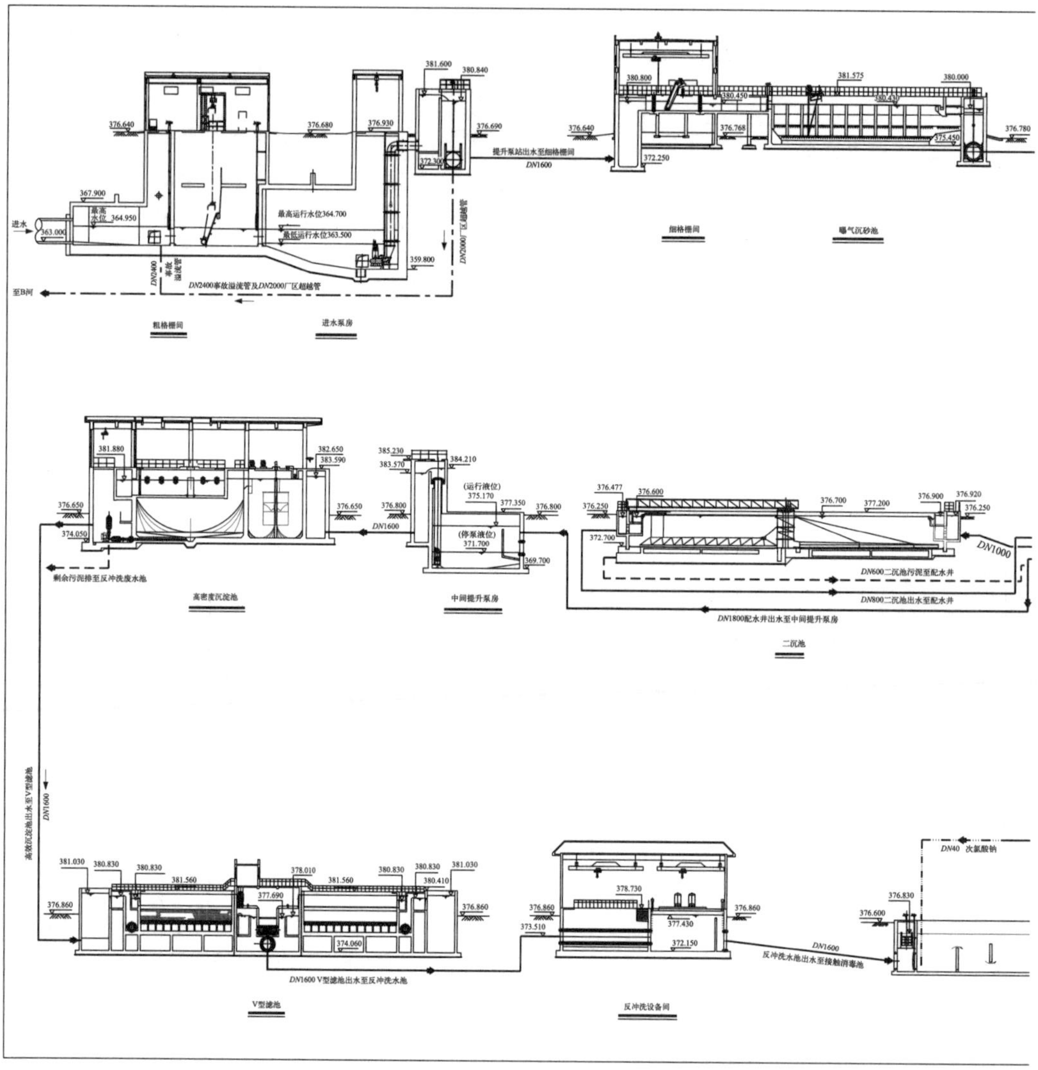

图 11-17　污水处理厂

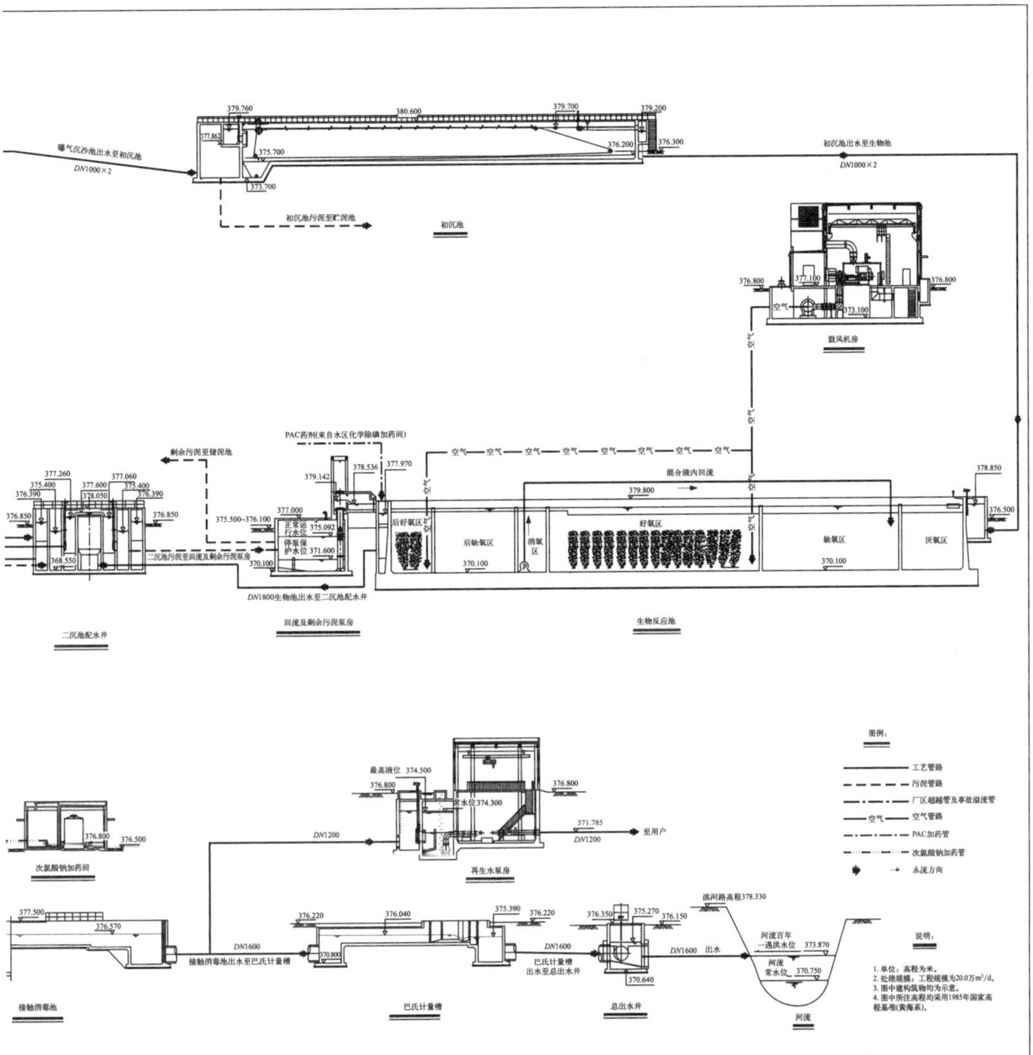
初沉池
鼓风机房
二沉池配水井
回流及剩余污泥泵房
生物反应池
后好氧区
后缺氧区
消氧区
好氧区
缺氧区
厌氧区
混合液内回流
再生水泵房
次氯酸钠加药间
接触消毒池
巴氏计量槽
总出水井
河流
图例：
工艺管路
污泥管路
厂区超越管及事故溢流管
空气管路
PAC加药管
次氯酸钠加药管
水流方向
说明：
1. 单位：高程为米。
2. 处理规模：工程规模为20.0万m³/d。
3. 图中建构筑物均为示意。
4. 图中所注高程均采用1985年国家高程基准(黄海系)。

水力流程图

第六节　建设及运行成本

一、工程总投资

本工程设计规模为 $2\times10^5\,m^3/d$，污水处理包含一级处理、二级处理及深度处理，污泥处理采用重力浓缩＋污泥消化＋脱水外运工艺。该工程位于我国西部某中心城市，污水、污泥处理工艺较为复杂，技术要求较高，参照表 10-12，总投资按表中“三级（深度）处理污水厂”所列 4013～4581 元/m^3 接近上限值（取 4500 元/m^3）估算总投资。

工程总投资（固定资产原值）＝200000m^3/d×4500 元/m^3·d＝90000（万元）。

二、处理成本计算

根据污水处理厂运行所需的各种费用进行分类计算。

1. 外购原材料费用 E_1

（1）消毒药剂费用 E_{1a}　消毒采用 10%（有效氯）成品次氯酸钠溶液，按有效氯 10mg/L 投加，10%有效氯含量的次氯酸钠溶液按 1000 元/t 计，计算得次氯酸钠溶液每日投加量为：

$$W=0.001\frac{aQ}{bc}=0.001\times\frac{10\times200000}{10\%\times95.3\%}=20986(\text{kg/d})=2.1(\text{t/d})$$

可得出每年消毒药剂费用 E_{1a} 为：

$$E_{1a}=2.1\times1000\times365=766.5(\text{万元/年})$$

（2）混凝药剂费用 E_{1b}

① PAC 投加量按照 8mg/L 计，10%有效含量的 PAC 溶液按 700 元/t 计，则每日投加的 PAC 溶液量为：

$$W=0.001\times\frac{8\times200000}{10\%}=16000(\text{kg/d})=16(\text{t/d})$$

可得出每年 PAC 溶液投加费用 E_{1b}：

$$E_{1b}=16\times700=11200(\text{元/d})$$

② PAM 为现场制备，有效 PAM 投加量一般按 0.5mg/L 计，购买原材料制备成本可按 30000 元/t 计（PAM 按有效成分计）。则 PAM 每日投加量为：

$$W=0.001aQ=0.001\times0.5\times200000=100(\text{kg/d})=0.1(\text{t/d})$$

可得出每日 PAM 投加费用 E_{1b2} 为：

$$E_{1b2}=0.1\times30000=3000(\text{元/d})$$

每年混凝药剂费用 E_{1b} 为：

$$E_{1b}=(E_{1b}+E_{1b2})\times365=518.30\ \text{万元/年}$$

（3）碳源 E_{1c}　按照必须投加外部碳源去除的 TN 为 5mg/L 计，采用 20%乙酸钠溶液作为碳源，则碳源投加对应的 COD 值为 $COD_m=5\times5=25(\text{mg/L})$，乙酸钠碳源投加对应的 COD 值为 0.68kg COD/kg 乙酸钠，故 20%乙酸钠的投加量为：

$$W=0.001\frac{aQ}{bc}=0.001\times\frac{25\times200000}{0.68\times10\%}=73529(\text{kg/d})=7.35(\text{t/d})$$

按照每年 6 个月时间投加碳源计，则每年乙酸钠（按 20%）的投加费用 E_{1c} 为：

$$E_{1c}=7.35\times1700\times365/2=228.03(\text{万元/年})$$

外购药剂及碳源费用 E_1 合计：

$$E_1=E_{1a}+E_{1b}+E_{1c}=766.5+518.3+228.03=1512.83(\text{万元/年})$$

2. 外购动力及供水费用 E_2

（1）电费　根据设备功率计算，每日耗电量为 82000kW・h，单价按 0.69 元/kW・h 计，则每日电费 E_{2a} 为：

$$E_{2a}=82000\times0.69=56580(\text{元/d})$$

（2）水费　每日供水量按 $120m^3/d$ 计，单价按 5.8 元/m^3 计，则每日水费 E_{2b} 为：

$$E_{2b}=120\times5.8=696(\text{元/d})$$

每年外购电力和供水费用 E_2 为：

$$E_2=(E_{2a}+E_{2b})\times365=(56580+696)\times365=2090.57(\text{万元/年})$$

3. 污泥外运费 E_3

根据本工程剩余污泥系统计算，每日产生污泥量为 56.4t(DS)/d，换算为 80%含水率的污泥量为 $W=56.4/(1-80\%)=282(\text{t/d})$，外运污泥单价按 100 元/t 计，则污泥外运费用 E_3 为：

$$E_3=282\times100\times365=1029.30(\text{万元})$$

4. 工资福利费 E_4

根据表 10-14，运行管理岗按 7 人、污水处理岗按 18 人、污泥处理岗按 6 人，维修岗按 6 人、安全生产岗按 4 人、化验岗按 3 人计，总计 44 人，平均福利按每人 70000 元/年计，则工资福利费 E_4 为：

$$E_4=44\times70000=308.00(\text{万元/年})$$

5. 日常检修维护费 E_5

按固定资产原值的 1%计取，则日常检修维护费 E_5 为：

$$E_5=90000\times1\%=900.00(\text{万元/年})$$

6. 修理费 E6

按固定资产原值的 2%计取，则修理费 E_6 为：

$$E_6=90000\times2\%=1800.00(\text{万元/年})$$

7. 固定资产折旧费 E_7

固定资产折旧费采用平均年限法，折旧年限 20 年，净残值率 4%，年平均折旧费为固定资产原值×(1−4%)/20，即：

$$E_7=90000\times(1-4\%)/20=4320.00(\text{万元/年})$$

8. 无形及延递资产摊销费 E_8

无形及延递资产摊销费采用平均年限法，摊销年限 10 年，净残值率 0%，年平均摊销费按 150 万元/年计，则 E_8 为：

$$E_8=150/10=15.00(\text{万元/年})$$

9. 其他费用 E_9

其他费用是除生产销售费用、工资及福利、折旧费、摊销费、修理费外的费用，采用总成本 1～8 之和的 10%，即：

$$
\begin{aligned}
E_9 &= (E_1+E_2+E_3+E_4+E_5+E_6+E_7+E_8)\times 10\% \\
&= (1512.83+2090.57+1029.30+308.00+900.00+1800.00+432000+15.00)\times 10\% \\
&= 11975.7\times 10\% \\
&= 1197.57(\text{万元/年})
\end{aligned}
$$

10. 年总成本费用

$$
\begin{aligned}
YC_{总} &= E_1+E_2+E_3+E_4+E_5+E_6+E_7+E_8+E_9 \\
&= 1512.83+2090.57+1029.30+308.00+900.00+1800+4320+15.00+1197.57 \\
&= 13173.27(\text{万元/年})
\end{aligned}
$$

11. 单位水处理总成本

$$
YC_{总}/Q=(13173.27\times 10^4)/(20\times 10^4\times 365)=1.80(\text{元 m}^3)
$$

12. 年经营成本费用

$$
\begin{aligned}
AC_{总} &= E_1+E_2+E_3+E_4+E_5+E_6+E_9 \\
&= 1512.83+2090.57+1029.30+308.00+900.00+1800.00+1197.57 \\
&= 8838.27(\text{万元/年})
\end{aligned}
$$

13. 单位水经营成本

$$
AC_{总}/Q=(8838.27\times 10^4)/(20\times 10^4\times 365)=1.21(\text{元/m}^3)
$$

第十二章

化学还原沉淀法处理电镀含铬废水工艺设计

电镀废水的化学处理法是指向水中投加化学试剂，通过化学反应改变水中污染物的物理和化学性质，使其能从废水中去除并达到排放标准或回用要求的方法。通过毕业设计的训练，了解化学法处理废水工艺的特点，熟悉化学还原沉淀法处理电镀废水的原理及工艺流程，掌握工艺参数的选择计算，培养绘制工程图纸的能力。

第一节　化学还原沉淀法处理电镀含铬废水工艺

一、电镀废水处理工艺

电镀废水处理工艺包括化学法、离子交换法、电解法等，其中化学法约占 40%，应用较为普遍。采用化学法的废水处理工程投资约占电镀工程总投资的 5%，而离子交换法、电解法、电渗析法、反渗透法和薄膜蒸发法等废水处理工程投资约占电镀工程总投资的 30%～40%。

由于电镀镀种及电镀工艺不同，电镀废水主要污染物种类和浓度差异较大，为降低处理难度，提高处理效率，电镀废水处理应遵循“分类收集，分质处理”的原则。

化学法处理电镀废水工艺的运行方式分为间歇式和连续式两种。水量较小、自控水平要求低的场合，宜采用间歇式处理工艺；水量较大、自控水平要求高的场合，宜采用连续式处理工艺。目前，化学法处理电镀废水工艺大多采用如图 12-1 所示的工艺流程，即含氰废水、含铬废水等经单独预处理后再与酸碱等其他废水混合处理。

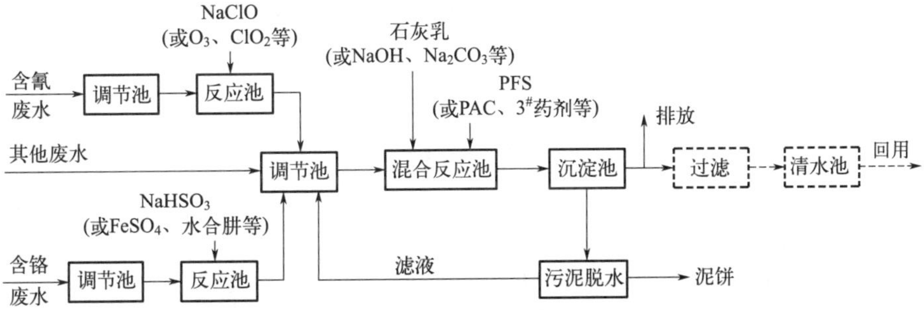

图 12-1　化学法处理电镀废水典型工艺流程

二、化学还原沉淀法处理电镀含铬废水原理

化学法具有技术成熟、操作简单、效果稳定可靠、适用范围广、能承受大水量和高浓度负荷冲击等特点，可适用于各类电镀废水治理。缺点是电镀污泥易产生二次污染，自动化程度低时处理效果受操作人员人为因素影响大。

药剂还原沉淀法是处理六价铬废水最常用的方法。利用还原性药剂如硫酸亚铁（$FeSO_4$）、亚硫酸氢钠（$NaHSO_3$）、二氧化硫（SO_2）等，把六价铬还原为三价铬，然后加入碱性药剂调节 pH 值，使三价铬形成氢氧化铬［$Cr(OH)_3$］沉淀而从水中除去。

采用药剂还原法去除六价铬时，还原剂的选择要因地制宜，全面考虑。硫酸亚铁还原法处理含铬废水成本低、药剂来源广、处理效果好，其缺点是产生的沉渣中含有大量铁沉淀物，因而渣量大，大约是采用其他还原剂产生渣量的 4 倍。亚硫酸氢钠还原法具有设备简单、沉渣量少且易于回收利用等优点，因而应用较广。二氧化硫还原法设备简单、效果好，处理后六价铬含量可达到 0.1mg/L，但二氧化硫是有害气体，处理池需设通风装置，另外，二氧化硫对设备腐蚀性较大，并且不能直接回收铬酸。

亚硫酸盐还原处理电镀含铬废水步骤如下：首先，用盐酸或硫酸使水溶液 pH 值降低至 3.0 以下（反应速率由 pH 值控制，当 pH 值在 3 以上时，反应极为缓慢）；然后，加入亚硫酸盐类还原剂，使六价铬还原为三价铬；再加石灰或氢氧化钠调节 pH 值，使三价铬生成氢氧化铬沉淀，通过固液分离除去，从而使废水得到净化，沉淀过程在 pH 值为 7～8 的条件下进行，在此 pH 值范围内氢氧化铬的溶解度最小。该工艺的特点是处理后水能达到排放标准，并能回收利用氢氧化铬，设备和操作也较简单，但处理成本较高，含铬污泥处置不当有可能造成二次污染。常用的亚硫酸盐有亚硫酸氢钠、亚硫酸钠、焦亚硫酸钠等。常用沉淀剂有石灰、碳酸钠和氢氧化钠。其中石灰来源广、价格便宜，但反应慢，生成泥渣多且难以回收利用。采用碳酸钠时，投料容易，但反应会产生二氧化碳污染作业环境。氢氧化钠成本高，但泥渣量少、纯度高，含铬污泥容易回收利用。

采用亚硫酸氢钠作还原剂时，还原反应为：

$$2H_2Cr_2O_7+6NaHSO_3+3H_2SO_4 \longrightarrow 2Cr_2(SO_4)_3+3Na_2SO_4+8H_2O$$

反应过程中应进行机械搅拌或水泵搅拌，但不宜采用空气搅拌，因空气搅拌会使反应副产物 SO_2 外逸污染周围环境。

采用氢氧化钠作沉淀剂时，沉淀反应为：

$$Cr_2(SO_4)_3+6NaOH \longrightarrow 2Cr(OH)_3\downarrow+3Na_2SO_4$$

若厂区有二氧化硫及硫化氢废气，也可采用尾气还原，原理同亚硫酸氢钠法。

若厂区同时有含铬废水和含氰废水时，可互相进行氧化还原反应，以废治废，其反应为：

$$Cr_2O_7^{2-}+6CN^-+14H^+ \longrightarrow 2Cr^{3+}+3(CONH_2)_2+H_2O$$

$$Cr^{3+}+3OH^- \longrightarrow Cr(OH)_3\downarrow$$

若采用硫酸亚铁作还原剂，则六价铬还原为三价铬，提高 pH 会产生铁和铬的氢氧化物沉淀，反应如下：

$$HCrO_4^-+3Fe^{2+}+7H^+ \longrightarrow Cr^{3+}+3Fe^{3+}+4H_2O$$

$$Cr^{3+}+Fe^{3+}+6OH^- \longrightarrow Cr(OH)_3\downarrow+Fe(OH)_3\downarrow$$

第二节 单体构筑物设计

一、调节池

1. 一般说明

电镀废水的水量和水质并不总是均匀恒定的，往往随时间波动变化。水量和水质的波动容易导致处理设备未在最佳的工艺条件下运行，处理效果不稳定，波动严重时甚至会使设备无法工作。为此需要设置调节池，进行水量调节和水质均化。

水量调节的特点是变水位调节，需要足够的水力停留时间，即要有足够的调节池有效容积。

水质均化的特点是恒水位调节，主要是均化浓度，要求尽量完全混合。混合方式有水泵循环、空气搅拌、机械搅拌、异程混合等。

水量调节和水质均化合建于一体的构筑物称为均化池。

2. 主要设计参数

调节池设计主要是确定调节池的有效容积。有效容积的确定应以处理废水的水质、水量的变化周期为依据，有效容积不应小于一个生产变化周期内累计的废水量。一般可根据工程技术规范的规定设计，规范未规定的可参考行业经验，或者可根据某一具体生产过程废水量逐时累计变化图通过图解法求得。有效容积常通过停留时间（HRT）计算确定。停留时间是调节池有效容积与处理水量的比值，如式(12-1)：

$$\mathrm{HRT}=V_{有效}/Q \tag{12-1}$$

间歇处理时，调节池容积按平均每小时废水流量的4～8h计算。废水水量小时，可采用较长的HRT。连续处理时，可适当减小调节池容积，并设置自动检测和投药装置。

二、反应池

1. 一般说明

反应池中根据化学反应的不同需要加入各种药剂，以实现pH值调节、六价铬的还原以及氢氧化铬的生成等过程。为了促进反应物的充分接触反应，反应池通常设置混合设备。由于反应生成的氢氧化铬絮体不易沉降，在进入斜板沉淀池之前，应在反应池中投加凝聚剂帮助絮体长大以利于提高后续沉淀单元的处理效果，常用的凝聚剂有聚合硫酸铁（PFS)、聚合氯化铝（PAC)、聚丙烯酰胺（PAM）等。

废水水量较小时，反应池多采用单池间歇运行；水量较大时，可采用多池连续串联运行或多池并联交替运行。由于六价铬的还原以及氢氧化铬沉淀反应的pH值不同，有条件时建议采用多池串联系统。

2. 主要设计参数

（1）还原反应

pH值：2.5～3。

HRT：20～30min。

搅拌强度：中等强度，可以用 $\overline{G}$ 值参考，介于混凝反应中混合反应和絮凝反应之间，70～500s^{-1}。

投药比：(4～5)∶1（还原剂 $NaHSO_3$∶六价铬，质量比）。

氧化还原电位（ORP）值：不高于 300mV。

(2) 絮凝反应

pH 值：7～8。

HRT：15～20min。

$\overline{G}$ 值：20～70s^{-1}。

$\overline{G}T$ 值：$1.0\times10^4\sim1.0\times10^5$。

PFS 投加量：10～20mg/L。

PAM 投加量：1～3mg/L。

3. 工艺尺寸

反应池有效容积 V 如式(12-2)：

$$V=Qt \tag{12-2}$$

式中 V——反应器有效容积，m^3；

Q——设计流量，m^3/h；

t——反应时间，h。

反应池面积 A 如式(12-3)：

$$A=\frac{V}{H} \tag{12-3}$$

式中 A——反应池面积，m^2；

V——反应器有效容积，m^3；

H——有效水深，m。

4. 工艺设备

搅拌机功率按每立方米池容 10～20W 计算。搅拌机桨叶尺寸及转速设计参考有关手册或采用成套设备。

三、沉淀池

1. 一般说明

利用重力沉降原理，使混合反应过程中生成的难溶物与水分离，达到净化水的目的。

电镀废水处理中固液分离一般采用沉淀池，其中沉淀池有平流式沉淀池、竖流式沉淀池、辐流式沉淀池和斜板斜管沉淀池等。斜板沉淀池具有沉淀效率高、停留时间短、占地少等优点，在电镀废水处理中得到广泛应用。

按水流与沉泥的相对运动方向分类，斜板沉淀池可分为异向流、同向流和侧向流三种形式。一般为了构造简单，多采用异向流，即水流倾斜向上流，污泥则倾斜向下流。斜板的倾角一般在 45°～60°之间，沉积污泥能自动滑下，落入池底或污泥斗。斜板沉淀池计算示意图如图 12-2 所示。

排泥是沉淀池设计的一项重要内容，通常有重力排泥和机械排泥两种方式。对于斜板沉淀池而言，一般采用机械排泥方式，机械排泥采用固定轴旋转刮泥机、池底刮泥或泥浆泵等设施。一般先将污泥刮至池两端的排泥沟中，再由穿孔排泥管或泥浆泵排出池外。若采用多斗沉淀池形式，为使排泥顺畅、均匀，原则上每斗设单独排泥管，排泥管直径一般不小于150mm。

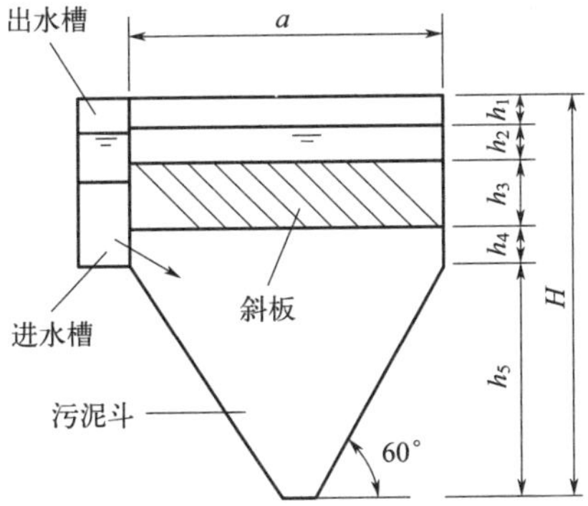

图 12-2　斜板沉淀池计算示意图

2. 主要设计参数

水力表面负荷：3～5($m^3/m^2 \cdot h$)。

斜板（管）长度：1～2m。

斜板（管）倾角：60°。

斜板间垂直净距：30～50mm。

3. 工艺尺寸

沉淀池水表面积 A 如式(12-4)：

$$A(m^2)=Q_{max}/(0.91nq_0) \tag{12-4}$$

圆形沉淀池直径 D 如式(12-5)：

$$D(m)=(4A/\pi)^{1/2} \tag{12-5}$$

方形沉淀池边长 a 如式(12-6)：

$$a(m)=A^{1/2} \tag{12-6}$$

池内停留时间 t 如式(12-7)：

$$t(min)=60(h_2+h_3)/q_0 \tag{12-7}$$

沉淀池的总高度 H 如式(12-8)：

$$H(m)=h_1+h_2+h_3+h_4+h_5 \tag{12-8}$$

上式中　Q_{max}——最大设计流量，m^3/h；

n——池数；

q_0——水力表面负荷，一般采用 3～5$m^3/m^2 \cdot h$；

0.91——斜板（管）面积利用系数；

h_1——超高，一般为 0.3m；

h_2——斜板（管）区上部的清水层高度，m，一般为 0.5～1.0m；

h_3——斜板（管）区自身高度，m，一般为 0.866～1.0m；

h_4——斜板（管）下缓冲层高度，m，一般为 0.5～1.0m；

h_5——污泥斗高度，m。

若沉淀池为矩形，计算方法与方形池类同。

四、中间水池

1. 一般说明

其作用为沉淀池出水贮池，同时用作过滤器水泵集水池。

2. 工艺尺寸

确定有效容积、净尺寸等。

五、过滤器

1. 一般说明

过滤器的设置是为了去除沉淀单元未能有效去除的微小絮体，进一步降低处理出水中重金属离子浓度，保证达标排放或满足回用要求。一般可采用 PE 微孔管过滤、粒状介质（如石英砂）重力式过滤或压力式过滤。PE 微孔管过滤精度高，经过滤后出水悬浮物浓度可低于 0.5mg/L，但微孔管容易堵塞，需经常反冲洗，定期酸洗，每 3 年应更换一次。粒状介质重力式过滤和压力式过滤操作简单方便，但过滤精度不及 PE 微孔管，出水悬浮物浓度可低于 1.5mg/L。粒状介质压力式过滤在中、小规模工业废水处理中使用较多。

2. 主要设计参数

以石英砂为滤料的单层压力式过滤器的设计参数如下。

滤速：5～10m/h。

冲洗前水头损失：5～6m。

滤层厚度：800～1200mm。

承托层厚度：450mm，一般分 4 层。

冲洗强度：12～15L/（m^2·s）。

反冲洗膨胀率：30%～50%。

冲洗时间：5～10min。

工作周期：12～24h。

冲洗用水可利用清水池水或自来水，冲洗滤池后排水应返回调节池。

六、清水池

1. 一般说明

清水池能够贮存过滤后的净化水，调节处理与回用之间的水量平衡。废水中六价铬含量达不到处理要求时，应用泵将废水提升至调节池重新处理。

2. 主要设计参数

清水池有效容积时的设计水量可按滤池冲洗水量的 1.5～2.0 倍计算。

七、药剂投配系统

1. 一般说明

电镀废水处理过程中需要加入多种不同药剂，如酸、碱、氧化剂、还原剂和混凝剂等。药剂投加分干投和湿投两种方式，其中湿投方式由于反应速率快、节省药剂等优点而被广泛采用。在药剂湿投系统中，首先把固体（块状或粒状）药剂置入溶解池中，并注水溶解，一般采用水力、机械及压缩空气等方法搅拌，以增加溶解速度及保持均匀的浓度，投药量较小的水厂也可采用人工搅拌调制。溶解池中的药液进入溶液投配池配成投加所需浓度的溶液，经计量泵或其他控制剂量的设备投入废水中。药剂的溶解和投加所需的装置、设备统称为药剂投配系统。

药剂投配系统按所处位置不同可分为地下式、地面式和高架式三种。地下式投配系统操作较方便，池顶一般高出地面 0.2m，当采用手工搅拌时，池顶可高出地面 1m 左右，以减轻劳动强度和改善操作条件。溶解池的底坡坡度不小于 0.02，池底应有直径不小于 100mm 的排渣管，池壁需设超高，防止搅拌时溶液溢出。溶解池的容积常按溶液投配池容积的 0.2～0.3 倍计算。地下式投配系统必须做好防渗处理，并设置药液泄漏收集设施。地面式投配系统或高架式投配系统虽然操作劳动强度有所增大，但便于观察，一旦药液泄漏可及时发现，且设备维护较方便。

药剂投配系统采用高架式设置较多，可以依靠重力投加药剂，也可以用泵投加。药剂溶解池周围应有工作台，池底坡度不小于 0.02，底部应设置放空管，必要时设溢流装置，混凝剂的投加溶液浓度一般采用 5%～15%（按商品固体质量计）。通常每日调制 2～6 次，人工调制时则不多于 3 次。药剂溶解池的数量可设 2 个，以便交替使用，保证连续投药。

由于药液一般都具有腐蚀性，所以盛放药液的池子、管道及配件都应采取防腐措施。可根据情况采用钢筋混凝土池体、耐酸陶土缸、防腐木桶及塑料板焊接箱等。

若药剂加入进水管中，投药口至进水管的水头损失不应小于 0.3～0.4m，否则应装设孔板或文丘里管。一般管道内流速为 0.8～1.0m/s。

2. 工艺尺寸

确定有效容积、净尺寸及操作方式等。

3. 工艺设备

确定所需搅拌、投加设备的选型。

八、泥渣处理系统

化学法处理电镀含铬废水工艺的重要特点是含铬污泥的产生。电镀含铬污泥属于含重金属危险废物，其堆存流失或直接排放不仅浪费了大量资源，同时也污染环境。我国以电镀污泥形式流失的各类重金属每年达 10 万吨以上，以含 Cu、Ni、Zn、Cr、Fe 等多组分混合型污泥为主体。电镀废水处理工艺中泥渣处理系统的作用是进行污泥浓缩、脱水，以减小污泥体积，便于最终处置。

污泥浓缩通常采用重力浓缩。浓缩池的设计停留时间一般不小于 8h。

污泥脱水一般采用板框压滤机，可根据污泥量选用成套设备，脱水后污泥含水率可低于 70%。

第十三章 设计实例四——某表面处理车间废水处理工艺设计

第一节 设计任务书

一、设计基础资料

1. 设计题目

某表面处理车间废水处理工艺设计。

2. 设计规模

总处理水量（日平均流量）$Q=300m^3/d$。

3. 废水水质

根据当地生态环境部门的水质监测报告确定设计原水水质，见表13-1。

表 13-1 设计原水水质

水质指标	总铬	六价铬	总铁	SS	pH 值
数值	230	200	50	50	5

注：表中除pH值外各指标单位均为mg/L。

4. 处理要求

废水处理后排水进入市政污水管网，下游有城市污水二级处理厂。根据当地生态环境要求，出水指标中的重金属、悬浮物、pH值等执行《电镀污染物排放标准》(GB 21900—2008）表3的特别排放限值，见表13-2。

表 13-2 处理要求

控制指标	总铬	六价铬	总铁	SS	pH 值
指标值	≤0.5	≤0.1	≤2.0	≤30	6～9

注：表中除pH值外各指标单位均为mg/L。

5. 其他资料

根据厂方提供的资料及现场调查获悉，废水处理车间内可提供的建设面积约600m²，东西长30m，南北宽20m，车间内地面已硬化。废水由表面处理车间集水池用水泵经架空管道输送至废水处理车间，架空管道标高5.00m。经处理后的水排入厂区下水道，厂区下水道接入窨井，水位标高为-2.00m（所给标高均为相对标高，废水处理车间地坪标高为±0.00m)。拟建地夏季主导风向东北风，年平均气温 12.3℃，极端最高气温 40.8℃，极端最低气温－13.7℃，最大冻土深度为 0.5m。

二、设计内容

(1) 资料查阅 了解废水的水质、水量特点及处理要求，查阅学习关于电镀废水处理的相关技术政策、工程技术规范及设计手册等参考资料。

(2) 方案比选 通过技术经济比较，确定较为合理的污水处理工艺流程，提出初步方案。

(3) 设计计算 依据工程技术规范、设计手册等选择设计参数，对构筑物进行设计计算，确定构筑物的工艺尺寸、主要构造及材料；确定配套仪器、设备等的规格、型号及数量；并对土建结构设计、电气控制设计提出要求。

(4) 水力计算 进行废水处理设施平面布置和高程布置，完成水力高程计算。

(5) 投资估算 进行废水处理工程的投资和运行费用估算。

(6) 图纸绘制 根据制图标准或规范，完成工程图纸绘制。

三、设计成果

(1) 设计说明书(含工艺计算) 一份，字数在 1.0 万字以上。

(2) 图纸 不少于 8 张(以 1# 图纸计)，其中包括但不限于总平面布置图 1 张，高程布置图 1 张，主要构筑物单体图 6 张。

四、基本要求

(1) 资料收集齐全，工艺论证正确充分。

(2) 设计计算概念清楚，公式选取正确。

(3) 设计参数选取合理，并注明参数出处。

(4) 设计说明书条理清晰，层次分明，文字通顺，格式规范。

(5) 图纸表达正确，符合制图规范。

五、设计期限

总设计时间 17 周，其中含毕业实习时间 3 周。

六、推荐参考文献

[1] 华东建筑设计研究院有限公司．给水排水设计手册 第 4 册：工业给水处理 [M]. 2 版．北京：中国建筑工业出版社，2002.

[2] 北京市市政工程设计研究总院有限公司．给水排水设计手册 第 5 册：城镇排水 [M]. 3 版．北京：中国建筑工业出版社，2017.

[3] 段光复．电镀废水处理及回用技术手册 [M]. 北京：机械工业出版社，2010.

[4] 贾金平，谢少艾，陈虹锦．废水处理技术及工程实例丛书——电镀废水处理技术及工程实例［M］. 2 版．北京：化学工业出版社，2016.
[5] 中华人民共和国环境保护部，国家质量监督检验检疫总局．GB 21900—2008 电镀污染物排放标准．北京：中国环境科学出版社，2008.
[6] 中华人民共和国住房和城乡建设部．GB 50136—2011 电镀废水治理设计规范．北京：中国计划出版社，2011.
[7] 中华人民共和国环境保护部．HJ 2002—2010 电镀废水治理工程技术规范．北京：中国环境科学出版社，2011.
[8] 中华人民共和国住房和城乡建设部，中华人民共和国国家质量监督检验检疫总局. GB/T 50106—2010 建筑给水排水制图标准．北京：中国建筑工业出版社，2011.
其他相关专业参考书籍可根据具体书目补充著录。

第二节 工艺流程选择

一、工艺流程确定

由于本设计题目所涉及废水水质比较单一，主要是六价铬和铁污染。鉴于废水量为 300m^3/d，处理工艺宜采用连续式。通过工艺比选，考虑处理水达标排放和减少污泥产生量等因素，决定采用亚硫酸氢钠还原沉淀法处理此电镀含铬废水。工艺处理流程如图 13-1 所示。

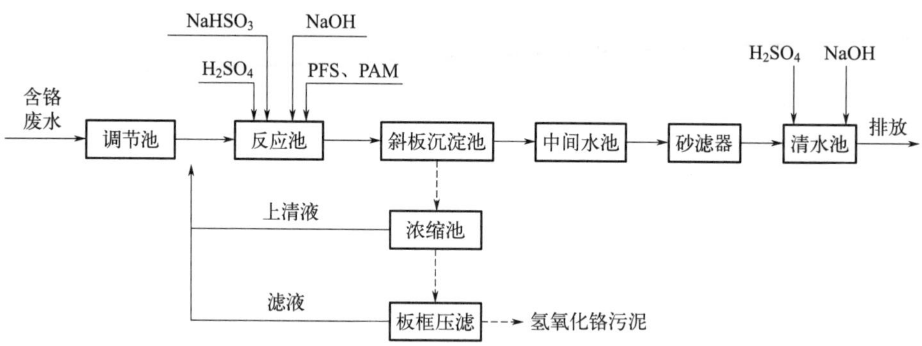

图 13-1 亚硫酸氢钠还原沉淀法处理含铬废水工艺流程

二、工艺流程说明

1. 废水处理系统

废水处理系统采用连续处理工艺。废水经两次提升，一次提升从调节池到中间水池，二次提升从中间水池到清水池。调节池中废水由耐腐蚀泵泵入反应池，在反应池中以重力流方式依次流经还原槽、中和槽、斜板沉淀池和中间水池，完成六价铬的还原、絮凝和沉淀分离反应。中间水池中的水由耐腐蚀泵泵入石英砂过滤器过滤，出水流入清水池，清水池中的水可以回用作为过滤器反冲洗水，也可用于酸、碱、盐溶液的配制，或者达标排放。如果清水池中 pH 值不达标，可以加酸或加碱进行微调；如果六价铬含量超标，则返回调节池重新处理。通过在线氧化还原电位（ORP）测定仪、pH 值计和液位计实现反应过程的控制。

2. 污泥处理系统

斜板沉淀池中沉淀的含铬污泥经污泥浓缩池浓缩，再经板框压滤机脱水后，按照危险废物管理要求集中处置。浓缩上清液和压滤出水返回调节池重新处理。

3. 药剂投配系统

确定各种溶药、投药槽体或罐体有效容积、工艺尺寸及相关配套工艺设备。

三、工艺条件控制

还原六价铬必须在酸性条件下进行。当 pH 值为 2.0 或更低时，反应可在 5min 左右进行完毕；当 pH 值为 2.5～3.0 时，反应时间在 20～30min；当 pH 值大于 3.0 时，反应非常缓慢。实际生产中，pH 值一般控制在 2.5～3.0 之间，反应时间控制在 20～30min。亚硫酸氢钠与六价铬的理论投药比为 3∶1（质量比），由于废水中杂质的影响和反应动力学方面的原因，实际投药量一般高于理论投药量，投药比控制在（4～5）∶1。投药比过低会使还原反应不充分，出水中六价铬含量不能达标，投药比过高时浪费药剂，增加处理成本，并且容易生成可溶性离子 $[Cr(SO_3)_n]^{3-2n}$ 或 $[Cr(OH)_m(SO_3)_n]^{3-m-2n}$，难以生成氢氧化铬沉淀。氢氧化铬沉淀生成阶段，加碱调节 pH 值一般控制在 7～8 之间，反应时间应大于 20min。

第三节　构筑物设计及计算

一、调节池

1. 一般说明

工业生产排放的废水会因生产条件不同而变化，水质成分与水量常呈现波动状态。这种不稳定性会导致废水处理系统运行异常，影响最终处理效果。为保证处理工艺稳定运行，避免受到流量或污染物浓度峰值波动的干扰，需在废水进入处理系统前对水质和水量进行均衡调节。通过设置调节池，能够有效平衡废水的波动性，让后续处理过程更稳定高效。

2. 参数选取

停留时间：取 $HRT=4h$。

3. 工艺尺寸

有效容积：$V_{有效}=Q\times HRT=300\times4/24=50(m^3)$。

池形：方形。

净尺寸：长度×宽度×高度$(L\times B\times H)$=5000mm×5000mm×2500mm。

调节池采用钢砼结构，复合防腐防渗。结构形式及工艺尺寸见表 13-3。

表 13-3　调节池结构形式及工艺尺寸

构筑物名称	结构形式	工艺尺寸/m	数量/个	备注
含铬废水调节池	钢筋混凝土地上结构	$L\times B\times H$(含超高)$=5.0\times5.0\times2.5$	1	复合防腐、防渗

4. 工艺设备

一次提升泵 2 台（1 用 1 备），选用耐腐蚀泵。根据水力计算及设计水量，确定水泵流量及扬程，配套流量计 2 个，设备选型见表 13-4。

表 13-4　调节池提升泵、流量计主要性能参数

设备名称	型号	数量	流量/(m^3/h)	功率/kW	扬程/m
GDF 型耐腐蚀泵	GDF40-20	2 台(1 用 1 备)	15.6	1.5	16
法米特 LUGB 型涡街流量计	*DN*70	2 个	—	—	—

调节池液位计选型见表 13-5。

表 13-5　调节池液位计主要性能参数

设备名称	型号	数量/个
超声波液位计	LU29-11	2

二、反应池

1. 一般说明

反应池内进行还原和絮凝反应。在流程上分前后两格，前一格进行六价铬的还原反应，后一格进行氢氧化物沉淀生成反应，前后两格用底部开孔的隔板隔开，反应过程中进行机械搅拌，如图 13-2 所示。

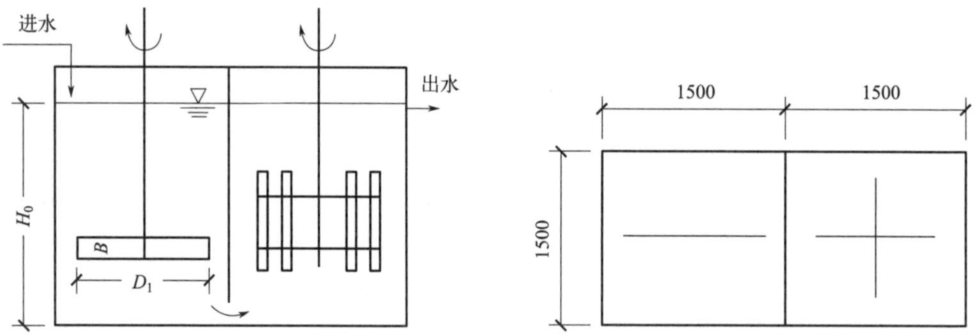

(a) 侧视图　　(b) 俯视图

图 13-2　反应池示意图（单位：mm）

2. 参数选取

（1）还原反应

停留时间 $HRT=20\text{min}$。

加入硫酸调节 pH 值：2.5～3.0 之间。

还原剂投药比：5∶1（质量比，$NaHSO_3$∶六价铬）。

控制 ORP 值：230～270mV。

搅拌机功率：20W/m^3 池容。

(2) 絮凝反应

停留时间 $HRT=20min$。

加入氢氧化钠调节 pH 值：7～8 之间。

加入 PAM 絮凝剂促进絮凝反应。

$\overline{G}$ 值：$50s^{-1}$。

3. 工艺尺寸

反应池总有效容积 $V_{有效}$ 为：

$$V_{有效}=Q\times HRT_{总}=\frac{300\times(20+20)}{24\times60}=8.33(m^3)$$

净尺寸：长×宽×高$(L\times B\times H)$=3000mm×1500mm×2200mm。

反应池采用钢筋混凝土结构，复合防腐防渗。结构形式及工艺尺寸见表 13-6。

表 13-6 反应池结构形式及工艺尺寸

构筑物名称	结构形式	工艺尺寸/m	数量/个	备注
反应池	钢筋混凝土 地上结构	$L\times B\times H$(含超高) =3.0×1.5×2.2	1	复合防腐、防渗

4. 工艺设备

(1) 还原反应搅拌装置　按每立方米池容输入功率 20W 计算，需要输入的功率 $N_{还}$ 为：

$$N_{还}=\frac{20V_{有效}}{2\times1000}=\frac{20\times8.3}{2\times1000}=0.083(kW)$$

搅拌器机械总效率 η_1 采用 0.75，搅拌器传动效率 η_2 采用 0.8，则搅拌轴所需电动机功率 $N'_{还}$ 为：

$$N'_{还}=\frac{N}{\eta_1\eta_2}=\frac{0.083}{0.75\times0.8}=0.138(kW)$$

桨叶构造：单层平板形，两叶，长×宽=0.75m×0.3m，桨叶底端距池底 0.45m。

(2) 絮凝反应搅拌装置　按每立方米池容输入功率 10W 计算，需要输入的功率 $N_{絮}$ 为：

$$N_{絮}=\frac{10V_{有效}}{2\times1000}=\frac{10\times8.3}{2\times1000}=0.042(kW)$$

搅拌器机械总效率 η_1 采用 0.75，搅拌器传动效率 η_2 采用 0.8，则搅拌轴所需电动机功率 $N'_{絮}$ 为

$$N'_{絮}=\frac{N}{\eta_1\eta_2}=\frac{0.042}{0.75\times0.8}=0.07(kW)$$

桨叶构造：平板形，8 叶，桨叶上下边缘分别距水面和池底 0.3m。

(3) pH 值及 ORP 值控制装置　还原反应池设置 pH 值控制装置 1 套，与硫酸加药计量泵联动；设置 ORP 值控制装置 1 套，与亚硫酸氢钠加药计量泵联动。絮凝反应池设置 pH 值控制装置 1 套，与氢氧化钠加药计量泵联动。反应池 pH 值及 ORP 值控制装置选型详见表 13-7。

表 13-7　反应池控制装置选用表

设备名称	型号	数量	备注
pH 控制器	DP5000	2 套	还原池/絮凝池各 1 套
ORP 控制器	CPS12	1 套	还原池

三、斜板沉淀池

1. 一般说明

采用异向流斜板沉淀池。污泥至少每天排一次，以免污泥板结堵塞排泥管。具体排泥次数和排泥周期应根据沉淀池泥斗容积和产生的污泥量确定。污泥斗排泥宜采用单斗单管排泥方式。斜板沉淀池结构如图 13-3 所示。

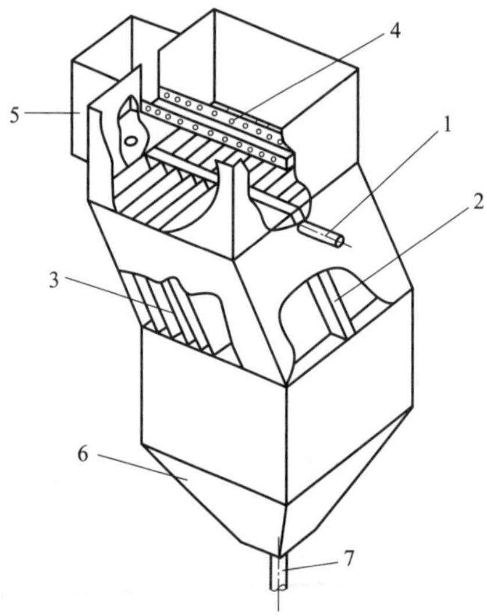

图 13-3　斜板沉淀池结构示意图

1—进水管；2—配水槽；3—斜板；4—集水槽；5—出水落水斗；6—污泥斗；7—排泥管

2. 参数选取

个数 n：2。

水力表面负荷 q：3($m^3/m^2 \cdot h$)。

斜板长 L：1.2m。

斜板倾角 θ：60°。

斜板净距 d：50mm。

斜板厚 b：5mm。

3. 工艺尺寸

单池表面积 A：

$$A = Q_{max}/(0.91nq) = \frac{300}{2 \times 3 \times 0.91 \times 24} = 2.3(m^2)$$

单池边长 a_1：

$$a_1 = A^{1/2} = \sqrt{2.3} = 1.5(m)$$

每池斜板个数 m：

$$m=2\times[a_1/(b+d)-1]$$
$$=2\times[1.5/(0.005+0.05)-1]=53(个)$$

斜板区高度 h_3：

$$h_3=L\sin\theta=1.2\times\sin60°=1.04(\mathrm{m})$$

取水面超高 $h_1=0.3\mathrm{m}$。

取斜板上端清水区高度 $h_2=0.5\mathrm{m}$。

取斜板下端与泥斗之间缓冲层高度 $h_4=1.0\mathrm{m}$。

泥斗斗底为正方形，泥斗底边长 $a=0.4\mathrm{m}$，泥斗倾角 $\beta=60°$，泥斗高 h_5 为：

$$h_5=\frac{a_1-a}{2}\tan\beta=\frac{1.5-0.4}{2}\times\tan60°=0.95(\mathrm{m})$$

污泥斗总容积 V：

$$V=2\times\frac{1}{3}h_5(a_1{}^2+a^2+a_1a)=2\times\frac{1}{3}\times0.95\times(1.5^2+0.4^2+1.5\times0.4)=1.9(\mathrm{m}^3)$$

沉淀池的总高度 H：

$$H=h_1+h_2+h_3+h_4+h_5=0.3+0.5+1.04+1.0+0.95=3.8(\mathrm{m})$$

4. 局部构造

（1）进水口　进水用 $DN100$（外径 $\phi\times$壁厚$=110\mathrm{mm}\times3.5\mathrm{mm}$）硬聚氯乙烯管直接与反应池相连，则进水管中流速 v（满足絮凝后期流速要求，一般 0.2～0.3m/s）：

$$v=\frac{4Q}{n\pi D^2\times24\times3600}=\frac{4\times300}{2\pi\times0.103^2\times24\times3600}=0.21(\mathrm{m/s})$$

（2）配水槽　是指侧面为平行四边形，其余各面为矩形的盒体。底端开口，其余各面密封。水流入后下行，由底端开口翻入斜板区。

配水槽尺寸：矩形面宽为 150mm；平行四边形边长 $a\times b=150\mathrm{mm}\times120\mathrm{mm}$；平行四边形锐角 $\alpha=60°$。

（3）集水槽

① 采用两侧淹没孔口集水槽集水，见图 13-4。

② 集水槽个数 N：每池 1 个，共 2 个。

③ 槽中流量 q_0：

$$q_0=Q/N=300/(2\times24\times3600)=0.00174(\mathrm{m}^3/\mathrm{s})$$

考虑池子超载系数为 20%，则槽中流量 q_0' 为：

$$q_0'=(1+20\%)q_0=1.2\times0.00174=0.002(\mathrm{m}^3/\mathrm{s})$$

④ 槽中水深 H_2

槽宽 B：

$$B=0.9q_0{}^{0.4}=0.9\times0.002^{0.4}=0.075(\mathrm{m})$$

为便于加工，取槽宽 $B=0.15\mathrm{m}$。

起点槽中水深 H_1：

$$H_1=0.75B=0.75\times0.15=0.1125(\mathrm{m})$$

终点槽中水深 H_2：

$$H_2=1.25B=1.25\times0.15=0.1875(\mathrm{m})$$

槽中水深统一按 $H_2=0.2$m 计。

⑤ 槽总高度 H（如图 13-5 所示） 集水方法为淹没式自由跌落。淹没水深取 0.05m，跌落高度取 0.05m，槽超高取 0.1m，则集水槽总高度为：

$$H=H_2+0.05+0.05+0.1=0.2+0.05+0.05+0.1=0.4(\text{m})$$

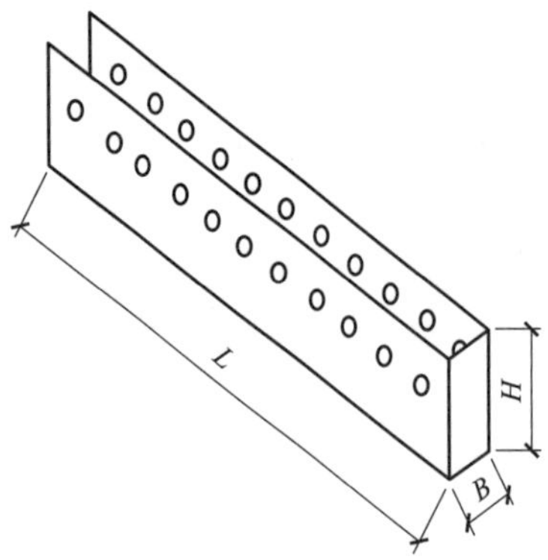

图 13-4 集水槽

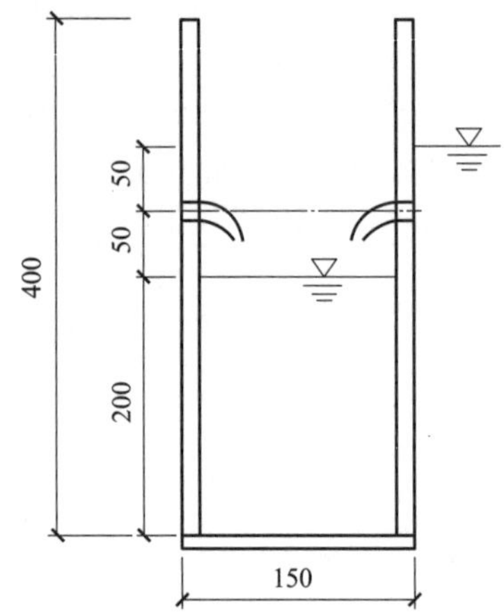

图 13-5 集水槽断面（单位：mm）

⑥ 孔眼计算（如图 13-6 所示） 由 $q_0=\mu\omega\sqrt{2gh}$，得式(13-1)：

$$\omega=\frac{q_0}{\mu\sqrt{2gh}} \tag{13-1}$$

式中 q_0——集水槽流量，m^3/s；

μ——流量系数，取 0.62；

h——孔口淹没水深，此处为 0.05m；

ω——孔眼总面积，m^2。

即

$$\omega=\frac{0.002}{0.62\sqrt{2\times9.8\times0.05}}=0.00326(\text{m}^2)$$

孔眼直径采用 $d=15$mm，则单孔面积 ω_0 为：

$$\omega_0=\frac{\pi}{4}d^2=\frac{3.14}{4}\times0.015^2=0.000177(\text{m}^2)$$

孔眼个数 n：

$$n=\omega/\omega_0=0.00326\div0.000177=18.4\text{，取 }20$$

集水槽每边孔眼个数 n'：

$$n'=n/2=20\div2=10$$

相邻孔眼中心距离 S：

$$S=L/(n'+1)=1.5\div(10+1)=0.136(\text{m})$$

为加工方便，相邻孔眼间距取 0.140m，靠近两端各留出 0.120m。如图 13-6 所示。

(4) 落水斗 尺寸为 $L\times B\times H=500\text{mm}\times500\text{mm}\times800\text{mm}$，布置如图 13-7 所示。排水管选用 $DN50$（外径 $\phi\times$壁厚$=63\text{mm}\times2.5\text{mm}$）硬聚氯乙烯管。

(5) 排泥管 选用 $DN150$（外径 $\phi\times$壁厚$=160\text{mm}\times5\text{mm}$）硬聚氯乙烯管。

(6) 排泥泵 排泥管外接污泥泵排泥。污泥泵选型见表 13-8。

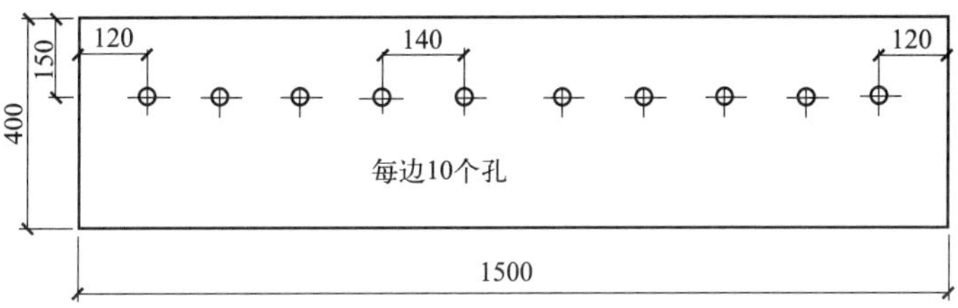

图 13-6　集水槽孔眼布置（单位：mm）

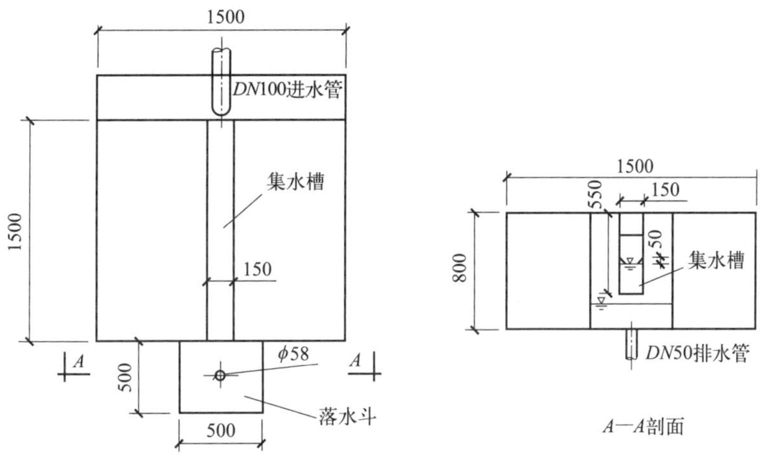

图 13-7　落水斗布置图（单位：mm）

表 13-8　斜板沉淀池排泥泵主要性能参数

设备名称	型号	数量/台	流量/(m^3/h)	功率/kW	扬程/m
ZWⅡ自吸式无堵塞排污泵	ZWⅡ25-8-15	2(1用1备)	8	1.5	15

5. 注意事项

（1）运行前先启动反应槽内的搅拌器，搅拌 3min 后再进水。

（2）排泥周期应根据废水含铬浓度及污泥斗容积确定，在不影响沉淀效果的前提下，适当延长排泥周期，可以降低排出污泥的含水率，一般情况下每隔 2h 排泥 1 次。

四、中间水池

1. 一般说明

其作用为沉淀池出水贮池，同时兼作过滤器进水水泵集水池。

2. 参数选取

有效容积按 0.5h 废水流量计。

3. 工艺尺寸

有效容积 V：

$$V=0.5\times300/24=6.25(\mathrm{m}^3)$$

池形：方形。

净尺寸：长×宽×高($L\times B\times H$)=3000mm×2000mm×1500mm。

中间水池采用钢筋混凝土结构，防渗。结构形式及工艺尺寸见表 13-9。

表 13-9　中间水池结构形式及工艺尺寸

构筑物名称	结构形式	工艺尺寸/m	数量/个	备注
中间水池	钢筋混凝土 地上结构	$L \times B \times H$（含超高） $=3.0 \times 2.0 \times 1.5$	1	防渗

4. 工艺设备

二次提升泵 1 台（1 用 1 备）。根据水力计算及设计水量，确定水泵流量及扬程，配套流量计 2 个，设备选型见 13-10。

表 13-10　中间水池二次提升泵、流量计主要性能参数

设备名称	型号	数量	流量/(m^3/h)	功率/kW	扬程/m
单级单吸离心泵	IS65-40-250	2 台(1 用 1 备)	12.5	2.2	20
法米特 LUGB 型涡街流量计	DN40	2 个	—	—	—

中间水池液位计选型见表 13-11。

表 13-11　中间水池液位计主要性能参数

设备名称	型号	数量/个
超声波液位计	LU29-11	2

五、砂滤器

1. 一般说明

砂滤器用于对沉淀池出水进行过滤，进一步去除水中细小悬浮物等污染物，改善水质。

砂滤器采用石英砂单层滤料压力滤罐，圆柱形罐体，设置 2 台，并联使用。

2. 参数选取

滤层厚度 h：1.0m。

承托层厚 h'：450mm，分 4 层。

正常滤速 v：8m/h。

强制滤速 v'：16m/h。

工作周期 T：24h。

反冲洗膨胀率：50%。

反冲强度 q：15L/($m^2 \cdot s$)。

反冲时间 t：5min。

反冲洗水：砂滤出水。

3. 工艺尺寸

单罐横截面积 S：

$$S=\frac{Q}{nv}=\frac{\frac{300}{24}}{2\times 8}=0.78(m^2)$$

单罐直径 D：

$$D=\sqrt{\frac{4S}{\pi}}=\sqrt{\frac{4\times0.78}{3.14}}=0.99(\mathrm{m})，取\ D=1.0\mathrm{m}$$

校核空塔流速 v：

$$v=\frac{4Q}{n\pi D^2}=\frac{4\times\frac{300}{24}}{2\times3.14\times1.0^2}=7.96(\mathrm{m/h})，符合要求(5\sim10\mathrm{m/h})$$

单罐需要石英砂体积 V 为：

$$V=Sh=0.78\times1.0=0.78(\mathrm{m}^3)$$

石英砂滤料反冲洗膨胀度为 50%，则砂滤器有效高度 H 为：

$$H=h+h'(1+50\%)=0.45+1.0\times(1+0.5)=1.95(\mathrm{m})$$

砂滤器净尺寸：ϕ1000mm×2200mm。

反冲洗最大需水量 Q'（两罐同时反冲洗）为：

$$Q'=\frac{2tqS}{1000}=\frac{2\times5\times60\times0.78\times15}{1000}=7.02(\mathrm{m}^3)，设计取\ 8\mathrm{m}^3$$

4. 工艺设备

石英砂压力滤罐配水设施采用小阻力配水系统，选择短柄滤头。短柄滤头主要性能参数见表 13-12。

表 13-12　短柄滤头主要性能参数

设备名称	型号	滤帽形式	总长度/mm	缝隙宽度/mm	缝隙总面积/(cm^2/个)	数量/个
短柄滤头	LC-D	蘑菇形	150	0.30	3.0	52

小阻力滤头配水系统缝隙总面积 A 与滤池截面积 S 之比宜为 1.0%～1.5%，本次设计取值 1.0%。则单罐需要 LC-D 型短柄滤头的数量 N 为：

$$N=\frac{S}{A}\times1.0\%=\frac{0.78\times10000}{3.0}\times1.0\%=26(个)$$

两台压力滤罐所需短柄滤头数量为 52 个。

5. 注意事项

(1) 当过滤压力明显增加或出水水质不能满足要求时，应准备冲洗过滤器。

(2) 冲洗前应确认调节池存水量较少，能满足容纳冲洗排水量的要求，清水池中水要充满，满足冲洗水量要求。

(3) 石英砂滤料冲洗时间为 5～10min。先冲洗 3min，中间停几分钟，再冲洗几分钟，可以提高冲洗效果。

(4) 过滤器冲洗后，调节池内六价铬浓度会有变化，注意监控处理后水质。

(5) 每隔半年，应将石英砂滤料彻底清洗一次，并适当补充新滤料。

六、清水池

1. 一般说明

清水池可暂存砂滤器滤后清水，作为砂滤器反冲洗用水。处理达标水经 $DN70$

(75mm×2.5mm）硬聚氯乙烯溢流管直接外排。一旦废水中六价铬含量达不到处理要求，便用泵将废水打回调节池重新处理。池底设 $DN50$ 泄空管。

2. 参数选取

有效容积按砂滤器 1 次反冲洗水量 Q' 的 2 倍计算。

3. 工艺尺寸

有效容积 V：

$$V=2Q'=2\times 8=16(\text{m}^3)$$

池形：方形；

池体净尺寸：$L\times B\times H=3000\text{mm}\times 2000\text{mm}\times 3000\text{mm}$。

清水池采用钢筋混凝土结构，防渗。结构形式及工艺尺寸见表 13-13。

表 13-13 清水池结构形式及工艺尺寸

构筑物名称	结构形式	工艺尺寸/m	数量/个	备注
清水池	钢筋混凝土 地上结构	$L\times B\times H$(含超高) $=3.0\times 2.0\times 3.0$	1	防渗

4. 工艺设备

反冲洗水泵 2 台（1 用 1 备）。用途有二，其一为砂滤器反冲洗提供动力，其二在清水池出水含铬量不满足处理要求时将其泵回调节池。根据水力计算及反冲洗强度，确定水泵流量及扬程，配套流量计 2 个，设备选型见表 13-14。

表 13-14 反冲洗水泵、流量计主要性能参数

设备名称	型号	数量	流量/(m^3/h)	功率/kW	扬程/m
单级单吸离心泵	IS100-80-125	2 台(1 用 1 备)	100	11	20
法米特 LUGB 型涡街流量计	$DN80$	2 个	—	—	—

七、药剂投配系统

1. H_2SO_4 加药罐

H_2SO_4 的摩尔质量为 98g/mol，将其 pH 值从 5 调节至 3，每天需要 H_2SO_4 的量 m 为：

$$mQtM=300\times\frac{10^{-3}-10^{-5}}{2}\times 98=14.6(\text{kg/d})$$

浓度 10%的 H_2SO_4 溶液的体积 V 为：

$$V=\frac{14.6}{10\%\times 1066}=0.137(\text{m}^3)$$

式中 1066——10%硫酸的密度，kg/m^3。

加药罐有效容积按 5d 需用酸量计，设计 1 个加药罐，则加药罐有效容积 $V_{有效}$ 为：

$$V_{有效}=5V=0.137\times 5=0.685(\text{m}^3)，取 0.7\text{m}^3$$

H_2SO_4 加药罐选用 FP-DOS 型一体式溶药制备投加装置 1 套，溶药罐材质为 PE，带搅拌机，选配G系列机械隔膜加药计量泵，计量泵1用1备。参数详见表13-15。

表13-15 H_2SO_4 加药罐主要性能参数

设备名称	型号	容积/L	搅拌机功率/W	选配G系列机械隔膜计量泵型号
一体式溶药制备投加装置	FP-DOS1000	1000	250	GM0010

2. $NaHSO_3$ 加药罐

$NaHSO_3$ 投药量与废水中六价铬含量比值取5∶1（质量比），即投加浓度为1000mg/L。$NaHSO_3$ 溶液投加浓度10%，每天需要浓度10% $NaHSO_3$ 溶液的体积为：

$$V=\frac{300\times1000}{10^6\times10\%}=3.0(m^3)$$

每天配药1次，设计2个加药罐，交替使用，每个加药罐有效容积：

$$V_{有效}=\frac{V}{2}=3.0\div2=1.5(m^3)$$

$NaHSO_3$ 加药罐选用FP-DOS型一体式溶药制备投加装置2套，溶药罐材质为PE，带搅拌机，选配G系列机械隔膜加药计量泵，每罐计量泵1用1备。参数详见表13-16。

表13-16 $NaHSO_3$ 加药罐主要性能参数

设备名称	型号	容积/L	搅拌机功率/W	选配G系列机械隔膜计量泵型号
一体式溶药制备投加装置	FP-DOS2000	2000	370	GM0090

3. NaOH加药罐

pH值从3调节至8，每天需要浓度20%的氢氧化钠溶液体积 V_1 为：

$$V_1=\frac{300\times(10^{-3}-10^{-8})\times40}{20\%\times1219}=0.049(m^3)$$

式中 1219——20%氢氧化钠溶液的密度，kg/m^3。

沉淀三价铬离子需要浓度20%的氢氧化钠溶液体积 V_2 为：

$$V_2=\frac{300\times230\times3\times40\times10^{-3}}{52\times20\%\times1219}=0.653(m^3)$$

沉淀三价铁离子需要浓度20%的氢氧化钠溶液体积 V_3 为：

$$V_3=\frac{300\times50\times3\times40\times10^{-3}}{56\times20\%\times1219}=0.132(m^3)$$

共需要浓度20%的氢氧化钠溶液体积 V：

$$V=V_1+V_2+V_3=0.049+0.653+0.132=0.834(m^3)$$

每两天配药1次，设计2个加药罐，交替使用，每个加药罐有效容积不小于 0.834m^3。

NaOH 加药罐选用 FP-DOS 型一体式溶药制备投加装置 2 套，溶药罐材质为 PE，带搅拌机，选配 G 系列机械隔膜加药计量泵，每罐计量泵 1 用 1 备。参数详见表 13-17。

表 13-17 NaOH 加药罐主要性能参数

设备名称	型号	容积 /L	搅拌机功率 /W	选配 G 系列机械隔膜计量泵型号
一体式溶药制备投加装置	FP-DOS1000	1000	250	GM0050

4. PFS 加药罐

设计最大投药浓度为 20mg/L，PFS 浓度 10%，2 天配 1 次，则 PFS 加药罐有效容积 V 为：

$$V=\frac{300\times 20\times 2}{10^6\times 10\%}=0.12(m^3)$$

每两天配药 1 次，设计 2 个加药罐，交替使用，每个加药罐有效容积不小于 0.12m^3。

PFS 加药罐选用 FP-DOS 型一体式溶药制备投加装置 2 套，溶药罐材质为 PE，带搅拌机，选配 G 系列机械隔膜加药计量泵，每罐计量泵 1 用 1 备。参数详见表 13-18。

表 13-18 PFS 加药罐主要性能参数

设备名称	型号	容积 /L	搅拌机功率 /W	选配 G 系列机械隔膜计量泵型号
一体式溶药制备投加装置	FP-DOS0200	200	40	GM0010

5. PAM 加药罐

设计最大投药量为 3mg/L，PAM 浓度 0.5%，2d 配 1 次，则 PAM 加药罐有效容积 V 为：

$$V=\frac{300\times 2\times 3}{10^6\times 0.5\%}=0.36(m^3)$$

每天配药 1 次，设计 1 个加药罐，加药罐有效容积不小于 0.36m^3。

PAM 加药罐选用 FP-DOS 型一体式溶药制备投加装置 1 套，溶药罐材质为 PE，带搅拌机，选配 G 系列机械隔膜加药计量泵，计量泵 1 用 1 备。参数详见表 13-19。

表 13-19 PAM 加药罐主要性能参数

设备名称	型号	容积 /L	搅拌机功率 /W	选配 G 系列机械隔膜计量泵型号
一体式溶药制备投加装置	FP-DOS0200	200	40	GM0025

6. 处理药剂及药品耗量估算

处理药剂主要包括：NaOH（固体片碱，工业级）、H_2SO_4（工业级）、$NaHSO_3$（固体，工业级）、PFS（固体，工业级）以及 PAM（固体，工业级）。

药品用量结合理论计算和实际经验确定，见表 13-20。

表 13-20　处理药剂消耗量

处理药剂	单位水量耗药量/(g/m^3)	每天耗药量/(kg/d)	处理药剂	单位水量耗药量/(g/m^3)	每天耗药量/(kg/d)
$NaHSO_3$	1000	300	PFS	20	6
NaOH	33	10	PAM	3	0.9
H_2SO_4	50	15			

八、污泥处理系统

1. 斜板沉淀池排泥

采用机械排泥，排泥管管径为 $DN150$，自动控制排泥阀。排泥泵参数见表 13-8。

2. 污泥浓缩池

还原药剂选用亚硫酸氢钠，化学沉淀药剂选用氢氧化钠时，沉淀后含铬污泥含水率通常在 99%以上，本次设计取值 99%。污泥浓缩池上清液应溢流排至调节池，不许外排。

本次设计假定废水中铬以氢氧化铬形式 100%进入污泥，铁以氢氧化铁形式 100%进入污泥，进水中悬浮物也 100%进入污泥。则根据物料衡算，可得污泥干渣量 $G_{干渣}$ 为：

$$\begin{aligned} G_{干渣} &= 氢氧化铬+氢氧化铁+悬浮物 \\ &= \frac{300\times230}{52\times1000}\times103+\frac{300\times50}{56\times1000}\times107+\frac{300\times50}{1000} \\ &= 180(kg) \end{aligned}$$

则含水率 99%的污泥量 $G_{污泥}$ 为：

$$G_{污泥}=\frac{G_{干渣}}{1-99\%}=\frac{180}{1\%}=18000(kg)=18(m^3)$$

含水率 99%的污泥质量为 18t，体积约为 $18m^3$，由前述斜板沉淀池的计算可知污泥斗总容积为 $1.9m^3$，每天共需排泥约 10 次，每次排泥间隔约 2.5h。

污泥浓缩时间取 8h，则浓缩池有效容积 V 为：

$$V=\frac{18\times8}{24}=6(m^3)$$

采用 2 个钢筋混凝土圆形池，交替使用，单池净尺寸 ϕ2000mm×2500mm。

3. 污泥脱水

从斜板沉淀池排出的含水率为 99%的污泥量 $G_{泥1}$ 为：

$$G_{泥1}=300\times0.2/24=2.5(m^3/h)$$

当污泥在浓缩池内浓缩 8h 后，含水率降为 98%的污泥量 $G_{泥2}$ 为：

$$G_{泥2}=2.5\times\frac{100-99}{100-98}=1.25(m^3/h)$$

采用螺杆泵将浓缩池污泥输送至板框压滤机中脱水，通常脱水时间为 4h。经板框压滤机压滤脱水后，污泥含水率可降为 65%～80%，取 70%，则污泥量 $G_{泥3}$ 为：

$$G_{泥3}=1.25\times\frac{100-98}{100-70}=0.083(m^3/h)$$

每天产 70%含水率泥饼量 $G_{泥饼}$ 为：

$$G_{泥饼}=0.083\times24=2(m^3/d)$$

以压滤机滤饼最大厚度 30mm 计算，需要的过滤面积 A 为：

$$A=2/0.03\times2=133(m^2)$$

本设计采用 1 台过滤面积 $80m^2$ 的板框压滤机，1 天工作 2 次可满足要求。

九、电气控制系统设计要求

电气控制方式分为手动控制和自动控制，两种方式可以切换，具有较高的操作灵活性。

1. 废水处理系统自动控制

废水处理系统主要设备的运行状态可在主控柜模拟盘上显示。如废水调节反应池内的工作液位与溢流报警液位，以及各罐体的下限报警液位等。

废水处理系统处于自动待机状态时，废水输水泵可自动启动（当废水贮池液位达到上限后），将废水输入处理槽；废水贮池液位降至下限时，废水输水泵可自动关闭。输水泵启动后，需操作人员手动调节流量。

废水输水泵启动后，处理槽进入自动加药调节控制程序。搅拌器与泵联动，投加 H_2SO_4 药液，自动调节 pH 值；根据所测量的 ORP 值，自动投加 $NaHSO_3$ 药液。

反应槽絮凝段通过 pH 值计控制计量泵自动投加 NaOH、PFS、PAM 等药液。

清水池中的六价铬含量超过额定值以后，启动过滤器反冲水泵，将不合格水回流至废水调节池，进行再处理。

清水池中有 pH 值在线监测仪，当 pH 值不满足要求时，池中搅拌器开启，pH 值调节加药系统自动运行，将处理后的废水调至 pH 为 6～9 的范围。

2. 废水处理系统手动控制

废水处理系统在手动控制状态时，操作人员可在操作现场通过操作开关实现上述自动控制全部操作程序的控制。

第四节　平面布置

处理站厂区平面布置遵循国家有关标准和规范进行。

含铬废水处理工艺平面布置见图 13-8。

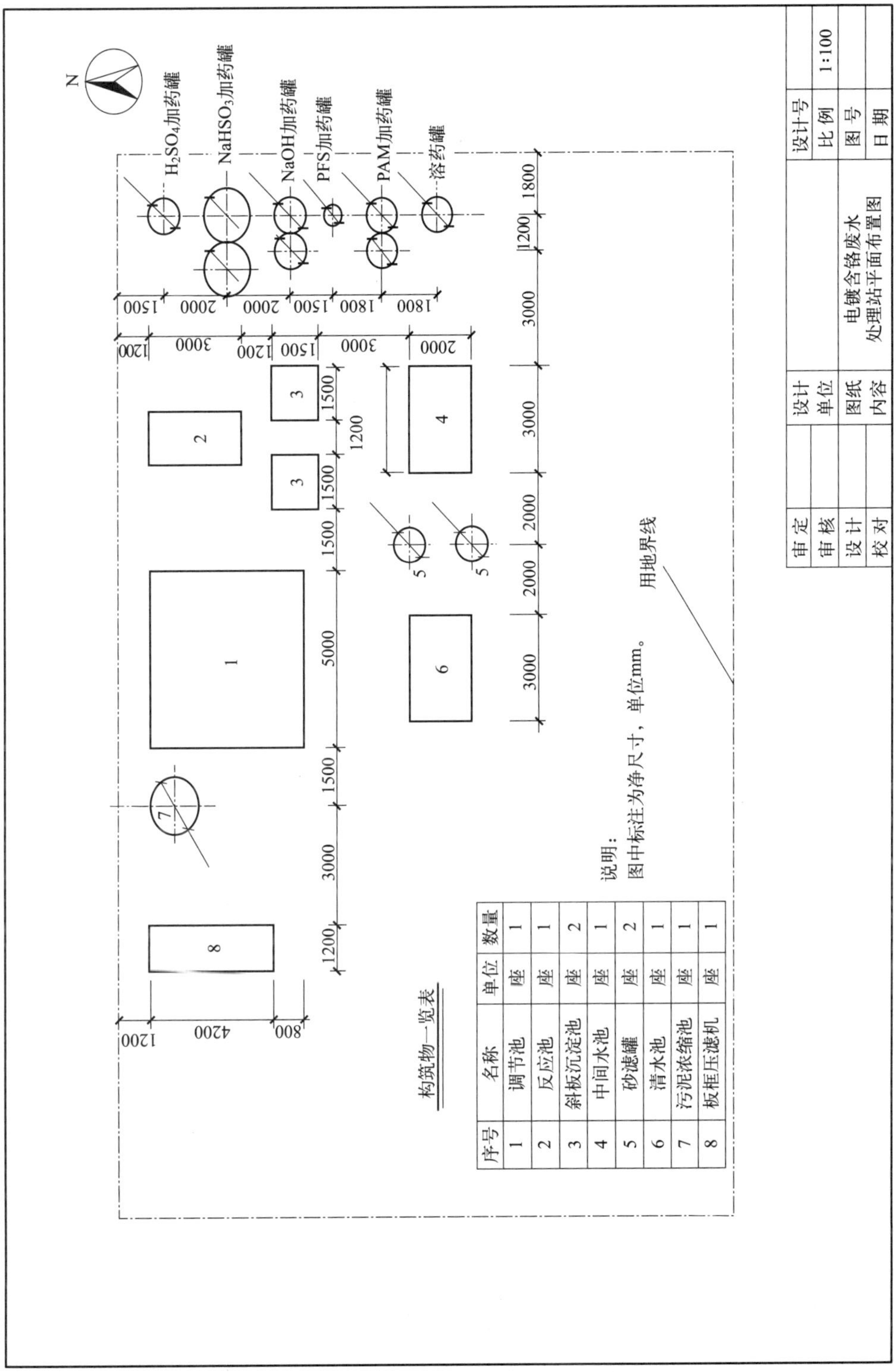

构筑物一览表

序号	名称	单位	数量
1	调节池	座	1
2	反应池	座	1
3	斜板沉淀池	座	2
4	中间水池	座	1
5	砂滤罐	座	2
6	清水池	座	1
7	污泥浓缩池	座	1
8	板框压滤机	座	1

图 13-8　含铬废水处理站平面布置图（单位：mm）

第五节　水力计算及高程布置

一、调节池水泵扬程

调节池水泵扬程 H 如式(13-2)：

$$H=H_{差}+H_{自}+h_{沿}+h_{局} \tag{13-2}$$

式中　$H_{差}$——泵吸水池最低水位与最不利点水位差，m；

$H_{自}$——最不利点所需的自由水头，一般为 1～2m；

$h_{沿}$——管线沿程水头损失，m；

$h_{局}$——管线局部水头损失，m。

废水流量 $Q=300\text{m}^3/\text{d}=12.5\text{m}^3/\text{h}$，取管中流速 $v=1.0\text{m/s}$（一般为 0.7～1.2m/s），则废水管径 D 为：

$$D=\sqrt{\frac{4Q}{\pi v}}=\sqrt{\frac{4\times12.5}{3.14\times1.0\times3600}}=0.066(\text{m})$$

查给水排水设计手册，取公称直径 $D_g=70\text{mm}$ 的标准硬聚氯乙烯管，规格外径 $\phi\times$ 壁厚 $=75\text{mm}\times2.5\text{mm}$，工作压力 6kgf/cm^2（$1\text{kgf/cm}^2=98.066\text{Pa}$），计算内径 70mm。查 $D_g=70\text{mm}$ 塑料管水力计算表，流量 $Q=12.6\text{m}^3/\text{h}$ 时，流速 $v=0.91\text{m/s}$，$1000i=13.13$。

对于一次提升管段，废水管线水力最不利段长度 $L=10\text{m}$，则管线沿程损失 $h_{沿}$ 为：

$$h_{沿}=iL=\frac{13.13}{1000}\times10=0.13(\text{m})$$

一次提升（从调节池用泵提升至反应池，反应池至中间水池重力自流）最不利段共有：丁字管 1 个，局部阻力系数取 0.1；90°弯头 2 个，局部阻力系数取 0.6；阀门 2 个，局部阻力系数各取 2.5；逆止阀 1 个，局部阻力系数取 7.5；转子流量计 1 个，局部阻力系数取 9；泵 1 台，局部阻力系数取 1。则管线总局部水头损失 $h_{局}$ 为：

$$h_{局}=\xi\frac{v^2}{2g}=(0.1+2\times0.6+2\times2.5+1\times7.5+9+1)\times\frac{0.91^2}{2\times9.8}=1.0(\text{m})$$

系统中调节池最低水位与最不利点最高水位差 $H_{差}=4.0\text{m}$，取自由水头 $H_{自}=2.0\text{m}$，则水泵所需扬程 H 为：

$$H=h_{沿}+h_{局}+H_{差}+H_{自}=0.13+1.0+4.0+2.0=7.13(\text{m})$$

根据 $Q=12.5\text{m}^3/\text{h}$、$H=7.13\text{m}$，耐腐蚀泵型号选择 GDF40-20，处理流量为 7.2～$15.6\text{m}^3/\text{h}$，扬程 H 为 16～21m，配用电机功率 2.2kW。

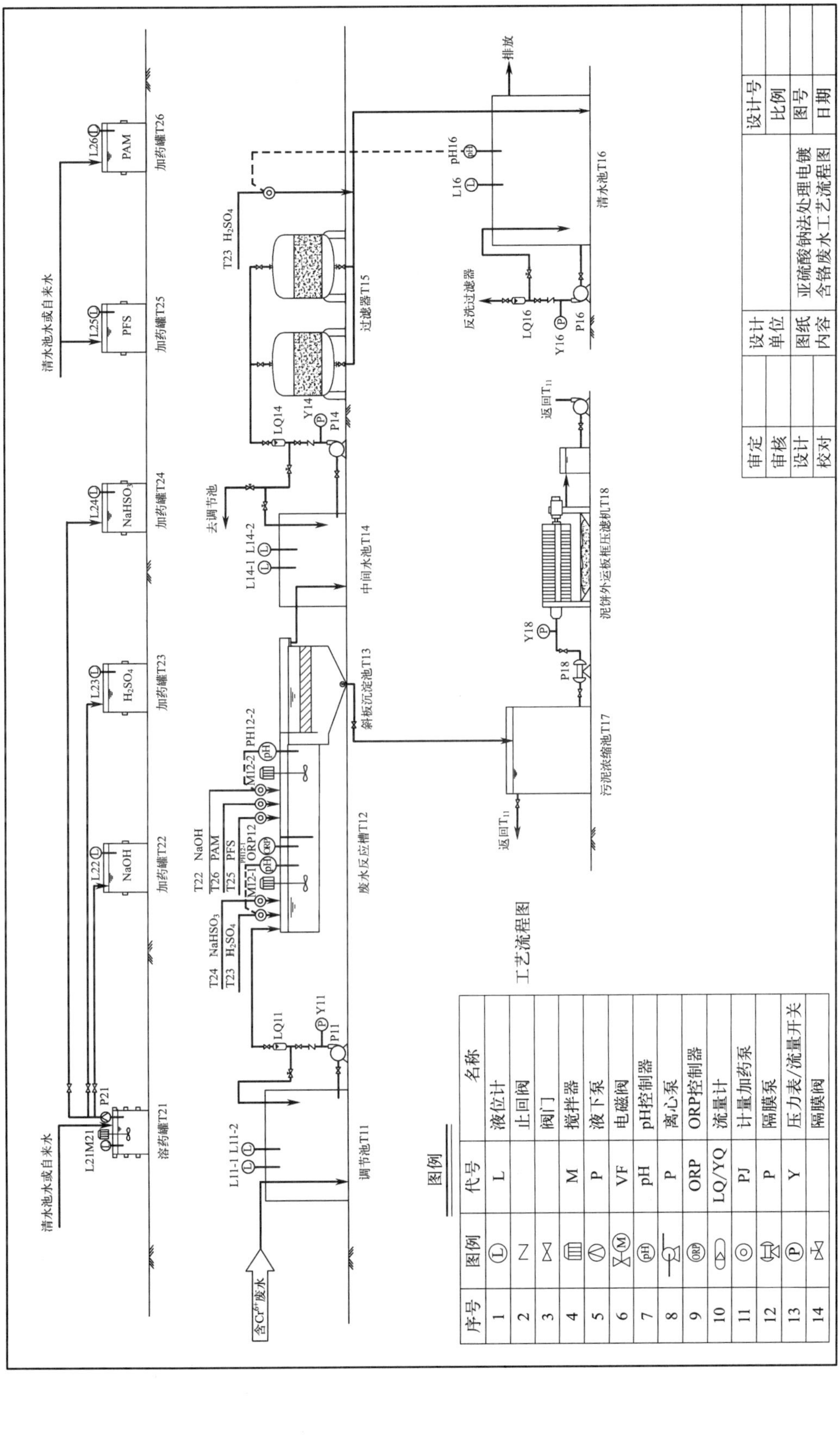

图 13-9　亚硫酸钠法处理含铬废水工艺流程图

二、砂滤器水泵扬程

1. 进水提升泵

二次提升管段（从中间水池进砂滤器到清水池），选用公称直径 D_g=70mm 的标准硬聚氯乙烯管，规格外径 $\phi\times$壁厚=75mm×2.5mm，工作压力 6kgf/cm^2（1kgf/cm^2=98.066Pa），计算内径 70mm。查 D_g=70mm 塑料管水力计算表，流量 Q=12.6m^3/h 时，流速 v=0.91m/s，1000i=13.13。

废水管线水力最不利段长度 L=18m，则管线沿程水头损失 $h_{沿}$ 为：

$$h_{沿}=iL=\frac{13.13}{1000}\times 18=0.24(\mathrm{m})$$

二次提升最不利段共有：丁字管 3 个，局部阻力系数 2 个取 0.1，1 个取 1.5；90°弯头 5 个，局部阻力系数各取 0.6；阀门 5 个，局部阻力系数各取 2.5；逆止阀 1 个，局部阻力系数取 7.5；转子流量计 1 个，局部阻力系数取 9；泵 1 台，局部阻力系数取 1。则管线总局部水头损失 $h_{局}$ 为：

$$h_{局}=\xi\frac{v^2}{2g}=(2\times 0.1+1.5+5\times 0.6+5\times 2.5+7.5+9+1)\times\frac{0.91^2}{2\times 9.8}=1.5(\mathrm{m})$$

考虑配水、集水系统水头损失，过滤器水头损失按 $h_{砂滤器}$=3.0m 估算。系统中最不利点水位差 $H_{差}$=0.8m，取自由水头 $H_{自}$=2.0m，则水泵扬程 H 为：

$$\begin{aligned}H&=h_{沿}+h_{局}+h_{砂滤器}+H_{差}+H_{自}\\&=0.24+1.5+3.0+0.8+2.0\\&=7.54(\mathrm{m})\end{aligned}$$

根据 Q=12.5m^3/h、H=7.54m，选择 IS65-40-250 型单级单吸离心泵，处理流量 Q 为 7.5～15m^3/h，扬程 H 为 19.4～21m，配用电机功率 2.2kW。

2. 反冲洗水泵

选择 IS100-80-125 型单级单吸离心泵 2 台，流量 Q 为 60～120m^3/h，扬程 H 为 16.5～24m，电机功率 11kW。

三、含铬废水处理工艺流程

亚硫酸钠法处理含铬废水工艺流程见图 13-9。

第十四章

污水处理系统自动化及智慧化控制

随着仪器仪表、自动化及人工智能技术的发展，污水处理各个工艺单元通过应用自动监测及控制系统，有效提升了污水处理厂（站）的管理水平和运行效能，推动污水处理系统的运行、管理和过程控制向自动化及智慧化方向发展。本章主要介绍污水处理系统自动化及智慧化控制的基本原理和控制要点等核心内容。

第一节　自动化及智慧化控制原理

一、控制理论

污水处理系统自动化及智慧化设计基于现代控制理论，是在经典控制理论的基础上，伴随着计算机技术的发展和普及逐步发展起来的，主要包含传统自动化控制方法和智慧化控制方法。

传统自动化控制方法依赖于已建立的数学模型进行控制，代表性技术为：比例-积分-微分（proportional-integral-derivative，PID）控制算法。PID控制器通过对比例、积分和微分三个参数优化来精确控制过程变量，因其结构简单、参数调整便捷，故广泛应用于污水处理厂（站）系统控制。

智慧化控制系统是指融合了人工智能技术，通过机器学习算法、推理机制与统计建模方法，赋予控制系统学习和适应能力的控制。其主要应用形式包括模糊控制、预测控制、神经网络控制以及分层控制设计等，在处理非线性、时变和不确定性等复杂工业过程时表现出优势。

二、污水处理厂（站）控制系统的软件组成与特点

污水处理厂（站）控制系统组态软件是用于数据采集与过程控制的专用软件，是控制系统的重要组成部分，实现数据采集、控制及人机交互功能。该软件需具备高硬件兼容性和开放性，并与工控系统互联，为控制和管理层提供集成接口。

组态软件系统主要由通信组态、监控软件、维护软件、仿真软件和现场设备管理软件五大功能模块组成。其中，通信组态模块负责构建完整的控制系统架构，可实现从现场仪表设备到监控计算机以及各计算机之间的多层级、多协议的数据通信。监控软件模块中的

实时数据采集系统能持续获取并存储数据，其常规控制计算功能包含了 PID 调节等基础算法，还提供基于数学模型的优化控制等功能，逻辑控制子模块可用于执行设备启停等顺序控制，报警子模块系统可实时监测工艺参数并处理超限状况。维护软件、仿真软件和现场设备管理软件可提升设备管理效率及稳定性。

第二节　监测仪器仪表

一、污水处理系统监测目的、项目及频次

1. 监测目的

污水处理系统监测的目的是，在确保符合国家及地方环保法律法规、标准规范的前提下，实现污水处理厂（站）长期稳定的高效运行，并具备应对进水水质波动、设备故障等突发情况的能力。同时，监测数据可作为能耗分析、工艺优化及改造扩建的决策依据，从而推动污水处理厂（站）实现节能降耗和可持续发展。

2. 监测项目及频次

（1）监测项目

污水处理厂（站）的监测工作对运行管理具有指导性意义，其监测项目主要包括量的监测和质的监测。量的监测包括各处理单元的进水流量、液位、栅渣量、污泥产量、耗电量和投药量等，生物处理单元中曝气量、混合液及剩余污泥回流量对二级处理性能具有重要意义。质的监测侧重水质理化指标，包含物理指标（水温、pH、DO、色度、浊度）、固体含量指标（SS、VSS、MLSS、MLVSS）、有机污染物指标（COD、BOD）以及营养指标（氨氮、硝态氮、总氮、总磷）等。各处理单元的监测重点需根据其功能特性进行针对性设置。

（2）监测频次

不同处理工艺对监测频次要求和取样方法不同。自动控制系统的监测指标（如进水流量、DO 浓度等）需配置在线监测仪表以实现实时连续采集数据。仪器仪表的选型与安装应综合考虑检测方法的适用性和设备的测量原理，并充分评估安装环境的温度、湿度条件以及腐蚀性介质等影响因素。

近几十年来，智能传感器的发展不仅实现了多点监测，还可灵活部署在工艺现场。监测仪表设备的安装不仅需要深入理解工艺过程特性及不同处理单元之间的耦合关系，还需综合考虑监测装置与控制系统的交互作用，以确保整个处理系统长期可靠与稳定地运行。

二、污水处理系统监测常用自动化设备

污水处理厂（站）常用的自动化设备包括：

① 过程参数监测仪表（水质参数监测仪表和系统工作参数监测仪表）；

② 过程控制仪表（微电脑控制仪器和常规调节控制仪表）；

③ 调节控制的执行设备（水泵、电磁阀、调节阀、变频调速器等）；

④ 其他机电设备（交流接触器、继电器、记录仪等）。

各类设备的选型与配置均需严格遵循工艺控制要求及自动化标准规范。

三、污水处理系统 ICA 技术

随着污染物转化机理、微生物代谢动力学以及系统动态特性认识的深化，基于微生物代谢及系统性能解析并实现污水处理的最优单元操作已成为可能。仪器、控制和自动化（instrumentation control and automation，ICA）技术是现代化污水处理系统的重要组成部分，ICA 技术通过精准控制各处理单元（如生物反应池、二沉池等）的运行参数，在实现系统稳定和节能运行的基础上，进一步提升各单元工艺的处理效能，最终实现系统的总体优化。

ICA 技术优先控制目标包括：保障污水处理系统的稳定可靠运行（如维持生化池 DO 稳定）；确保出水水质达标排放（满足国家污染物排放标准）；优化运行成本（尤其是电耗、药耗等可变成本控制）；实现污水处理厂（站）在环境效益与经济效益上的综合最优化。

第三节　污水处理厂（站）自动化与智慧化控制目标和控制原理

本节以城市污水或生活污水处理厂（站）为例，说明各污水处理单元自动化与智慧化控制目标和控制原理。

一、污水处理厂（站）自动化与智慧化控制目标

污水处理厂（站）仪器控制与自动化系统旨在强化仪器性能及降低能耗，应在污水处理厂（站）设计过程中结合仪器控制与自动化系统，进而发挥系统最大调控能力。智慧化控制目标是在满足正常污水处理需求情况下，实现最低能量及物质消耗，智慧化控制系统能够实现快速响应及抗负荷冲击，并具备快速恢复能力。

下面按照污水处理厂（站）处理工艺流程进行介绍。

二、污水一级处理过程控制原理

污水一级处理主要以去除污水中悬浮态污染物等为目标，其反应单元包括污水预处理设施和初次沉淀池。各单元的过程控制包括泵站、格栅、初次沉淀池等。

1. 提升泵站

提升泵站通常根据水位进行控制，提升泵的能耗很大程度上影响了污水处理过程能耗。提升泵流量通常按照最大设计污水流量设计，然而污水厂进水水量具有显著的时变性，绝大多数情况下提升泵的运行处于低于设计流量的工况下。自动化控制可采用液位反馈控制系统实现节能运行，通过液位传感器实时监测集水井（或进水井）水位，将水位信号反馈给控制系统。控制系统根据设定的目标液位与实际液位的偏差动态调节变频潜水泵的工作频率，从而改变水泵流量。

可在自动化液位反馈控制的基础上，引入智慧化控制策略以进一步提升效能。该策略通过机器学习算法分析历史进水流量数据，识别其变化规律和模式（如日变化、周变化、季节性变化、降雨响应模式等）。基于已学习的规律，系统能够预测未来短时内的进水流量变化趋势。控制系统结合预测的进水流量（前馈控制）和实时的液位反馈信号（反馈控制），能更提前、精准地调整变频泵的频率。这种前馈-反馈复合的控制方式，能主动应对水量波动，优化水泵运行工况，实现更高水平的节能降耗。

2. 格栅

粗格栅主要为自动清渣模式，亦可采用手动清渣模式。粗格栅配套的机械式除渣设备通常设为独立控制单元，根据栅前/栅后水位差或清渣周期控制。

细格栅普遍配置自动化运行程序，可采用自动定时器间歇运转，亦可根据栅前/栅后水位差自动除渣。除渣系统设备包括链带铲斗式、抽砂泵式、螺旋铲斗式、行车铲斗式及旋臂起吊式等，除旋臂起吊式需人工操作外，其余机型均配备远程控制定时装置实现自动连续除渣。

3. 初次沉淀池

初次沉淀池的机械设备包括刮泥机、排泥泵和泡沫去除设备等，其自动控制对象主要为排泥泵。刮泥机的运行方式取决于沉淀池形状和刮泥机种类，运行间隔时间过长会导致启动负荷过大而损坏刮泥设备，需设定合理的运行周期。

排泥泵的控制方法包括定时器控制或定时器与流量计联用控制，即定时器决定启动、流量计控制停泵和每日排放定量污泥，但排泥泵运转时间过长会降低污泥浓度，间歇运行时应选择适当的停泵及运行时间。

除沫设备常用管式集沫装置或浮动式泵，一般采用定时间歇自动控制。

三、污水二级处理过程控制原理

污水二级处理主要以去除胶体和溶解状态的有机污染物、氮、磷等典型污染物为主要目标，其核心处理单元是厌氧池、缺氧池、好氧池和二次沉淀池等。

厌氧池主要功能是释磷和部分有机物的去除，缺氧池主要功能是反硝化脱氮，好氧池主要功能是有机物去除及硝化。以 A^2/O 工艺、Bardenpho 工艺、约翰内斯堡（JHB）工艺等典型处理工艺为例，其工艺控制的关键参数包括混合液悬浮固体浓度（MLSS）、曝气量或 DO 浓度、混合液回流量、污泥回流量、污泥龄（SRT）或剩余污泥排放量、外碳源投加量和分段进水比例等。

1. 厌氧池

厌氧池的自动控制策略主要在于实现 DO 及硝酸盐氮的控制。A^2O 工艺中，厌氧池既能去除污水中部分有机物，又能为聚磷菌释磷提供环境。在该系统中，DO 会显著影响磷酸盐释放，导致生物除磷系统性能下降。同时，硝态氮也会抑制聚磷菌释磷效果。因此，应控制厌氧池中 DO 及硝酸盐氮的浓度。DO 的控制目标为严格保持厌氧环境，可通过调整搅拌强度及污泥回流量（外回流）实现。同时，需监测进水及污泥回流液（外回流）中硝酸盐氮含量。

2. 缺氧池

缺氧池的自动控制策略主要在于实现外碳源投加及混合液回流（内回流）控制。外碳源投加控制旨在降低运行成本（包括药剂费用、污泥产量和曝气能耗）并有效去除硝酸盐，优化外碳源投加需综合考虑碳源投加量、投加点位选择以及外碳源种类适配性等多重因素。外碳源控制策略通常是维持缺氧区末端硝态氮在较低浓度，并在内循环回流量恒定时确定使平均出水硝酸盐氮浓度满足要求的回流量。有案例报道，采用硝态氮均值与目标值的差值计算投药量，并控制加药阀开度，能实现总氮控制。

外碳源智慧投加系统目前已应用于部分污水处理厂（站），该系统可根据进水水量、水质及加药后硝态氮浓度，根据已构建的模型实时计算碳源需求量，通过前馈或反馈控制泵/阀进行药剂投加，并配合调整混合液回流（内回流）量，实现外碳源的精准投加。

混合液回流（内回流）中，回流量是前置反硝化工艺的关键控制变量，直接影响硝态氮去除效能，控制回流量可提高氮去除效率并优化运行。控制策略是通过 PID 控制器维持缺氧区末端硝酸盐浓度在 1～3mg/L，并结合回流液硝酸盐氮浓度建立前馈反馈控制。

为了优化反硝化过程并提高进水 COD 的利用效率，需综合控制混合液回流（内回流）的回流量和外碳源投加量，通过两者的优化匹配可显著提升脱氮过程的稳定性和经济性。

3. 好氧池

好氧池的自动控制策略主要在于实现 DO 的控制。随着 DO 传感器在测量稳定性和精度方面取得的显著提升，基于 DO 反馈的曝气自动控制技术逐渐得以研究应用。目前，采用 PID 控制器调节曝气量以维持好氧区 DO 浓度恒定设定值的控制技术已趋于成熟。推流式系统工艺关键在于设定合适的 DO 目标值，而对于完全混合系统则需控制曝气时间长短，曝气控制的目标是在满足硝化水平的前提下尽可能降低曝气量。

好氧池供气控制与鼓风机控制密切相关，常见的控制方式包括定供气量控制、与进水量成比例控制以及定 DO 浓度控制等。

(1) 定供气量控制　无论进水流量和有机物负荷如何变化，都按设定值控制供气量恒定，仅当 DO 浓度与要求的变化范围存在较大偏差时，改变供气量的设定值。

(2) 与进水量成比例控制　根据进入好氧池的污水量调节供气量，需实时测定 DO 和出水水质并调整比例设定值。

(3) 定 DO 浓度控制　在好氧池内设置在线 DO 浓度检测仪，根据反馈值调节供气量来维持 DO 浓度，但需要优化监测点位置（见图 14-1）。

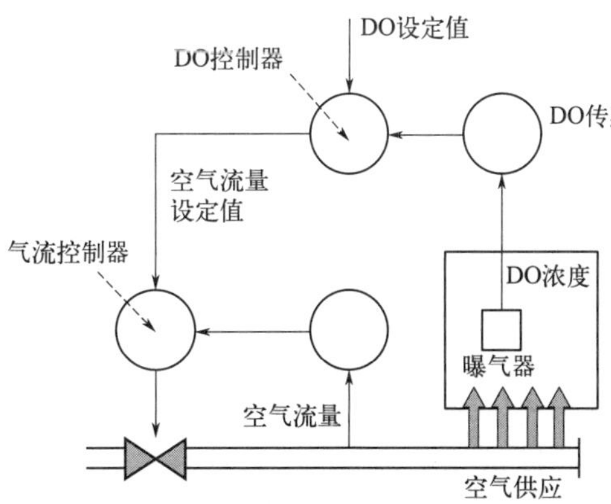

图 14-1　标准 DO 控制回路

精准曝气系统目前有应用于部分污水处理厂（站），如采用基于模型的多参数控制模式，通过分析影响供气量的因素（如微生物量、活性、氧转移效率、底物去除速率和进水水质等）实时计算最佳供气量，并通过调节鼓风机的风量达到按需曝气，实现 DO 的精细化控制。部分精准曝气技术通过实时监测氨氮浓度动态调节供气量，确保硝化反应进行的同时优化能耗，实现出水氨氮达标与运行效率的最优平衡，部分精准曝气技术基于 ASM（活性污泥模型）控制，通过动态模拟微生物代谢过程，结合实时水质数据优化供气策略，实现污染物高效去除与能耗精准调控。

4. 二沉池

二沉池的自动控制策略主要在于实现污泥龄的控制。智慧化控制方式可基于进水水质水量、MLSS 浓度和 DO 浓度等的变化，应用模糊控制原理实现计算机在线控制。污泥龄控制方式主要包括以下几点。

（1）定量污泥排放量控制　根据经验或计算每日排放定量污泥，以维持活性污泥系统正常运行。

（2）间歇污泥排放量控制　每隔一定时间排放污泥一次，使好氧池 MLSS 保持在设定浓度。

（3）稳定污泥龄排放控制　通过连续控制排泥量维持污泥龄不变，尤其在设置回流污泥贮存池时可改变 MLSS 浓度和排泥量来维持定污泥龄。

（4）随机排泥控制　根据进水水质、水量变化及出水质量的要求，通过随机地排放污泥并控制 MLSS 浓度的非定量非定时的一种排泥控制方式。

5. 污泥泵房

污泥泵房的自动控制策略主要实现污泥回流（外回流）量控制。核心控制目标是精确调控污泥回流（外回流）量，关键控制参数为二沉池污泥层高度和混合液悬浮固体浓度（MLSS）等。

（1）恒定回流量控制　其原理是采用固定污泥回流量运行，类似传统供气量定值控制模式。该模式操作简单，无须实时监测进水负荷，但是局限性在于无法响应进水流量/水质波动。

（2）按进水量比例控制　其原理是使回流污泥量与进水量成比例，维持曝气池中 MLSS 浓度的基本稳定；实际操作中无法稳定控制 MLSS 浓度，回流比需结合水质检测动态结果适时进行调整。

（3）稳定 MLSS 浓度控制　其原理为通过在线 MLSS 浓度检测仪、进水流量、回流污泥浓度和 MLSS 目标值，计算出所需的回流量，随后进行污泥回流泵控制，将 MLSS 浓度维持在最优经验值浓度（见图 14-2）。

结合智能预测控制，在定 MLSS 浓度控制基础上可引入如二沉池污泥沉降速率实时监测、MLSS 变化趋势机器学习预测及前馈-反馈复合控制算法等，提升二沉池智慧化控制水平。

6. 化学辅助除磷

化学辅助除磷主要在于实现药剂投加量的控制。通常方法是添加混凝剂，如铁盐或铝盐，通过与污水中的磷结合形成沉淀物以实现除磷。传统的药剂投加方式通常根据操作经验和历史监测数据确定，易受操作人员的主观因素影响。

其自动化控制方法目前主要采用 PID 反馈控制加药，可实现对污水进水负荷、二沉池出水水质等参数的实时监测，自动调节药剂投加量，达到高效、精准的除磷效果。

智慧化控制方法可根据矾花进行图像识别，进行混凝剂投加控制，其核心是通过实时监测矾花形态并结合水质参数进行滚动优化，实现加药量的精准调控。

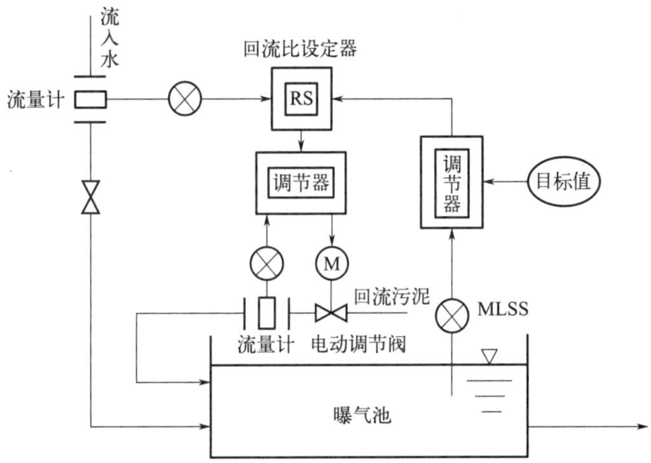

图 14-2　根据 MLSS 浓度实现定 MLSS 浓度控制

四、污泥处理过程控制

1. 污泥处理过程控制

城镇污水处理厂污泥处理目标包括减量化、稳定化和无害化。中小型污水处理厂（站）普遍采用浓缩-脱水工艺；大型污水处理厂采用浓缩-厌氧消化-脱水工艺。另外，根据污水处理厂（站）污泥去向，如资源化利用（建材）、协同焚烧等，可考虑采用污泥干化工艺。污泥处理过程控制主要包括以下内容。

（1）污泥浓缩单元过程控制　通过液位传感器监控自动调整排泥阀，并实时监测污泥浓度，优化排泥频率和排泥量。

（2）污泥调理控制　通过化学调理自动调节混凝剂投加量，确保污泥最佳脱水状态，热调理需要控制加热温度和时间调整污泥物理性质。

（3）污泥厌氧消化单元过程控制　通过实时监测厌氧消化池温度、pH 值和有机物负荷，自动调整加热和搅拌等来保持最佳消化效果。

（4）污泥脱水单元过程控制　主要通过自动调整脱水机压力、温度和速度等参数进行控制，并实时监控运行状态，来确保脱水连续稳定。

（5）污泥干化单元控制　根据污泥干湿比和干化效果自动调节温度、湿度和风速，并实时监控水分含量，以确保达到设计含水率；污泥干化单元应安装气体检测器监测有害气体浓度，在浓度超标时自动触发通风报警程序。

2. 污泥调理的控制

污泥脱水前需进行化学调理以改善其脱水性能。目前广泛采用的化学调理工艺是向污泥中投加混凝剂和助凝剂（如熟石灰、铝盐、二价铁盐和高分子混凝剂等）。污泥预处理设施包括药品贮存设备、溶解池、投药设备和混凝混合池等。脱水预处理的过程控制如下。

（1）药品溶解控制　熟石灰溶解分为间歇式和连续式，间歇式通过液位和计时器控制加料和稀释水，连续式则按比例控制。二价铁盐通过水位控制自动稀释至对应水量，高分子混凝剂的溶解方式与熟石灰和二价铁盐相同。

(2) 药剂投加量控制　一般采用基于污泥处理量的比例控制方式，即通过在线流量计和浓度计实时监测污泥参数并计算所需药剂量。投药方式可采用间歇式或连续式，间歇式投药根据混合池液位控制投药泵和污泥泵，连续式投药则根据污泥量控制计量泵和调节阀。投药量比例应根据脱水泥饼状态、脱水试验结果、滤液量、浊度和 pH 值等进行调整。

(3) 投加污泥控制　连续式投药可按流量投加污泥，但混合池较小时液位变化剧烈会导致投加污泥泵启停次数多，此时应通过控制泵的转速来保持液位稳定。

第四节　某校园污水处理站自动控制系统设计

一、某校园污水处理站工艺简介

设计规模：污水处理规模为 5000m^3/d（回用水规模 2500m^3/d）。

排放标准：《城镇污水处理厂污染物排放标准》(GB 18918—2002) 中的一级 A 标准。回用水执行《城市污水再生利用　景观环境用水水质》(GB/T 18921—2019)。

污水处理站工艺流程如图 14-3 所示。主要包括预处理（进水井、格栅间、调节池)、生物处理（SA^2/O 池、接触消毒池)、再生处理（中间水池、砂滤柱、臭氧活性炭、清水池）和污泥处理（储泥池、污泥脱水间)。生物处理主要采用序批式 A^2/O（SA^2/O）运行方式。

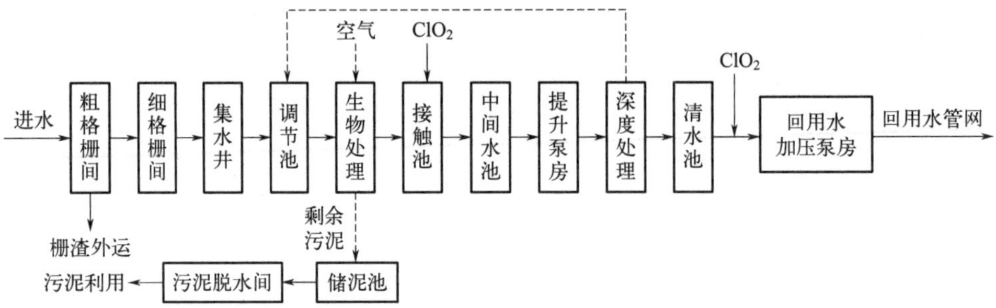

图 14-3　某污水处理站工艺流程图

二、信息化及自动化设计

为使整个污水处理系统能够安全可靠、经济合理地运行，使污水处理厂（站）的管理和操作人员能够全面有效地调度管理和监控整个系统的运行过程，该污水处理站自动控制系统设计包括硬件设计和软件设计等。其中，硬件设计包括控制系统选择、I/O 点位统计、控制器和传感器选型和控制系统结构设计等；软件设计包括控制系统软件结构设计、PLC 控制器程序编写和上位机监控画面设计。

工艺管道和仪表流程图（piping and instrument diagram，PID）表达管道流程和过程工艺的控制，是设备、电气、仪表等专业的设计依据。某校园污水处理设计 PID 见图 14-4。

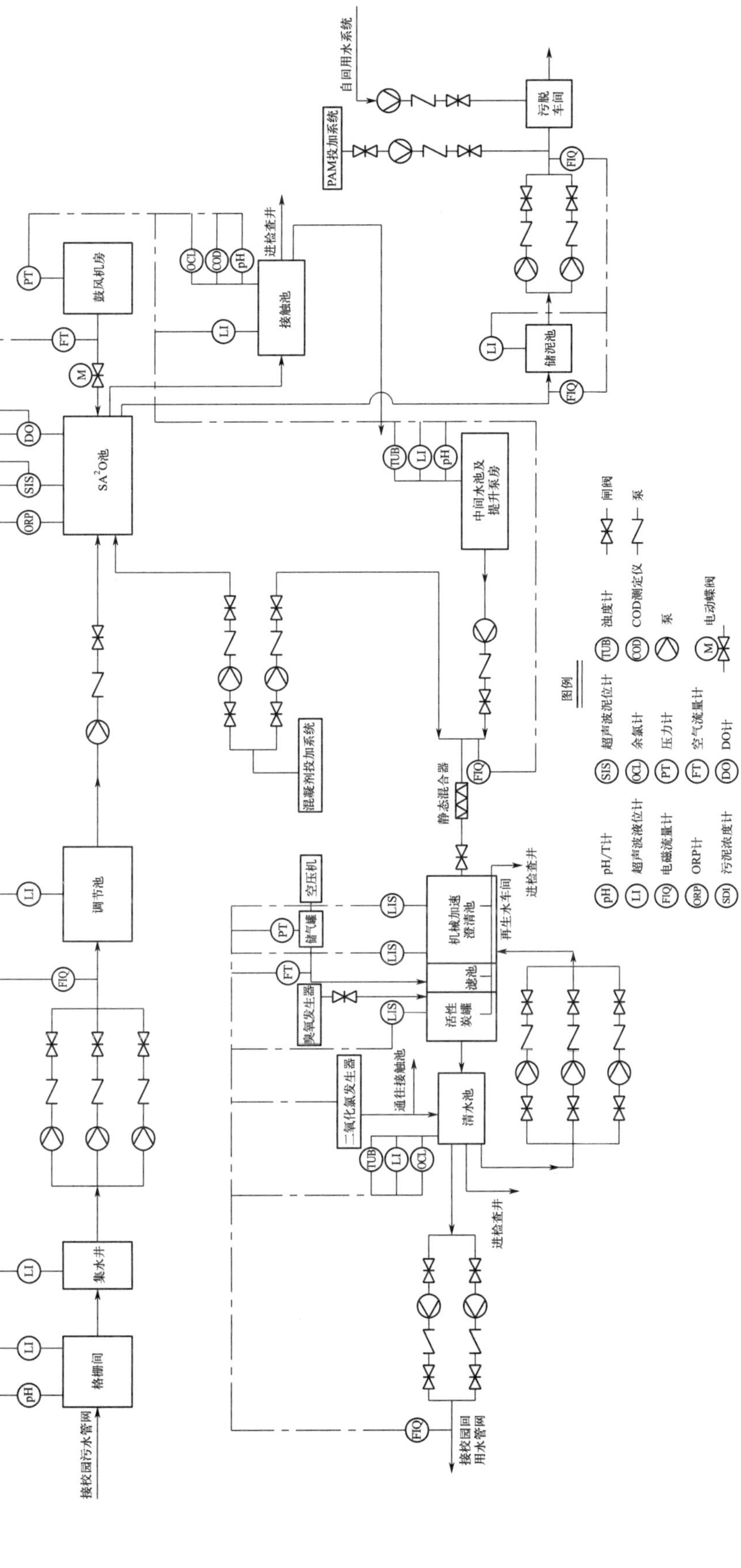

图 14-4　某校园污水处理设计 PID

该设计的自动控制系统采用集中监视分散控制方式，工艺分为污水处理、再生水处理和污泥处理三个系统。检测对象包括处理水量（瞬时和累计）和进出水水质等，被控单元包括破碎机、格栅、推进器、搅拌机、泵、风机、压缩机和滗水器等。生物池的设置基于时间的运行进程图，一个运行周期中的工序均可自动或手动设置。

计算机监控系统包括上位监控计算机和现场控制站，上位监控计算机设在厂区综合办公楼中心控制室，设有工程师站和操作员站。现场控制站由两个 I/O 控制站 PLC1 和 PLC2 组成，负责相应区域的数据采集和电气设备的监控。现场控制站控制系统由 S7-400 西门子可编程控制器 CPU 和 S7-300 系列的 I/O 模块组成。

参考文献

[1] 韩芸,聂麦茜．环境监测技术及应用［M］.2版．北京:化学工业出版社，2022.

[2] 王社平,高俊发．污水处理厂工艺设计手册［M］.3版．北京:化学工业出版社，2024.

[3] 刘振江,崔玉川．城市污水厂处理设施设计计算［M］.3版．北京:化学工业出版社，2020.

[4] 贾金平，谢少艾，陈虹锦．废水处理技术及工程实例丛书——电镀废水处理技术及工程实例［M］.2版．北京:化学工业出版社，2016.

[5] 潘涛,田刚．废水处理工程技术手册［M］．北京:化学工业出版社，2010.

[6] 潘涛,李安峰,杜兵．废水污染控制技术手册［M］．北京:化学工业出版社，2013.

[7] 戴友芝．废水处理工程［M］.3版．北京:化学工业出版社，2016.

[8] 孟祥和．实用水处理技术丛书——重金属废水处理［M］．北京:化学工业出版社，2002.

[9] 史惠祥．实用水处理设备手册［M］．北京:化学工业出版社，2004.

[10] 北京环境科学研究院．三废处理工程技术手册（废水卷）［M］．北京:化学工业出版社，2000.

[11] 高延耀,顾国维,周琪．水污染控制工程［M］.5版．北京:高等教育出版社，2023.

[12] 崔福义,彭永臻．给排水工程仪表与控制［M］.4版．北京:中国建筑工业出版社，2025.

[13] 彭党聪，王磊，杨永哲．水污染控制工程［M］.4版．北京:冶金工业出版社，2025.

[14] 葛碧洲．环境科学与工程专业实验教程［M］．西安:西安交通大学出版社，2021.

[15] 章非娟．水污染控制工程实验［M］．北京:高等教育出版社，1988.

[16] 廖传华,王万福,吕浩,等．污泥稳定化与资源化的生物处理技术［M］．北京:中国石化出版社，2019.

[17] 王云海,杨树成,梁继东,等．水污染控制工程实验［M］．西安:西安交通大学出版社，2013.

[18] 张自杰．废水处理理论与设计［M］．北京:中国建筑工业出版社，2003.

[19] 胡纪萃．废水厌氧生物处理理论与技术［M］．北京:中国建筑工业出版社，2003.

[20] 聂梅生．水工业工程设计手册：水工业工程设备．北京：中国建筑工业出版社，2000.

[21] 王建龙．生物固定化技术与水污染控制［M］．北京:科学出版社，2001.

[22] 段光复．电镀废水处理及回用技术手册［M］．北京:机械工业出版社，2010.

[23] 韩洪军．污水处理构筑物设计与计算［M］．哈尔滨:哈尔滨工业大学出版社，2002.

[24] 崔玉川．废水处理工艺设计计算［M］．北京：水利电力出版社，1994.

[25] 中国市政工程西南设计研究院．给水排水设计手册　第1册：常用资料［M］.2版．北京:中国建筑工业出版社，2000.

[26] 上海市政工程设计研究总院（集团)有限公司．给水排水设计手册　第3册：城镇给水［M］.3版．北京:中国建筑工业出版社，2017.

[27] 华东建筑设计研究院有限公司．给水排水设计手册　第4册：工业给水处理［M］.2版．北京:中国建筑工业出版社，2002.

[28] 北京市市政工程设计研究总院有限公司．给水排水设计手册　第5册：城镇排水［M］.3版．北京:中国建筑工业出版社，2017.

[29] 上海市政工程设计研究总院（集团)有限公司．给水排水设计手册　第9册：专用机械［M］.3版．北京:中国建筑工业出版社，2012.

[30] 史春海，马小蕾，王海梅．给水排水设计手册　第11册：常用设备［M］.3版．北京:中国建筑工业出版社，2014.

[31] 中国市政工程华北设计研究总院．给水排水设计手册　第12册：器材与装置［M］.3版．北京:中国建筑工业出版社，2012.

[32] 中华人民共和国住房和城乡建设部 . GB 50013—2018 室外给水设计标准 . 北京：中国计划出版社，2018.

[33] 中华人民共和国住房和城乡建设部 . GB 50014—2021 室外排水设计标准 . 北京：中国计划出版社，2021.

[34] 中华人民共和国环境保护部，国家质量监督检验检疫总局 . GB 21900—2008 电镀污染物排放标准 . 北京：中国环境科学出版社，2008.

[35] 中华人民共和国住房和城乡建设部 . GB 50136—2011 电镀废水治理设计规范 . 北京：中国计划出版社，2011.

[36] 中华人民共和国住房和城乡建设部，中华人民共和国国家质量监督检验检疫总局 . GB/T 50106—2010 建筑给水排水制图标准 . 北京：中国建筑工业出版社，2011.

[37] 中华人民共和国环境保护部 . HJ 2002—2010 电镀废水治理工程技术规范 . 北京：中国环境科学出版社，2011.

[38] 中华人民共和国环境保护部 . HJ 2006—2010 污水混凝与絮凝处理工程技术规范 . 北京：中国环境科学出版社，2011.

[39] 中华人民共和国环境保护部 . HJ 2008—2010 污水过滤处理工程技术规范 . 北京：中国环境科学出版社，2011.